页岩气
发展模式
与启示

"十三五"国家重点图书

中国能源新战略——页岩气出版工程

编著：蒋　恕　张金川　党　伟
唐相路　毛俊莉

華東理工大學出版社
EAST CHINA UNIVERSITY OF SCIENCE AND TECHNOLOGY PRESS
·上海·

上海高校服务国家重大战略出版工程资助项目

图书在版编目(CIP)数据

页岩气发展模式与启示／蒋恕等编著. —上海：华东理工大学出版社,2017.12
(中国能源新战略：页岩气出版工程)
ISBN 978-7-5628-5334-3

Ⅰ.①页… Ⅱ.①蒋… Ⅲ.①油页岩资源-研究-世界 Ⅳ.①TE155

中国版本图书馆CIP数据核字(2017)第324695号

内容提要

全书共分九章,第1章介绍页岩气的起源,第2章为全球页岩气资源概况,第3章是美国页岩气地质条件及产业化发展,第4章介绍加拿大页岩气地质条件及产业化发展,第5章为中国页岩气地质条件及产业化发展,第6章为其他国家页岩气资源及产业化发展,第7章介绍页岩气经济有效性评价及发展政策,第8章为页岩气产业发展模式,第9章介绍页岩气发展模式与展望。

本书总结页岩气发展模式和启示,可为科研人员、工程师、管理人员、监管人员及政策制定者提供全面和客观的信息来源与专业参考。

项目统筹／周永斌　马夫娇
责任编辑／韩　婷　马夫娇
书籍设计／刘晓翔工作室
出版发行／华东理工大学出版社有限公司
地　址：上海市梅陇路130号,200237
电　话：021-64250306
网　址：www.ecustpress.cn
邮　箱：zongbianban@ecustpress.cn
印　　刷／上海雅昌艺术印刷有限公司
开　　本／710 mm×1000 mm　1/16
印　　张／15
字　　数／240千字
版　　次／2017年12月第1版
印　　次／2017年12月第1次
定　　价／168.00元

《中国能源新战略——页岩气出版工程》

编辑委员会

总序一

能源矿产是人类赖以生存和发展的重要物质基础，攸关国计民生和国家安全。推动能源地质勘探和开发利用方式变革，调整优化能源结构，构建安全、稳定、经济、清洁的现代能源产业体系，对于保障我国经济社会可持续发展具有重要的战略意义。中共十八届五中全会提出，“十三五”发展将围绕“创新、协调、绿色、开放、共享的发展理念”展开，要“推动低碳循环发展，建设清洁低碳、安全高效的现代能源体系”，这为我国能源产业发展指明了方向。

在当前能源生产和消费结构亟须调整的形势下，中国未来的能源需求缺口日益凸显。清洁、高效的能源将是石油产业发展的重点，而页岩气就是中国能源新战略的重要组成部分。页岩气属于非传统（非常规）地质矿产资源，具有明显的致矿地质异常特殊性，也是我国第172种矿产。页岩气成分以甲烷为主，是一种清洁、高效的能源资源和化工原料，主要用于居民燃气、城市供热、发电、汽车燃料等，用途非常广泛。页岩气的规模开采将进一步优化我国能源结构，同时也有望缓解我国油气资源对外依存度较高的被动局面。

页岩气作为国家能源安全的重要组成部分，是一项有望改变我国能源结构、改变我国南方省份缺油少气格局、“绿化”我国环境的重大领域。目前，页岩气的开发利用在世界范围内已经产生了重要影响，在此形势下，由华东理工大学出版社策划的这套页岩气丛书对国内页岩气的发展具有非常重要的意义。该丛书从页岩气地质、地球物理、开发工程、装备与经济技术评价以及政策环境等方面系统阐述了页岩气全产业链理论、方法与技术，并完善了页岩气地质、物探、开发等相关理论，集成了页岩气勘探开发与工程领域相关的先进技术，摸索了中国页岩气勘探开发相关的经济、环境与政策。丛书的出版有助于开拓页岩气产业新领域、探索新技术、寻求新的发展模式，以期对页岩气关键技术的广泛推广、科学技术创新能力的大力提升、学科建设条件的逐渐改进，以及生产实践效果的显著提高等，能产生积极的推动作用，为国家的能源政策制定提供积极的参考和决策依据。

我想，参与本套丛书策划与编写工作的专家、学者们都希望站在国家高度和学术前沿产出时代精品，为页岩气顺利开发与利用营造积极健康的舆论氛围。中国地质大学（北京）是我国最早涉足页岩气领域的学术机构，其中张金川教授是第376次香山科学会议（中国页岩气资源基础及勘探开发基础问题）、页岩气国际学术研讨会等会议的执行主席，他是中国最早开始引进并系统研究我国页岩气的学者，曾任贵州省页岩气勘查与评价和全国页岩气资源评价与有利选区项目技术首席，由他担任丛书主编我认为非常称职，希望该丛书能够成为页岩气出版领域中的标杆。

让我感到欣慰和感激的是，这套丛书的出版得到了国家出版基金的大力支持，我要向参与丛书编写工作的所有同仁和华东理工大学出版社表示感谢，正是有了你们在各自专业领域中的倾情奉献和互相配合，才使得这套高水准的学术专著能够顺利出版问世。

中国科学院院士

2016年5月于北京

总序二

进入21世纪，世情、国情继续发生深刻变化，世界政治经济形势更加复杂严峻，能源发展呈现新的阶段性特征，我国既面临由能源大国向能源强国转变的难得历史机遇，又面临诸多问题和挑战。从国际上看，二氧化碳排放与全球气候变化、国际金融危机与石油天然气价格波动、地缘政治与局部战争等因素对国际能源形势产生了重要影响，世界能源市场更加复杂多变，不稳定性和不确定性进一步增加。从国内看，虽然国民经济仍在持续中高速发展，但是城乡雾霾污染日趋严重，能源供给和消费结构严重不合理，可持续的长期发展战略与现实经济短期的利益冲突相互交织，能源规划与环境保护互相制约，绿色清洁能源亟待开发，页岩气资源开发和利用有待进一步推进。我国页岩气资源与环境的和谐发展面临重大机遇和挑战。

随着社会对清洁能源需求不断扩大，天然气价格不断上涨，人们对页岩气勘探开发技术的认识也在不断加深，从而在国内出现了一股页岩气热潮。为了加快页岩气的开发利用，国家发改委和国家能源局从2009年9月开始，研究制定了鼓励页岩气勘探与开发利用的相关政策。随着科研攻关力度和核心技术突破能力的不断提高，先后发现了以威远-长宁为代表的下古生界海相和以延长为代表的中生界陆相等页岩气田，特别是开发了特大型焦石坝海相页岩气，将我国页岩气工业推送到了一个特殊的历史新阶段。页岩气产业的发展既需要系统的理论认识和配套的方法技术，也需要合理的政策、有效的措施及配套的管理，我国的页岩气技术发展方兴未艾，页岩气资源有待进一步开发。

我很荣幸能在丛书策划之初就加入编委会大家庭，有机会和页岩气领域年轻的学者们共同探讨我国页岩气发展之路。我想，正是有了你们对页岩气理论研究与实践的攻关才有了这套书扎实的科学基础。放眼未来，中国的页岩气发展还有很多政策、科研和开发利用上的困难，但只要大家齐心协力，最终我们必将取得页岩气发展的良好成果，使科技发展的果实惠及千家万户。

这套丛书内容丰富，涉及领域广泛，从产业链角度对页岩气开发与利用的相关理论、技术、政策与环境等方面进行了系统全面、逻辑清晰地阐述，对当今页岩气专业理论、先进技术及管理模式等体系的最新进展进行了全产业链的知识集成。通过对这些内容的全面介绍，可以清晰地透视页岩气技术面貌，把握页岩气的来龙去脉，并展望未来的发展趋势。总之，这套丛书的出版将为我国能源战略提供新的、专业的决策依据与参考，以期推动页岩气产业发展，为我国能源生产与消费改革做出能源人的贡献。

中国页岩气勘探开发地质、地面及工程条件异常复杂，但我想说，打造世纪精品力作是我们的目标，然而在此过程中必定有着多样的困难，但只要我们以专业的科学精神去对待、解决这些问题，最终的美好成果是能够创造出来的，祖国的蓝天白云有我们曾经的努力！

中国工程院院士

康玉柱

2016年5月

总序 三

页岩气属于新型的绿色能源资源，是一种典型的非常规天然气。近年来，页岩气的勘探开发异军突起，已成为全球油气工业中的新亮点，并逐步向全方位的变革演进。我国已将页岩气列为新型能源发展重点，纳入了国家能源发展规划。

页岩气开发的成功与技术成熟，极大地推动了油气工业的技术革命。与其他类型天然气相比，页岩气具有资源分布连片、技术集约程度高、生产周期长等开发特点。页岩气的经济性开发是一个全新的领域，它要求对页岩气地质概念的准确把握、开发工艺技术的恰当应用、开发效果的合理预测与评价。

美国现今比较成熟的页岩气开发技术，是在20世纪80年代初直井泡沫压裂技术的基础上逐步完善而发展起来的，先后经历了从直井到水平井、从泡沫和交联冻胶到清水压裂液、从简单压裂到重复压裂和同步压裂工艺的演进，页岩气的成功开发拉动了美国页岩气产业的快速发展。这其中，完善的基础设施、专业的技术服务、有效的监管体系为页岩气开发提供了重要的支持和保障作用，批量化生产的低成本开发技术是页岩气开发成功的关键。

我国页岩气的资源背景、工程条件、矿权模式、运行机制及市场环境等明显有别于美国，页岩气开发与发展任重道远。我国页岩气资源丰富、类型多样，但开发地质条件复杂，开发理论与技术相对滞后，加之开发区水资源有限、管网稀疏、人口稠密等不利因素，导致中国的页岩气发展不能完全照搬照抄美国的经验、技术、政策及法规，必须探索出一条适合于我国自身特色的页岩气开发技术与发展道路。

华东理工大学出版社策划出版的这套页岩气产业化系列丛书，首次从页岩气地质、地球物理、开发工程、装备与经济技术评价以及政策环境等方面对页岩气相关的理论、方法、技术及原则进行了系统阐述，集成了页岩气勘探开发理论与工程利用相关领域先进的技术系列，完成了页岩气全产业链的系统化理论构建，摸索出了与中国页岩气工业开发利用相关的经济模式以及环境与政策，探讨了中国自己的页岩气发展道路，为中国的页岩气发展指明了方向，是中国页岩气工作者不可多得的工作指南，是相关企业管理层制定页岩气投资决策的依据，也是政府部门制定相关法律法规的重要参考。

我非常荣幸能够成为这套丛书的编委会顾问成员，很高兴为丛书作序。我对华东理工大学出版社的独特创意、精美策划及辛苦工作感到由衷的赞赏和钦佩，对以张金川教授为代表的丛书主编和作者们良好的组织、辛苦的耕耘、无私的奉献表示非常赞赏，对全体工作者的辛勤劳动充满由衷的敬意。

这套丛书的问世，将会对我国的页岩气产业产生重要影响，我愿意向广大读者推荐这套丛书。

中国工程院院士

胡文瑞

2016年5月

总序 四

绿色低碳是中国能源发展的新战略之一。作为一种重要的清洁能源，天然气在中国一次能源消费中的比重到2020年时将提高到10%以上，页岩气的高效开发是实现这一战略目标的一种重要途径。

页岩气革命发生在美国，并在世界范围内引起了能源大变局和新一轮油价下降。在经过了漫长的偶遇发现（1821—1975年）和艰难探索（1976—2005年）之后，美国的页岩气于2006年进入快速发展期。2005年，美国的页岩气产量还只有1134亿立方米，仅占美国当年天然气总产量的4.8%；而到了2015年，页岩气在美国天然气年总产量中已接近半壁江山，产量增至4291亿立方米，年占比达到了46.1%。即使在目前气价持续走低的大背景下，美国页岩气产量仍基本保持稳定。美国页岩气产业的大发展，使美国逐步实现了天然气自给自足，并有向天然气出口国转变的趋势。2015年美国天然气净进口量在总消费量中的占比已降至9.25%，促进了美国经济的复苏、GDP的增长和政府收入的增加，提振了美国传统制造业并吸引其回归美国本土。更重要的是，美国页岩气引发了一场世界能源供给革命，促进了世界其他国家页岩气产业的发展。

中国含气页岩层系多，资源分布广。其中，陆相页岩发育于中、新生界，在中国六大含油气盆地均有分布；海陆过渡相页岩发育于上古生界和中生界，在中国华北、南方和西北广泛分布；海相页岩以下古生界为主，主要分布于扬子和塔里木盆地。中国页岩气勘探开发起步虽晚，但发展速度很快，已成为继美国和加拿大之后世界上第三个实现页岩气商业化开发的国家。这一切都要归功于政府的大力支持、学界的积极参与及业界的坚定信念与投入。经过全面细致的选区优化评价（2005—2009年）和钻探评价（2010—2012年），中国很快实现了涪陵（中国石化）和威远－长宁（中国石油）页岩气突破。2012年，中国石化成功地在涪陵地区发现了中国第一个大型海相气田。此后，涪陵页岩气勘探和产能建设快速推进，目前已提交探明地质储量3 805.98亿立方米，页岩气日产量（截至2016年6月）也达到了1387万立方米。故大力发展页岩气，不仅有助于实现清洁低碳的能源发展战略，还有助于促进中国的经济发展。

然而，中国页岩气开发也面临着地下地质条件复杂、地表自然条件恶劣、管网等基础设施不完善、开发成本较高等诸多挑战。页岩气开发是一项系统工程，既要有丰富的地质理论为页岩气勘探提供指导，又要有先进配套的工程技术为页岩气开发提供支撑，还要有完善的监管政策为页岩气产业的健康发展提供保障。为了更好地发展中国的页岩气产业，亟须从页岩气地质理论、地球物理勘探技术、工程技术和装备、政策法规及环境保护等诸多方面开展系统的研究和总结，该套页岩气丛书的出版将填补这项空白。

该丛书涉及整个页岩气产业链，介绍了中国页岩气产业的发展现状，分析了未来的发展潜力，集成了勘探开发相关技术，总结了管理模式的创新。相信该套丛书的出版将会为我国页岩气产业链的快速成熟和健康发展带来积极的推动作用。

中国科学院院士

2016年5月

丛书前言

社会经济的不断增长提高了对能源需求的依赖程度，城市人口的增加提高了对清洁能源的需求，全球资源产业链重心后移导致了能源类型需求的转移，不合理的能源资源结构对环境和气候产生了严重的影响。页岩气是一种特殊的非常规天然气资源，她延伸了传统的油气地质与成藏理论，新的理念与逻辑改变了我们对油气赋存地质条件和富集规律的认识。页岩气的到来冲击了传统的油气地质理论、开发工艺技术以及环境与政策相关法规，将我国传统的“东中西”油气分布格局转置于“南中北”背景之下，提供了我国油气能源供给与消费结构改变的理论与物质基础。美国的页岩气革命、加拿大的页岩气开发、我国的页岩气突破，促进了全球能源结构的调整和改变，影响着世界能源生产与消费格局的深刻变化。

第一次看到页岩气（Shale gas）这个词还是在我的博士生时代，是我在图书馆研究深盆气（Deep basin gas）外文文献时的“意外”收获。但从那时起，我就注意上了页岩气，并逐渐为之痴迷。亲身经历了页岩气在中国的启动，充分体会到了页岩气产业发展的迅速，从开始只有为数不多的几个人进行页岩气研究，到现在我们已经有非常多优秀年轻人的拼搏努力，他们分布在页岩气产业链的各个角落并默默地做着他们认为有可能改变中国能源结构的事。

广袤的长江以南地区曾是我国老一辈地质工作者花费了数十年时间进行油

气勘探而“久攻不破”的难点地区，短短几年的页岩气勘探和实践已经使该地区呈现出了“星星之火可以燎原”之势。在油气探矿权空白区，渝页1、岑页1、酉科1、常页1、水页1、柳页1、秭地1、安页1、港地1等一批不同地区、不同层系的探井获得了良好的页岩气发现，特别是在探矿权区域内大型优质页岩气田（彭水、长宁–威远、焦石坝等）的成功开发，极大地提振了油气勘探与发现的勇气和决心。在长江以北，目前也已经在长期存在争议的地区有越来越多的探井揭示了新的含气层系，柳坪177、牟页1、鄂页1、尉参1、郑西页1等探井不断有新的发现和突破，形成了以延长、中牟、温县等为代表的陆相页岩气示范区和海陆过渡相页岩气试验区，打破了油气勘探发现和认识格局。中国近几年的页岩气勘探成就，使我们能够在几十年都不曾有油气发现的区域内再放希望之光，在许多勘探失利或原来不曾预期的地方点燃了燎原之火，在更广阔的地区重新拾起了油气发现的信心，在许多新的领域内带来了原来不曾预期的希望，在许多层系获得了原来不曾想象的意外惊喜，极大地拓展了油气勘探与发现的空间和视野。更重要的是，页岩气理论与技术的发展促进了油气物探技术的进一步完善和成熟，改进了油气开发生产工艺技术，启动了能源经济技术新的环境与政策思考，整体推高了油气工业的技术能力和水平，催生了页岩气产业链的快速发展。

该套页岩气丛书响应了国家《能源发展“十二五”规划》中关于大力开发非常规能源与调整能源消费结构的愿景，及时高效地回应了《大气污染防治行动计划》中对于清洁能源供应的急切需求以及《页岩气发展规划（2011—2015年）》的精神内涵与宏观战略要求，根据《国家应对气候变化规划（2014—2020）》和《能源发展战略行动计划（2014—2020）》的建议意见，充分考虑我国当前油气短缺的能源现状，以面向“十三五”能源健康发展为目标，对页岩气地质、物探、工程、政策等方面进行了系统讨论，试图突出新领域、新理论、新技术、新方法，为解决页岩气领域中所面临的新问题提供参考依据，对页岩气产业链相关理论与技术提供系统参考和基础。

承担国家出版基金项目《中国能源新战略——页岩气出版工程》（入选《“十三五”国家重点图书、音像、电子出版物出版规划》）的组织编写重任，心中不免惶恐，因为这是我第一次做分量如此之重的学术出版。当然，也是我第一次有机会系统地来梳理这些年我们团队所走过的页岩气之路。丛书的出版离不开广大作者的辛勤付出，他们以实际行动表达了对本职工作的热爱、对页岩气产业的追求以及对国家能源行业发展的希冀。特别是，丛书顾问在立意、构架、设计及编撰、出版等环节中也给予了精心指导和大力支持。正是有了众多同行专家的无私帮助和热情鼓励，我们的作者团队才义无反顾地接受了这一充满挑战的历史性艰巨任务。

该套丛书的作者们长期耕耘在教学、科研和生产第一线，他们未雨绸缪、身体力行、不断探索前进，将美国页岩气概念和技术成功引进中国；他们大胆创新实践，对全国范围内页岩气展开了有利区优选、潜力评价、趋势展望；他们尝试先行先试，将页岩气地质理论、开发技术、评价方法、实践原则等形成了完整体系；他们奋力摸索前行，以全国页岩气蓝图勾画、页岩气政策改革探讨、页岩气技术规划促产为己任，全面促进了页岩气产业链的健康发展。

我们的出版人非常关注国家的重大科技战略，他们希望能借用其宣传职能，为读者提供一套页岩气知识大餐，为国家的重大决策奉上可供参考的意见。该套丛书的组织工作任务极其烦琐，出版工作任务也非常繁重，但有华东理工大学出版社领导及其编辑、出版团队前瞻性地策划、周密求是地论证、精心细致地安排、无怨地辛苦奉献，积极有力地推动了全书的进展。

感谢我们的团队，一支非常有责任心并且专业的丛书编写与出版团队。

该套丛书共分为页岩气地质理论与勘探评价、页岩气地球物理勘探方法与技术、页岩气开发工程与技术、页岩气技术经济与环境政策等4卷，每卷又包括了按专业顺序而分的若干册，合计20本。丛书对页岩气产业链相关理论、方法及技术等进行了全面系统地梳理、阐述与讨论。同时，还配备出版了中英文版的页岩气原理与技术视频(电子出版物)，丰富了页岩气展示内容。通过这套丛书，我们希望能为页岩气科研与生产人员提供一套完整的专业技术知识体系以促进页岩气理论与实践的进一步发展，为页岩气勘探开发理论研究、生产实践以及教学培训等提供参考资料，为进一步突破页岩气勘探开发及利用中的关键技术瓶颈提供支撑，为国家能源政策提供决策参考，为我国页岩气的大规模高质量开发利用提供助推燃料。

国际页岩气市场格局正在成型，我国页岩气产业正在快速发展，页岩气领域中的科技难题和壁垒正在被逐个攻破，页岩气产业发展方兴未艾，正需要以全新的理论为依据、以先进的技术为支撑、以高素质人才为依托，推动我国页岩气产业健康发展。该套丛书的出版将对我国能源结构的调整、生态环境的改善、美丽中国梦的实现产生积极的推动作用，对人才强国、科技兴国和创新驱动战略的实施具有重大的战略意义。

不断探索创新是我们的职责，不断完善提高是我们的追求，“路漫漫其修远兮，吾将上下而求索”，我们将努力打造出页岩气产业领域内最系统、最全面的精品学术著作系列。

丛书主编

2015年12月于中国地质大学（北京）

前言

页岩气的开采是全球能源史上里程碑式的进步。页岩气从1821年的发现、20世纪末勘探探索到商业化生产的发展过程表明，页岩气的成功来自地质理论认识的创新、先进钻完井技术的完美结合、市场的需求及政策的支持。美国页岩气革命的成功改变了全球油气格局和政治格局，延缓了油气产量逐渐递减的趋势，使大量清洁的天然气资源流向市场，将美国从油气进口国变为出口国。而且还带来环境的改善、相关产业的繁荣，并重塑了国家经济结构。

全球能源研究估计，超过常规天然气资源量的非常规页岩气资源主要分布在北美、拉丁美洲和亚太地区。中国 $36\times10^{12}\ m^3$ 可采页岩气资源量为全球之最，约占全球的20%。作为目前全球最大天然气及页岩气生产国的美国拥有 $24\times10^{12}\ m^3$ 可采页岩气资源量，约占全球的13%。典型的页岩气储层具有有机质含量高、连续分布、自生自储、低孔、特低渗、脆性较高和需要压裂开采才有经济效益等特性。页岩气开发具有开采寿命长的优点。工厂式水平井压裂技术是最优的开发增产技术。页岩气是近年来天然气勘探和开发中增长最快的领域。美国页岩气产量由2000年的占天然气总产量的1%左右到2016年占天然气总产量的60%以上。中国在经过短暂的学习期后成为继美国和加拿大之外的世界上第三大页岩气生产国。

随着页岩气在全球各国能源结构中重要性的增强,更加深入地研究页岩地质方面的特性和科学开采已成为一项必须开展的工作。不仅需要研究页岩油气盆地的页岩气地质资源量和可采资源量,还需要对含气页岩资源的属性进行更深入和全面的认识,这样才能更好地就这些资源的开发作出科学决策。美国、加拿大、中国和阿根廷等国家大量页岩属性和成功或失败开采案例分析表明,页岩油气的地质、发现和开采各有特点,页岩地质的复杂性和页岩气分布的非均质性十分严重,不同页岩的勘探开发技术要求不同。美国页岩气成功的历史、技术发展历程、关键的勘探开发技术、政策和法律等系统的总结有利于将页岩气勘探开发的技术和相关政策等推广到全球页岩气的成功开发进程中。加拿大和中国等虽然借鉴美国页岩气勘探开发经验取得了一定的突破,但突破的背景和过程以及未来发展的前景和瓶颈还有待进一步挖掘。页岩气勘探和开采需要对页岩的地质、构造、地化、岩矿、岩石物理、富集机理、力学等属性进行详细表征,而且针对不同地质背景的页岩需要采用适合特定地质属性页岩的先进性勘查、钻井和水力压裂开采技术。工程技术上的革新,包括滑溜水/清水压裂、工厂式水平井多级压裂、重复压裂、同步和顺序压裂等,以及页岩储层改造中水力压裂设计和压裂液配方选择等目前还处于不断进步中。具体的地质研究可以确定页岩气地质上的甜点,进一步结合岩石物理、岩石力学、可压裂性的研究,才能找到适合于页岩气开发首选的地质和工程相叠合的甜点区。地质和工程紧密结合是未来全球页岩气勘探和开发的趋势。市场的需求和有利的政策等是促进页岩气快速商业化开发的重要因素。

本书第一作者在美国和中国从事全球页岩油气勘探开发研究工作 10 多年,之前从事常规到深水油气勘探以及非常规致密砂岩气和煤层气研究,通过回顾自己职业历史和全球从常规到非常规页岩气的历史,认为页岩气革命和前期大量的地质理论的积累和科学技术的进步以及管理的创新是分不开的。尽管市场上有大量的页岩气地质、工程和管理等书籍,但都是从个别领域剖析页岩气,而且由于作者地域和知识面的广度,对欧美页岩气地质、对应不同地质情况的开发技术以及对中外国情分析具有一定片面性。除此之外,当前美国页岩气和页岩油勘探开发热情依然是重点,尽管近几年全球油气价格低迷对美国投资和生产有一定影响，但相对深水勘探而言，非常规页岩油气勘探开发技术一直在进步，新盆地和新层位不断突破，页岩油气产量一直在增加。但中国反而相对发展缓慢，当前仅四川盆地是重点。因此，有必要根据自己对国内外国情、全球页岩气地质、勘探、开发和管理等了解和研究经验的基础上，联合在中国率先从事页岩气研究的张金川教授等总结页岩气发展模式和启示，可为科研人员、工程师、管理人员、监管人员及政策制定者提供全面和客观的信息来源及专业参考。该书总体从美国页岩气的发现、页岩气之父乔治·米歇尔初期在页岩气方面的探索及美国页岩气地质评价、勘探和开发的进程、相关的法律及政策等出发，通过典型案例系统地介绍美国页岩气的成功经验，归纳页岩气资源分布特点与开发条件，分析近年来成功的页岩气勘探开发技术及技术经济对地质条件的有效性，最后总结页岩气勘探开发的模式、启示和未来展望。

全书共九章，蒋恕和张金川执笔第 1 章页岩气的起源和第 2 章全球页岩气资源概况；蒋恕执笔第 3 章美国页岩气地质条件及产业化发展、第 4 章加拿大页岩气地质条件及产业化发展和第 6 章其他国家和地区页岩气资源及产业化发展；张金川、党伟和蒋恕执笔第 5 章中国页岩气地质条件及产业化发展；党伟、蒋恕和毛俊莉执笔第 7 章页岩气经济有效性评价及发展政策；蒋恕、张金川和党伟执笔第 8 章页岩气产业发展模式；蒋恕和唐相路执笔第 9 章页岩气发展模式与展望。

本书是对中外学者和全球 30 多家石油公司、50 多个大学及政府密切合作成果的总结。本书的完成得到国家自然科学基金海外合作基金（41728004）、美国自然科学基金（1661733）、国家自然科学基金（40672087 和 41802153）、中国石化页岩油气勘探开发重点实验室和页岩油气富集机理与有效开发国家重点实验室开放基金、国土资源部页岩气资源战略评价重点实验室、欧美 30 多家全球石油公司联合资助犹他大学的页岩油气研究项目、中海油非常规公司项目、“十三五”国家科技重大专项（2016ZX05034、2016ZX05061 和 2017ZX05063）等资助。在撰写过程中，得到了伍岳、张钰莹、李雅君、陈爽、唐颖、刘珠江、甘华军、赵文光等大力帮助。国土资源部油气资源战略研究中心、中国地质调查局油气资源调查中心、中石化勘探开发研究院、中石化勘探分公司、中石油勘探开发研究院、中石化华东石油局、中国海洋石油总公司、重庆地质矿产研究院、中海油上海公司、中国石油大学(华东)、中国石油大学(北京)、中国地质大学(北京)、中国地质大学(武汉)、美国犹他大学等在资料收集和研究上都给予了大力支持,在此一并致谢!

因编者水平有限,书中难免存在疏漏和不足之处,敬请读者批评指正。

蒋　恕

2017 年 9 月

目录

页岩气
发展模式
与启示

第1章

页岩气的起源

早在 19 世纪初期,美国便在页岩中发现了天然气,但受限于当时的经济技术条件,页岩气开发一直没有获得突破。随着科学技术研究的不断深入,各种油气开采技术逐渐发展和提高,一部分油气开发公司尝试各种新的开采技术进行页岩气的开发,其中就包括水平井钻井技术和分段压裂技术,这使得美国页岩气产量从 21 世纪初占天然气比例不足 1% 急剧增加到 2016 年的 60% ,并从此改变了全球能源格局。目前美国已成为页岩气第一大国,加拿大也进入页岩气的商业开采阶段,而中国则是继美、加之后世界上第三个实现页岩气商业生产的国家。

1.1 页岩气的发现与探索阶段(1821—1980 年)

1821 年,美国在东部的阿巴拉契亚盆地泥盆系页岩中进行钻探,该盆地泥盆系页岩埋藏浅、天然裂缝发育、地层低压且富含有机质,该井成为全球第一口页岩气井。不过早在 1627—1669 年,法国开拓者和传教士中就有关于阿巴拉契亚盆地页岩气的描述。在当时,他们在许多采盐井中发现了天然气和原油。据后来证实,他们所提到的石油和天然气主要就是来源于纽约西部的泥盆系页岩。随后,为推进天然气工业化生产,美国东部城市巴尔的摩市于 1816 年成立煤制气公司,拉开了天然气生产的序幕。到了 1821 年,第一口专门用于开采页岩气的钻井在北美大陆纽约 Chautauga 县泥盆系 Dunkirk 页岩中完井,所采页岩气后来被用于弗雷多尼尔(Fredonia)镇的照明,该发现比在宾夕法尼亚石油小溪城发现的著名的德雷克油井早 35 年。此后,1821 年就被公认为美国早期天然气工业的开端,对这段历史事件还有过如下描述。

在靠近 Canadaway 河流的地方,一群小孩意外引燃了天然气火苗,从而使当地居民发现了这种“燃烧泉”的潜在价值。有一个叫威廉 · 哈特的人,有远见性地用竹筒挖了口井来采集气体,并用于镇上的照明,这比德雷克上校在宾夕法尼亚州泰特斯维尔镇附近油溪上所钻的著名油井早将近 40 年。但是,根据位于纽约州立大学弗雷多尼尔分校的地质学教师在 2014 年召开的美国石油地质学年会上报道,页岩气最早是 1825 年在纽约的弗雷多尼尔浅层低压裂缝气藏中开采得到的,并非 1821 年。据当时的弗雷多尼尔镇《审查报》报道称，该井在页岩中挖到8.23 m深，之后居民们利用小空心圆木管把天然气输送到附近的房子中用于照明，而且它产生了足够的气来提供相当于“两只好蜡烛”的光亮强度。随后，这些原始圆木管被直径1.9 cm的铅管所代替，这种铅管是由当地军械工人 Wiliam Hart 制造出来的。William Hart 将7.62 m深处的天然气注入一个倒置的装满水的大水槽中（称之为“储气罐”），并铺设输送管线让当地居民用上了天然气照明装置。到了1825年12月，弗雷多尼尔镇宣称：“我们在12月31日晚上亲眼看到了由储气罐供给的天然气点燃了66个漂亮的煤气灯和150个照明灯。现在有充足的天然气供应给其他的储气罐”。弗雷多尼尔镇的供气被称为世界上前所未有的。到了1850年，此井被加深到21 m，并生产出了足够200个照明灯所需的天然气量。

随着该井产量的下降，普雷斯顿·巴尔莫说服了几个商人，来投资新成立的煤气灯厂和水厂。巴尔莫出生于附近的雷斯特维尔镇，他于1847年8月到1851年的春季在弗雷多尼尔学校学习过，该学校是纽约州立大学弗雷多尼尔分校的前身，他还是哈特的姻亲。1857年晚夏，时年26岁的巴尔莫在距哈特井北边不到1.61 km的地方又挖了两口井。其中一口井的产气量较低，但巴尔莫似乎懂得裂缝对于天然气传输的重要性，他决定在该井37 m深的地方引爆3.6 km的火药，用人工生产裂缝的方法来增产。据当时费雷多尼尔镇《审查报》的报道：“随之即来的是大量的气体。”也就是说，作为第一个有史载的石油工程学家，巴尔莫首次成功地压裂增产了一口页岩气井，并用铅管把气从井口输到位于镇中心的一个储气室。到1858年12月，镇中心安装了很多燃气灯，巴尔莫还承包了安装市中心街头气灯的工程。但由于酗酒，巴尔莫仅活到30岁就去世了。直到最近，人们才认识到他初期进行页岩气开发的先进科学和工程理念。

除了弗雷多尼尔浅层低压裂缝性页岩气，1842年人们又在密歇根盆地的 Antrim 页岩中发现页岩气，1852年又在伊利诺伊盆地的 New Albany 页岩中发现页岩气（图1-1），到1863年，伊利诺伊盆地肯塔基西部泥盆系和密西西比系页岩中也发现了页岩气。到20世纪20年代，页岩气相继在弗吉尼亚西部、肯塔基和印第安纳州被发现。1914年，人们在阿巴拉契亚盆地泥盆系俄亥俄页岩（Ohio）中发现了世界第一个页岩气田——大桑迪（Big Sandy）气田。到了1926年，大桑迪气田范围从弗吉尼亚州向西扩展到东肯塔基州，向南扩大到西弗吉尼亚州南部，并成为当时世界上最大的天然气田。1951 年，人们又在圣胡安盆地的 Lewis 页岩中发现页岩气。1965 年，一些油气商开始对低产井开展小规模水力压裂(比如注入 25 t 的沙子和 159 m^3 的水)，但效果并不是很好，产量很小，同时发现产量在很大程度上取决于页岩中是否存在天然裂缝。

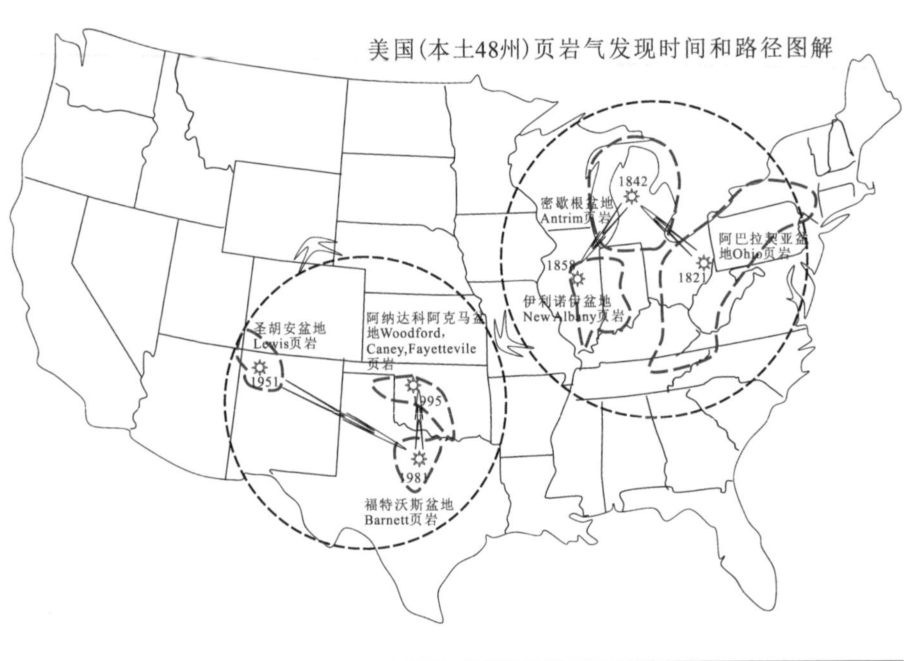

图1-1 美国(本土 48 州)页岩气发现时间和路径

由于页岩储层具有明显的低孔低渗特征，再加上当时地质认识和技术手段的限制，人们对页岩气这类资源并没有重视。因此，人们原本都认为页岩气是不具有经济可采价值的，更没有想到它可以被大规模地开采利用。不过，随着先进的增产措施的出现，人们的想法也在发生变化。

到了 20 世纪 30 年代，美国开始将水平钻井和压裂应用于页岩气开发。1947 年，美国泛美石油公司第一次使用压裂法对一口页岩气水平井进行压裂，但效果并不明显。当时，美国传统天然气储量的下降促使联邦政府对油气相关的研发项目进行投资。20 世纪 70 年代晚期到 90 年代早期，美国能源部(Department of Energy, DOE)联合油气公司、科研机构、高校等单位开展了非常规天然气(页岩气、致密气和煤层气)评价和开采方法研究，其中针对页岩气实施东部页岩气工程（The Eastern Gas Shales Project, EGSP），其主要目的有3个：开展精确的页岩气资源评价、建立勘探选区原则、开发和突破页岩气开采技术，重点在于研究增产措施。比如微地震成像技术起源于能源部的桑迪亚国家实验室对于煤床的研究。这一技术后来在页岩气水力压裂开发和远洋石油钻探方面有广泛应用。此阶段后期，美国天然气研究所［Gas Reasearch Institute, GRI，现在成为天然气技术研究所（Gas Technology Institute, GTI）］和国家实验室尝试泡沫压裂和微地震检测技术。随后并将这些研究成果应用到美国泥盆系和密西西比系页岩气开发中，显著提高了页岩气产量。由于上述突出工作，人们的目光逐渐转向页岩气。能源部随后于1986年与几家私人天然气公司成功打出第一口利用空气钻井技术的多裂缝页岩气水平井。

1.2 页岩气技术与商业化突破阶段（1981—2002年）

1980年，联邦政府通过29号法案，对非常规天然气的开采提出税收等优惠政策，鼓励页岩气开发。1981年，被誉为巴内特（Barnett）页岩气之父的米歇尔能源（Mitchell Energy）公司的乔治·米歇尔（George P. Mitchell）主导了C. W. Slay No. 1井的Barnett页岩层段大规模压裂和试产，实现了页岩气开采真正意义上的重大突破，但实际效果并不显著。

在整个80年代，Mitchell Energy公司一直在Barnett页岩尝试新技术，但是除了Barnett的一个地区有产量外，其余并不乐观。1991年，Mitchell Energy公司完成了得克萨斯Barnett页岩的第一口水平压裂井，这是由天然气研究所资助的项目。尽管Mitchell Energy公司在Barnett页岩中不断进行压裂试采，但从经济角度整体来看，Barnett页岩的水平压裂是失败的。到了1992年，供气合同逼迫着Mitchell Energy公司必须在Barnett有所突破，否则该公司将无法完成合同所规定的供气要求。随后，Mitchell Energy公司尝试使用稠化水（gelled water）压裂液进行大规模压裂（massive frack）技术，使得Barnett页岩开始有一定的页岩气产量。但同时，由于开采页岩气的进展并不顺利,Mitchell Energy 公司内部充满了质疑的声音,不过 Mitchell 力排众议,坚持要继续开采页岩气。

1994 年,75 岁的 Mitchell 将总裁和首席运营官的位置交给曾经在埃克森工作过 35 年的 Bill Stevens。不过 Stevens 在页岩气开发上持消极态度,他认为 Barnett 页岩不适合开发,Mitchell 的儿子 Todd 也持怀疑态度。1996 年,Mitchell Energy 公司因天然气作业污染了水井而被告上法庭,使得公司最终支付了 400 万美元的赔偿和 2 亿美元的惩罚性赔偿(当时 Mitchell Energy 公司市值还不到 9 亿美元)。这对于 Mitchell 是个沉重的打击,不过这也使得他下决心一定要在 Barnett 页岩中打出更多的气来。

Mitchell Energy 公司很快就放弃了利用泡沫压裂法在东部进行页岩气开采的念头,并在 1997 年首次通过使用清水压裂实现了 Barnett 页岩的压裂。与泡沫压裂相比,清水压裂使 Barnett 页岩最终采收率提高了 20% 以上,作业费用减少了 65% 。1998 年,Mitchell Energy 公司提出成本相对更加便宜的滑溜水压裂技术,该技术的成功应用第一次实现了 Barnett 页岩经济性压裂。他们发明的滑溜水压裂液配方,美国能源部和天然气研究所的专家们也不懂其中奥妙。多年后,Dan Steward 说了一句意味深长的话,科学支持我们而不是他们。1999 年,重复压裂开始应用于页岩气开发,使得页岩气井增产效果显著。这一时期的页岩气主要来源于福特沃斯、阿巴拉契亚和密歇根三个盆地,密歇根盆地泥盆系的 Antrim 生物成因页岩气和阿巴拉契亚盆地泥盆系的 Ohio 热成因页岩气产量约占页岩气总产量的 84% ,伊利诺伊、沃斯堡及圣胡安盆地的产量相对较少。

Barnett 页岩气的成功开发成为这场页岩气革命的标志。自 1981 年在 Barnett 页岩上打第一口初探井开始,Mitchell Energy 公司在页岩气项目上花了 2.5 亿美元,经过挫折和不断地探索,Mitchell 耗费了 17 年的岁月,终于在近 80 岁高龄时取得了页岩气的商业化开采。从此以后,页岩气成为美国经济社会发展最为重要的能源组成部分之一。

在页岩气开发早期,起主导作用的主要是中型独立石油公司。Mitchell Energy 在 Barnett 页岩获得成功后,页岩气开采蓬勃发展起来,其间 Mitchell Energy 又分别在 1999 年和 2002 年试验了重复压裂技术和水平井钻探技术,使得页岩气产量大增。其他中小企业在看到页岩气开发的巨大前景后也纷纷搭便车进入这一行业。仅在 2000

年到2001年,就有12个新公司和85个承包商在Barnett页岩地区开采页岩气。

作为北美最大的液化天然气公司,德文能源公司(Devon Energy Corporation)执行长Nichols发现水平井压裂技术开采页岩气非常有前景,两次来到Mitchell的公司,希望能够收购Mitchell Energy公司。2002年,Devon Energy公司对Vossburg地区的7口页岩气水平井进行了压裂试验,取得了巨大成功,为实现页岩气的大规模商业化开发奠定了基础。之后,其他大型石油公司也开始参与页岩气的开发,但取得的效果较差。Shell公司参与了位于俄克拉何马州和堪萨斯州的密西西比区块的开发,但是由于开发效果差、成本高,仅仅几年后就将该区块卖掉。BP公司与Lewis能源公司共同开发伊格福特(Eagle Ford)区块页岩气,虽然获得较好的开发效果,但成本依然很高。与BP公司类似,其他大型石油公司通过与较早进入页岩气勘探开发领域并获得丰富勘探开发经验的中小型独立能源公司合作,进入到页岩气领域并取得了一定的成功。挪威国家石油公司(Statoil)收购了在巴肯(Bakken)地区作业的布里格姆(Brigham)能源公司,必和必拓公司(BHPBilliton)收购了油鹰(PetroHawk)能源公司,并获得了两家能源公司的大部分页岩气勘探开发专利技术。

相较于中小石油公司而言,大型石油公司在页岩气领域的参与范围、广度和尺度都更大,其进入或退出页岩气开发也会显得更引人瞩目。大型石油公司通过收购、合作等方式进入页岩气领域也是美国页岩气发展规模化、商业化的一个重要标志。

1.3 页岩气快速发展阶段(2003年至今)

中国是继美国、加拿大之后,世界上第三个实现页岩气商业开发的国家,美国、加拿大和中国并称世界页岩气三雄(前三大页岩气生产国)。

美国的页岩气研发生产历史较长,21世纪初时,美国页岩气产量仅占天然气总量的1%。至2009年,页岩气总产量达$880\times10^8\ m^3$,在天然气年总产量中占比14%,超过中国当年的气体能源总产量。同年,美国的气体能源总产量一举超越俄罗斯而成为世界第一。2015年时页岩气产量已占总天然气产量的56%,页岩气总产量4 217 ×

$10^8\ m^3$。而到2016年底时,美国页岩气产量超4 000×$10^8\ m^3$,页岩气占美国天然气产量的比重已达到60%,成为页岩气液化天然气(Liquefied Natural Gas, LNG)净出口国。美国也连续4年超过俄罗斯成为世界第一大产气国。与此同时,美国“页岩气革命”的到来也使得加拿大页岩气开发变得炙手可热,从2007年第一个商业性页岩气田在不列颠哥伦比亚省投产开始,加拿大目前为止已建成5个页岩气田,预计2020年可获得页岩气产量超过620×$10^8\ m^3$。

2008年,加拿大开始生产页岩气,年总产量10×$10^8\ m^3$,2009年时达到72×$10^8\ m^3$,2015年时达到350×$10^8\ m^3$,在其年气体能源总产量中占比23.3%。

张金川等最早开始了中国的页岩气研究和探勘实践。2003年和2004年先后在现代地质和天然气工业杂志上发表《页岩气及其成藏机理》和《页岩气成藏机理和分布》,对页岩气进行了学术界定,预测了中国页岩气的形成和分布。随后的论文又进一步指出中国页岩气分布有利区。至2009年11月,渝页1井(重庆市彭水县莲湖镇)在五峰—龙马溪组页岩地层中率先获得页岩气发现(在井深200~300 m页岩的现场解析含气量可达1~3 m^3/t),首次证实了中国页岩气的存在。

中国石油、中国石化、延长石油集团等分别在四川盆地和鄂尔多斯盆地开展工业性页岩气勘探开发工作并取得重要的勘探突破。例如,在渝页1井正南45 km处,中国石化于2011年发现单井日产量2.5×$10^4\ m^3$的彭水区块。2012年中石化在渝页1井正西80 km处发现目前我国最大的焦石坝页岩气田,2017年提交页岩气探明储量为6 008×$10^8\ m^3$。我国2015年页岩气年产量达到45×$10^8\ m^3$,在年天然气总产量中占比3.5%,在各种化石能源中,页岩气的发展速度是最快的,2017年页岩气产量达到91×$10^8\ m^3$。

纵观世界前三大生产国页岩气6年间的爆发式增长史,不难看出页岩气的异军突起、后来居上、傲视群雄并非神话,这就是“页岩气速度”。

除加拿大和中国以外,美国丰富、清洁的页岩气资源的成功开发,还激励了其他国家和地区的页岩气勘探开发,如波兰、阿根廷、英国、澳大利亚等国均开始进行页岩气的勘探和开发。

第2章

全球页岩气资源概况

全球在不同地质历史期间和不同古地理位置沉积了一系列富有机质页岩，这些富有机质页岩大部分都与全球构造变化、全球海平面上升、生物灭绝及全球大洋缺氧(Oceanic Anoxic Events, OAE)等事件相关。其中，志留系、石炭系、二叠系、侏罗系、白垩系和新生界富有机质页岩是主要的油气烃源岩，而侏罗系和白垩系富有机质页岩则贡献了全球最多的油气。这些富有机质页岩均分布在一定的构造古地理位置，比如在中国、北非、中东、东欧等地广泛分布着志留系富有机质页岩，这些页岩均表现出高有机质含量和高伽马值的特点，被称为“热页岩”(图 2－1)。

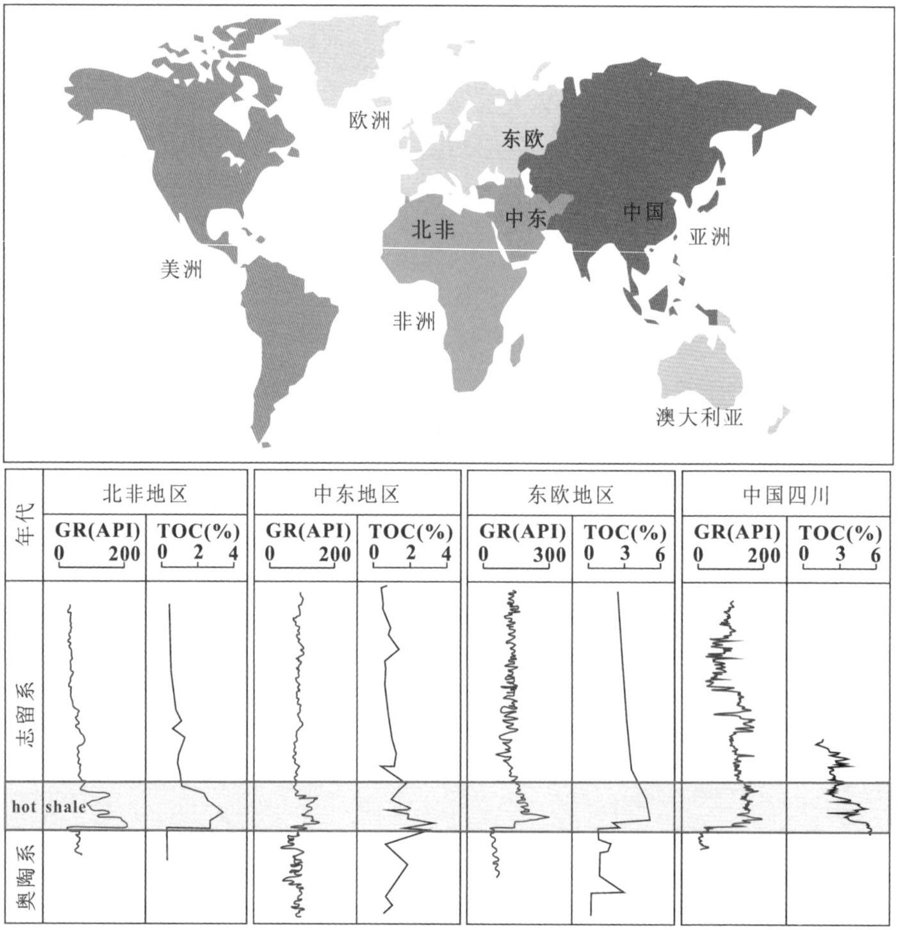

图2－1 中国与北非、中东、东欧地区下志留统含高放射性伽马(GR)和富含有机质(TOC)热页岩(hot shale)的对比

世界范围内泥页岩约占全部沉积岩的60%，页岩气资源前景巨大，且随着勘探开发工作的持续开展，页岩气资源量呈增长趋势。2010年，中国石油勘探开发研究院预测全球21个国家、40个盆地、60套页岩的页岩气地质资源量为$595.4\times10^{12}\ m^3$，技术可采资源量为$117.9\times10^{12}\ m^3$；2011年美国能源信息署（Energy Information Administration，EIA）预测全球32个国家、48个盆地、69套页岩的页岩气地质资源量为$623.1\times10^{12}\ m^3$（不含美国），技术可采资源量为$187.4\times10^{12}\ m^3$（含美国）；2013年EIA再次预测全球41个国家、95个盆地、137套页岩的页岩气地质资源量为$881.2\times10^{12}\ m^3$，技术可采资源量为$206.6\times10^{12}\ m^3$（含美国），比2011年页岩气技术可采资源量数据增加了$19.66\times10^{12}\ m^3$。2015年，EIA更新了部分国家页岩气可采资源量，稍微降低了美国的可采页岩气资源量，但其他国家页岩气可采资源量则从$43.46\times10^{12}\ m^3$升高至$52.75\times10^{12}\ m^3$，总体比2013年页岩气技术可采资源量数据增加了$7.88\times10^{12}\ m^3$。中国仍然以$31.57\times10^{12}\ m^3$的页岩气可采量位居全球第一（表2-1）。

表2-1 2013—2015年全球页岩气技术可采资源量

2013年技术可采资源量				2015年技术可采资源量			
序号	国家	产量（$\times10^{12}\ m^3$）	所占比例（%）	序号	国家	产量（$\times10^{12}\ m^3$）	所占比例（%）
1	中国	31.57	15.28	1	中国	31.57	14.72
2	阿根廷	22.71	10.99	2	阿根廷	22.71	10.58
3	阿尔及利亚	20.02	9.69	3	阿尔及利亚	20.02	9.33
4	美国	18.83	9.11	4	美国	17.64	8.22
5	加拿大	16.22	7.85	5	加拿大	16.23	7.56
6	墨西哥	15.43	7.47	6	墨西哥	15.43	7.19
7	澳大利亚	12.37	5.99	7	澳大利亚	12.15	5.66
8	南非	11.04	5.34	8	南非	11.04	5.15
9	俄罗斯	8.07	3.90	9	俄罗斯	8.07	3.76
10	巴西	6.94	3.36	10	巴西	6.94	3.23
11	其他国家	43.46	21.03	11	其他国家	52.75	24.59
合计		206.68	100.00	合计		214.56	100.00

2015 年,国际能源署发布全球常规和非常规天然气资源分布及资源量。全球天然气资源量总计 $782\times10^{12}\ m^3$,其中页岩气占 27.2%,远高于致密气的 10.4% 和煤层气的 6.4% 的占比,其主要分布在中国、北美、俄罗斯、拉丁美洲、北非、澳大利亚等地区(图 2-2)。

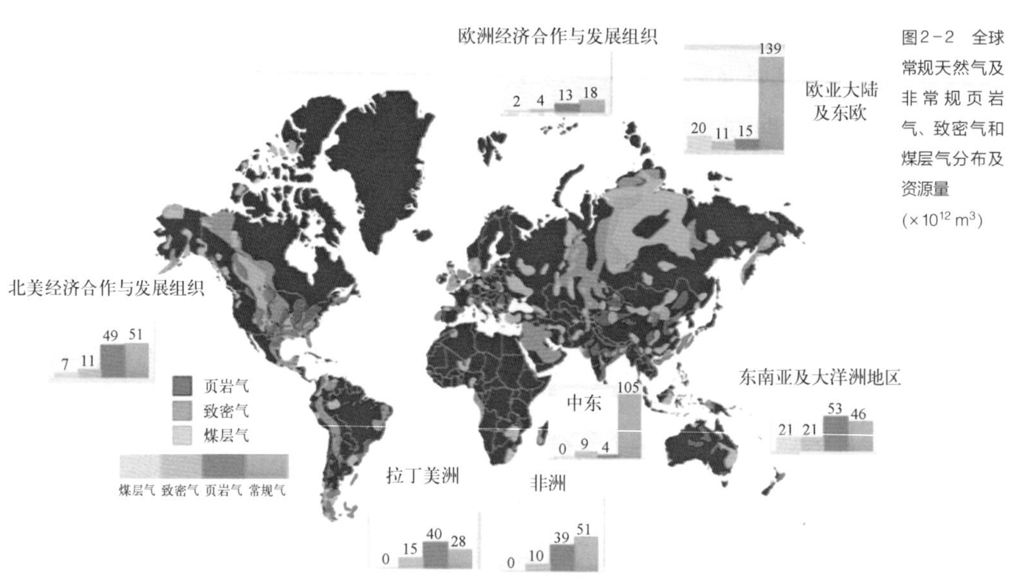

图 2-2 全球常规天然气及非常规页岩气、致密气和煤层气分布及资源量($\times10^{12}\ m^3$)

2.1 北美地区页岩气资源概况

北美是目前实现页岩气商业化生产的最大地区。据 Devon 公司统计,美国目前已经在 50 个盆地近 20 套页岩地层中发现了页岩气,页岩气资源十分丰富。已有众多机构、学者对美国页岩气资源作出了权威的预测与评价,美国先进资源国际公司(Advanced Resources International, ARI, 2006)预测美国页岩气技术可采资源量达到 $3.6\times10^{12}\ m^3$。此外,Curtis, Hill 和 Lillis 对美国本土 48 个州的页岩气资源量进行预测，认为美国页岩气资源总量为$(22.74\sim24.47)\times10^{12}$ m^3，其中已产出的页岩气为$2\,406.945\times10^{8}$ m^3，已证实的页岩气储量为$2\,973.29\times10^{8}$ m^3，经济可采资源量为$(1.5\sim3.23)\times10^{12}$ m^3，剩余资源前景为$16.990\,2\times10^{12}$ m^3。

Curtis, Hill 和 Lillis 比较了页岩气产区阿巴拉契亚盆地(Appalachian Basin)泥盆系的 Marcellus 页岩、密歇根盆地(Michigan Basin)泥盆系的 Antrim 页岩、伊利诺伊盆地(Illinois Basin)泥盆系的 New Albany 页岩、福特沃斯盆地(Fort Worth Basin)石炭系的 Barnett 页岩、圣胡安盆地(San Juan Basin)白垩系的 Lewis 页岩的资源量，认为 Marcellus 页岩以$(6.371\,3\sim7.079\,2)\times10^{12}$ m^{3}的资源量列为首位(表 2－2)。Scott 对美国 7 个盆地的页岩气资源作了预测和评价，估算页岩气资源量为$(14.158\,5\sim30.610\,7)\times10^{12}$ m^3。另外，Navigant Consulting 公司预测美国页岩气资源量为23.2×10^{12} m^3。

表 2－2 美国页岩气产区特征及资源量

盆地名称	盆地类型	页岩名称	地层年代	资源量($\times10^8$ m^3)
阿巴拉契亚	前陆盆地	Marcellus	泥盆纪	63 713 ~ 70 792
密歇根	克拉通盆地	Antrim	泥盆纪	3 398 ~ 5 663
伊利诺伊	克拉通盆地	New Albany	泥盆纪	566 ~ 5 663
福特沃斯	前陆盆地	Barnett	石炭纪	7 419
圣胡安	前陆盆地	Lewis	白垩纪	28 317

随着页岩气勘探开发的进行，过去认为没有页岩气潜力的页岩，如 Eagle Ford、Utic 页岩等，现在也已证实具有很好的页岩气资源前景。美国能源信息署 2015 年更新了探明页岩气储量的变化，Marcellus 页岩、Barnett 页岩等的页岩气储量比 2014 年有所降低，但 Woodford 页岩、Utica 页岩的页岩气储量有所增加(表 2－3)。随着勘探开发程度的不断加深，人们对页岩地质和工程属性的认识更加深入，页岩气资源量也在时刻发生着变化。

除美国外，加拿大是另一个实现页岩气大规模开发的国家。加拿大页岩气资源主要集中在西部的 5 大页岩气富集区，主要包括大不列颠哥伦比亚省东北部泥盆系(Horn River 盆地)和三叠系 Montney、Alberta 省与 Saskatchewan 省的白垩系 Colorado

表 2-3 美国不同盆地页岩 2014—2015 年探明页岩气储量

盆　地	页　岩	2014 年页岩气储量 ($\times 10^{12}$ m^3)	2015 年页岩气储量 ($\times 10^{12}$ m^3)
阿巴拉契亚	Marcellus	2.39	2.06
	Utica	0.18	0.35
墨西哥湾	Eagle Ford	0.67	0.56
阿卡玛	Woodford	0.47	0.53
	Fayetteville	0.33	0.20
福特沃斯	Barnett	0.69	0.48
德州-路易斯安那州盐盆地	Haynesville/Bossier	0.47	0.36
其他盆地	其他页岩	0.45	0.43
总　计		5.65	4.97

群等页岩。据美国天然气研究所估算，加拿大西部沉积盆地页岩气资源量约为 24×10^{12} m^3，其中下白垩统页岩气资源量为 4.4×10^{12} m^3，占该盆地页岩气资源量的 18%；中、下三叠统页岩气资源量为 9.3×10^{12} m^3，占该盆地页岩气资源量的 39%；上泥盆统和下石炭统页岩气资源量为 10.7×10^{12} m^3，占西部沉积盆地页岩气资源量的 45%。而东部的 4 大页岩气富集区的总资源量和可采资源量分别为 46×10^{12} m^3 和 0.9×10^{12} m^3，包括 Quebec 省的奥陶系 Utica 页岩、New Brunswick 省和 Nova Scotia 省的石炭系 Horton Bluff 页岩及 Ontario 地区的 Michigan 盆地页岩。

2.2　中国页岩气资源概况

依据页岩发育地质基础、区域构造特点、页岩气富集背景以及地表开发条件，中国的页岩气分布有利区域可划分为南方、北方、西北和青藏 4 个大区，其中每个大区又可进一步细分。由于各区页岩气地质条件和特点差异明显，据此又可划分为不同的页岩气富集模式：南方型、北方型和西北型。

（1）南方型。该类型主要分布在扬子地台及其周缘，南方地区是一个中心抬升并向四周倾没的古隆起区(江南隆起),除隆起中心发育一系列北东东−南西西走向的元古界、周缘地区发育一条相对完整连续的中生界环边以外,大部分地区均发育古生界地层。该区进一步又可划分为古生界发育齐全的扬子地块和上古生界与花岗岩不规则分布的东南地块两大部分。东南地块上古生界厚度较薄、有机质条件较差且花岗岩大规模发育其中,上古生界主要发育在地块的西北部分,黑色页岩分布范围、有机质丰度和热演化程度均相对较小。

(2) 北方型。该类型可作为页岩气潜在勘探目标的层位较多,但由于后期盆地的不规则叠加,页岩发育时代具有明显的向南东方向变新迁移特点,在平面上出现了由古生界、中生界到新生界的逐渐变化。在以鄂尔多斯盆地及其周缘为中心的中部地区,以古生界(奥陶、石炭及二叠系)为主的黑色页岩分布范围较广,从鄂尔多斯盆地西缘、沁水盆地经二连盆地至松辽盆地南缘均有分布。在渤海湾、南华北、苏北盆地及其周缘也有不同程度的钻遇;中生界及其中的暗色泥页岩主要发育在鄂尔多斯盆地中东部及其东部边缘地区,向东经渤海湾盆地西侧延伸至东北地区中西部。中生界的地层时代及页岩分布亦存在由西向东的逐渐转移趋势,即由西向东渐变为白垩系;新生界及其中的暗色泥页岩则主要分布在北方区的东部,即苏北、渤海湾至依兰伊通盆地沿线,在地层时代上亦表现为明显的向东滚动延展特点。

(3) 西北型。古生界、中生界分布范围较广并大致以天山为中心形成南、北“跷跷板”式沉积特点,即早古生代时以天山以南的塔里木地块为沉降沉积中心,形成较大面积分布的海相页岩。晚古生代时则以天山以北的准噶尔地块为中心形成页岩沉积。晚二叠纪末−中生代以来,全区进入陆相沉积环境,“跷跷板”运动基本结束,总体上表现出总有机碳含量向上逐渐增加的趋势。

根据页岩气聚集机理和中美页岩气地质条件相似性对比结果:中国页岩气富集的地质条件优越,具有与美国大致相同的页岩气资源前景及开发潜力。张金川、姜生玲、唐玄等采用成因法、统计法、类比法以及特尔菲法进行补充估算后认为,中国页岩气可采资源量约为$26\times10^{12}\ m^3$,其中南方、北方、西北及青藏地区各自占我国页岩气可采资源总量的46.8%、8.9%、43%和1.3%;古生界、中生界和新生界各自占我国页岩气资源总量的66.7%、26.7%和6.6%。这一结果与美国的$28\times10^{12}\ m^3$相近。故从理论上讲,当我国所投入的页岩气勘探及研究工作量与美国大致相当时,我国的页岩气也将有可能达到与美国基本相同的产量水平。此外,页岩气地质资源量在全国 20 余省(市、自治区)均有分布(表 2－4),其中坐拥四川盆地的四川省页岩气资源量最大,为 $27.50\times10^{12}\ m^3$。据中国页岩气有利区统计,其中Ⅰ类有利区 11 个,占有利区总数的 6%;Ⅱ类有利区 87 个,占有利区总数的 48%;Ⅲ类有利区 82 个,占有利区总数的 46%(表 2－5)。国土资源部 2012 年数据表明,中国陆域页岩气地质资源潜力为 $134.42\times10^{12}\ m^3$,可采资源潜力为 $25.08\times10^{12}\ m^3$(不含青藏区)。

表2－4 中国部分省、市、自治区页岩气资源分布

省/市/自治区	页岩气资源量($\times10^{12}\ m^3$)	省/市/自治区	页岩气资源量($\times10^{12}\ m^3$)
四 川	27.50	黑龙江	2.21
新 疆	16.01	云 南	2.14
重 庆	12.75	山 西	2.14
贵 州	10.48	安 徽	2.12
湖 北	9.48	浙 江	1.95
湖 南	9.19	河 北	1.39
陕 西	7.17	山 东	1.34
广 西	5.61	吉 林	1.21
江 苏	5.33	辽 宁	1.21
河 南	3.71	宁 夏	1.20
内蒙古	3.29	江 西	1.18
青 海	2.72	福 建	0.22
甘 肃	2.67	广 东	0.19

表2－5 中国页岩气有利区统计

分类	层 系	分 布 区 域	参 考 地 区
Ⅰ类	寒武系、奥陶系－志留系、侏罗系	川南、川东	四川、湖北、重庆等
	三叠系	鄂尔多斯盆地	陕西
Ⅱ类	寒武系、奥陶系－志留系、二叠系、三叠系	渝东南、滇黔北、渝东鄂西、四川盆地、渝东北等	四川、湖北、重庆、贵州、云南等
	寒武系、二叠系	江汉、苏北、修武、萍乐盆地	安徽、江西等
	寒武系、奥陶系、石炭系、二叠系、三叠系、侏罗系、白垩系	塔里木、准噶尔、吐哈、柴达木盆地	新疆、青海、甘肃等
	古近系、白垩系	辽东凹陷、松辽盆地	辽宁、黑龙江等
Ⅲ类	寒武系－古近系	Ⅰ类、Ⅱ类以外其他区	部分省(市、自治区)

2.3 拉丁美洲地区页岩气资源概况

拉丁美洲页岩气资源主要集中在巴西的 Chaco-Parana 盆地与阿根廷的 Neuquen 盆地、Golfo San Jorge 盆地和 Austral Magallanes 盆地。其中,巴西 Chaco-Parana 盆地页岩气地质资源量约为 25×10^{12} m^3,技术可采资源量约为 6×10^{12} m^3。此外,根据美国能源信息署统计,阿根廷页岩气的可采资源量约为 22×10^{12} m^3。2010 年 12 月,阿根廷石油公司(YPF)在阿西南部内乌肯(Neuquen)盆地发现了大量页岩气,其可采资源量约为 7×10^{12} m^3。2011 年 1 月,道达尔通过与阿根廷石油公司合作获得内乌肯盆地 4 个页岩气区块的权益。2011 年 8 月,埃克森美孚也表示将出资 7 630 万美元与加拿大美洲石油天然气公司合作开发内乌肯盆地矿区的页岩气。若以目前比较成熟的开采技术作评价,Neuquen 盆地占了页岩气可采资源量的一半以上。随着页岩气勘探开发工作的进一步推进,阿根廷页岩气的可采资源量还会大幅增加。

2.4 欧洲地区页岩气资源概况

根据美国能源信息署 2011 年预测,欧洲的页岩气可采资源量为 18×10^{12} m^3,低于北美、亚洲、南美和非洲地区。美国页岩气革命之后,欧洲多个国家和地区也随即开展页岩气勘查工作。欧洲自 2007 年启动了由行业资助、德国国家地质实验室协助的为期 6 年的欧洲页岩气项目(GASH)以来,已经在 5 个盆地发现了富含有机质的黑色页岩,初步估算页岩气资源量至少在 30×10^{12} m^3。

从资源分布来看,欧洲页岩气资源主要分布在波兰、法国、挪威、乌克兰、瑞典、丹麦、英国、荷兰、土耳其、德国、立陶宛、罗马尼亚等国。其中,波兰是欧洲页岩气勘探开发的主力,也是欧洲页岩气资源量最大的国家,页岩气资源潜力约为 5×10^{12} m^3。此外,乌克兰、德国、法国、英国和瑞典均已开展页岩气研究和试验性开采,部分企业已着手进行商业性勘探开发。但总体上看,受资源量、技术、基础设施等因素影响,特别是受环境保护主义等因素的制约,欧洲要实现页岩气大规模商业开发尚需时日。

2.5 亚太地区(不包括中国)页岩气资源概况

在亚太地区,澳大利亚、印度和印度尼西亚也相继对页岩气资源展开调查与勘探。近年来,澳大利亚的页岩气勘探活动迅速增多,尤其在库珀盆地(Cooper Basin)、卡宁盆地(Canning Basin)、珀斯盆地(Perth Basin)和马里伯勒盆地(Maryborough Basin)。美国能源信息署预计澳大利亚的页岩气技术可采资源量超过 10×10^{12} m^3。2011 年,印度石油天然气公司(Oil and Natural Gas Corporation,ONGC)在靠近西孟加拉邦杜尔加布尔的 Barren Measure 页岩中发现了天然气。美国先进资源国际公司估计印度的页岩气地质资源量达 8.2×10^{12} m^3,而它的邻国巴基斯坦的页岩气地质资源量也有近 5.8×10^{12} m^3。印度尼西亚页岩气主要分布于印度尼西亚西部的 Sunatera 盆地、Java 盆地及 Kalimantan 盆地的中新世泥岩层系中,印度尼西亚自 2010 年开始已着手评估国内页岩气资源潜力,并寻求从美国获取相关资料和技术,预计页岩气地质资源量可能高达 16.3×10^{12} m^3。

第3章

美国页岩气地质条件及产业化发展

3.1 美国页岩气地质条件及特殊性

3.1.1 美国页岩发育地质基础

1. 页岩发育构造背景

美国所处的北美地台是北美板块的主体，褶皱带围绕地台四周分布，演化总体上表现为大陆同心式的向外增生。北美板块在西部与东太平洋和胡安得富卡板块发生挤压聚敛，东侧边界为大西洋扩散中脊。在地质上由 5 个部分组成：中部为稳定的地盾和克拉通区，西部是科迪勒拉中生代逆冲褶皱带（Cordilleran Mobile Belt），南部为马拉松-沃契塔（Ouachita）晚古生代逆冲褶皱带，东部为阿巴拉契亚-沃契塔（Appalachian-Ouachita）早古生代逆冲褶皱带和其东侧的大西洋与墨西哥湾平原，北部为富兰克林地槽（图 3-1）。

北美大陆的地质演化起源于加拿大地盾，它是整个北美大陆的核心，呈不规则的椭圆形，包括格陵兰、加拿大东中部的大部分地区和美国五大湖区的北部，密西西比河流域和五大湖地区所在的中部平原为北美地台主体。寒武系-下奥陶统是地台最早的未变质沉积盖层，自四周向大陆中心缓慢超覆。早古生代时，克拉通盆地和隆起在加拿大地盾南侧的北美地台上相间发育，东西两侧分别是阿巴拉契亚地槽区和科迪勒拉地槽区。在阿尔伯塔盆地、密歇根盆地以及伊利诺伊盆地等克拉通盆地内发育了一套地台型下古生界海相碳酸盐岩为主的沉积，分布范围广。

沉积物在晚古生代时继承性发育，其厚度在地台的中南部最大。古生界以海相碳酸盐岩和碎屑岩为主，其间发育多个区域性不整合。晚志留世时，加里东运动结束了纽芬兰中部、格陵兰东部和北极群岛的地槽发育史。中泥盆统广泛超覆不整合在不同层位地层之上，大陆西部以碳酸盐岩沉积为主，向东南相变为页岩，在阿巴拉契亚西部变为红色磨拉石，其中大陆东南部的中上密西西比统为巨厚碎屑岩。宾夕法尼亚系在阿巴拉契亚与密西西比河间为巨大的成煤沼泽，此后海水就没再进入大陆东部。石炭纪和二叠纪时，海西运动导致阿巴拉契亚地槽回返，形成褶皱山系并在其西部形成前陆盆地。

到中生代，科迪勒拉地槽褶皱回返，形成科迪勒拉造山带并在其东侧形成前陆盆

图3-1 北美构造单元划分(Brooks，2001)

地。科迪勒拉造山带的西部以基岩侵入、变质岩和活火山为特征，中部为高原，岩性单一，东部为冒地槽沉积物构成的冲断带。中新生代时，由于联合古陆的解体，北美东南部形成大西洋被动大陆边缘和墨西哥湾盆地，堆积了自晚侏罗世以来的沉积物。

作为北美地台的重要组成部分，美国大地构造可划分为以下三大主要构造单元：① 克拉通，即板块内部地壳稳定、构造平缓的地区，如美国中部和北部地区；② 褶皱带，即围绕克拉通分布的地壳活动及构造变形强烈的地带，如环美国大陆东部、南部和西部延伸的褶皱山系；③ 海岸平原和陆棚，即褶皱带与洋壳之间的地带，如美国东海岸、墨西哥湾和西海岸地区。美国区域地质特征是其东西两边和南部发育三个褶皱造山带，它们记录了不断增生的大陆边缘的复杂沉积、岩浆作用和构造变形史(图3-2)。在这些造山带所围限的中央地台区发育前陆盆地、地台和克拉通盆地。美国西海岸由山脉和盆地相间构成，东海岸为大西洋海岸平原和陆棚。

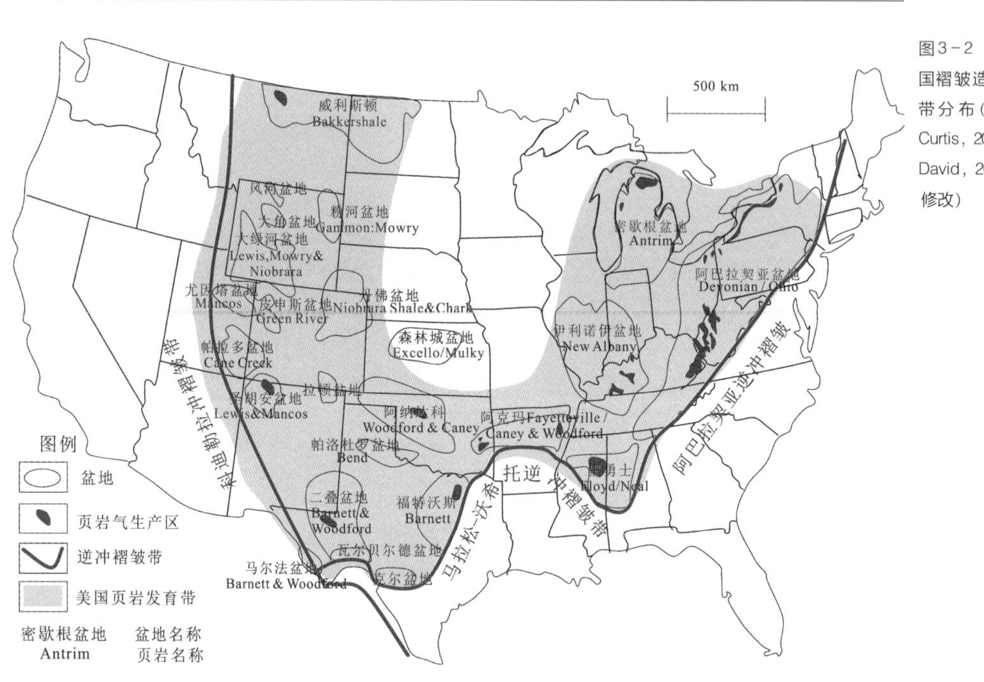

图3-2 美国褶皱造山带分布(据Curtis，2002；David，2007修改)

东部阿巴拉契亚逆冲褶皱带是加里东期北美板块和非洲板块碰撞形成的,呈北北东分布,以东倾的大逆掩断裂带为边界。造山带的西侧为阿巴拉契亚前陆盆地,盆地内下古生界发育,盆地西部为辛辛那提隆起,是美国最早开发油气的地区。

西部拉腊米运动时期形成的落基山造山带是北美洲科迪勒拉褶皱带的一部分,它由造山带及其前缘冲断带和东部的破裂前陆盆地组成,前陆盆地和冲断带内蕴藏着大量的油气资源。油气层为寒武纪-新近纪的碎屑岩和碳酸盐岩。该区的圣华金谷地、海岸地区和洛杉矶盆地油气资源很丰富;圣安德列斯走滑断裂是该区的一个典型构造。

马拉松-沃希托逆冲断层带位于美国南部,晚古生代时马拉松-沃希托造山运动形成前陆盆地,该造山运动是由泛古大陆变形引起的北美板块和南美板块碰撞形成的,沿着与拗拉槽有关的薄弱处发生下坳沉降形成弧后前陆盆地。其北部的中央稳定带地台为火山岩和变质岩结晶基底,沉积盖层主要为古生界,部分地区发育有中生界。地台西部和南部边缘,由于多次构造运动的影响,构造变形强烈,所形成的盆地比地台内部的盆地沉陷更深，构造更复杂，这些盆地往往高产油气，如二叠盆地和阿纳达科盆地。

2. 页岩发育沉积背景

较中国页岩发育沉积背景而言，美国含气页岩沉积环境相对单一，以海相发育为主，例如，美国东部含油气盆地 Appalachian 盆地、墨西哥湾地区福特沃斯盆地均以发育海相黑色页岩为主，宏观上通常代表水流微弱或停滞的缺氧还原环境，但同时也具有明显的区域性特征。

在美国东部的阿巴拉契亚盆地区，寒武纪时期阿巴拉契亚褶皱带为地槽，盆地内沉积主体属于地台沉积，除下寒武统为碎屑岩沉积，其余主体上以碳酸盐岩沉积为主，并且沉积厚度由东向西变薄。进入奥陶世时期以后，盆地区在大面积海侵作用下发育 Utica 海相黑色页岩，随后受构造运动影响而逐步抬升，使得地槽东部在进入晚奥陶世以后抬升遭受剥蚀。而到了志留纪时期，地层再次沉降接受沉积，形成了一系列砂岩、页岩、灰岩等。进入泥盆纪以后，盆地区整体抬升，海水逐渐退出，沉积相也从海相逐渐向陆相过渡，其中下泥盆统以灰岩沉积为主，而中、上泥盆统则以发育 Marcellus 和 Ohio 两套黑色页岩以及三角洲沉积背景下发育的致密砂岩为主。前人研究表明，由于构造运动导致相对海平面下降，使得阿巴拉契亚盆地整体处于缺氧状态，且稳定的分层水体保证有机质能够保存下来，从而造就了 Ohio 页岩巨大的油气潜力。

Barnett 页岩同样是美国海相页岩的重要代表。Barnett 页岩沉积横跨得克萨斯州中北部的大部分地区。但是由于沉积后的剥蚀作用导致目前 Barnett 页岩分布被限制在福特沃斯盆地。从寒武系至密西西比系，福特沃斯盆地主要沉积稳定陆棚碳酸盐岩，其中早奥陶世 Ellenburger 群碳酸盐岩代表了大范围分布的造陆运动碳酸盐岩台地，而在 Ellenburger 群沉积期结束时，海平面显著下降，结果延长了地台的暴露时间，造成了碳酸盐岩上部大面积喀斯特地貌。后来的重大侵蚀事件使得该地区本来存在的志留系和泥盆系被剥蚀，结果在福特沃斯盆地大部分地区形成了不整合面，随后在大面积海侵作用下，Barnett 页岩在该不整合面之上沉积形成。

整体而言，北美地台东、西、南三面环绕造山带使得地台内部的坳陷和隆起发生幕式调整，陆源沉积物供应、页岩的发育、形成及分布均受到海平面变化的影响。前人根据岩石矿物组成、测井响应特征、地球化学参数以及全球海平面升降曲线推断，美国海相页岩多发育在海进体系域时期或高水位体系域时期，硅质生物体发育，有利于富有机质页岩的形成。

3. 页岩分布

受构造运动、沉积环境及成岩作用的差异影响，美国页岩分布具有明显的区域性特征。其中，美国西部地区（包括阿拉斯加）多发育逆冲断裂带、褶皱山系或隆起，页岩层系主要位于中、新生界，其中阿拉斯加页岩油气勘探潜力较大；在美国中部地区，多发育前陆盆地和山间盆地，页岩层系主要集中于古生界地层，且除发育页岩气以外，常规气、致密砂岩气、煤层气均有发育。该区勘探程度较高，圣胡安盆地是典型代表；而在美国东部地区，后期构造抬升强烈，页岩层系均集中在古生界地层中，以阿巴拉契亚盆地为代表的盆地区就是以晚古生界中上泥盆统 Marcellus 以及 Ohio 页岩为主（图 3－3）。

图3－3　北美页岩油气分布

美国页岩气勘探开发表明海相页岩主要分布于前陆盆地和克拉通盆地等两类盆地中。其中,前陆盆地的页岩气藏埋藏较深,压力和成熟度较高;而位于克拉通盆地的页岩气藏埋藏较浅,压力和成熟度较低。除密歇根盆地 Antrim 页岩和伊利诺伊盆地 New Albany 页岩位于克拉通盆地内外,北美典型页岩油气藏几乎均位于东部 Appalachia 造山带的古生代前陆盆地和西部洛基山造山带的中生代前陆盆地。

就盆地尺度而言,前陆盆地中富含有机质的高脆性优质页岩主要位于远离盆地物源区(造山带)的浅水区,而非深水区,主要原因为前渊深水区沉积富砂的陆源碎屑沉积,稀释了有机质含量(图3-4)。比如洛基山前陆盆地中位于从墨西哥湾到北极的

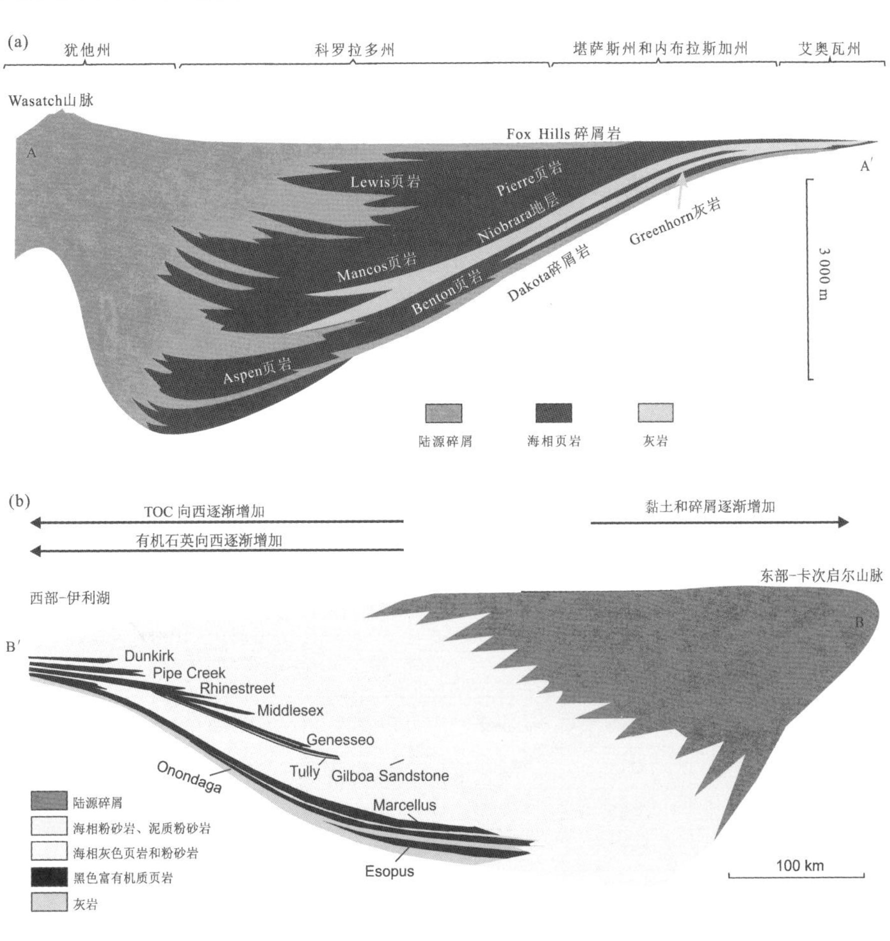

图3-4 沉积盆地构造和沉积对页岩油气储层分布的控制

白垩系海道(Cretaceous Seaway),从西部近造山带(如犹他州)到远离造山带和物源的浅水区(如怀俄明州和科罗拉多州),有机质含量逐渐增加,矿物脆性不断增加。犹他州 Mancos 页岩富含黏土,有机质含量大部分小于 2%,而科罗拉多州同时代的 Niobrara 泥灰岩岩相的页岩富含有机质(通常 >2%),邻近的 Niobrara 白垩岩相页岩脆性高,是有利的储层。北美东部 Marcellus 富含有机质和富含有机石英的页岩也位于远离造山带和物源的浅水区。因此,北美大部分盆地勘探开发表明,页岩气富集的主要部位并非位于盆地沉积中心,而是受盆地构造形态、物源供给等多种因素综合控制,且远离物源区的浅水区通常为较好的页岩气富集区。

3.1.2 美国页岩气形成地质条件

页岩气的形成与富集受众多地质因素影响,如构造背景与沉积条件、泥页岩厚度、有机质类型与丰度、有机质成熟度、含气量、脆性矿物含量、孔隙度与渗透率、断裂与裂缝等,它们均是影响页岩气分布并决定其是否具有工业勘探开发价值的重要因素。

美国部分盆地主要含气页岩的基础地质特征相对明了(表 3 - 1)。整体来看,美国海相页岩厚度整体较大,单层净厚度多为 15 ~40 m,而垂向累计厚度更可达上千米;页岩有机质丰度整体较高,如沉积于深水沉积环境的 New Albany 页岩在部分层段有机质丰度最高可达 20% 以上,为页岩气的形成富集提供良好的物质基础保障,且硅质矿物含量普遍较高。此外,美国海相页岩有机质类型多以混合型为主,兼有偏生油型和偏生气型。此外,美国富有机质页岩的有机质成熟度从未成熟到成熟均存在。

表3-1 美国含气页岩主要特征(据 Curtis 等英制单位换算)

盆　地	阿巴拉契亚	密歇根	伊利诺伊	福特沃斯	圣胡安
页岩名称	Ohio	Antrim	New Albany	Barnett	Lewis
时代	泥盆纪	泥盆纪	泥盆纪	早石炭世	早白垩世
气体成因	热解气	生物气	热解气、生物气	热解气	热解气
埋藏深度(m)	610 ~ 1 524	183 ~ 730	183 ~ 1 494	1 981 ~ 2 591	914 ~ 1 829
毛厚度(m)	91 ~ 305	49	31 ~ 122	61 ~ 91	152 ~ 579

（续表）

盆　地	阿巴拉契亚	密歇根	伊利诺伊	福特沃斯	圣胡安
净厚度(m)	9～31	21～37	15～30	15～60	61～91
TOC(%)	0～4.7	0.3～24	1～25	4.5	0.45～2.5
R_o(%)	0.5～4.0	0.4～0.6	0.4～1.0	1.0～1.3	1.6～1.88
含气孔隙度(%)/总孔隙度(%)	2/4.7	4/9	5/(10～14)	2.5/(4～5)	(1～35)/(3～5.5)
吸附气含量(%)	50	70	40～60	20	60～85
地层压力系数	0.35～0.92	0.81	0.99	0.99～1.02	0.46～0.58
单井日产量(m^3)	850～14 159	1 133～14 159	283～1 416	2 832～28 317	2 832～5 663
采收率(%)	10～20	20～60	10～20	8～15	5～15
单井储量($\times 10^8$ m^3)	425～1 699	566～3 398	425～1 699	1 416～4 248	1 699～5 663
资源丰度($\times 10^8$ m^3/km^2)	1.73	0.69	0.42	7.15	1.74
原地地质储量/($\times 10^{12}$ m^3)	42.475 5	2.152 1	4.530 7	9.259 7	1.738 9
技术可采储量/($\times 10^{12}$ m^3)	7.419 1	0.566 3	0.543 7	1.246	0.566 4

根据页岩成熟度分布范围不同，可将页岩气藏分为三类：高成熟度页岩气藏、低成熟度页岩气藏以及高低成熟度混合页岩气藏。圣胡安盆地 Lewis 页岩气藏和福特沃斯盆地中 Barnett 页岩气藏为高成熟度的页岩气藏，其天然气主要来源于热成熟作用。福特沃斯盆地 Barnett 页岩气藏的天然气是在高成熟度($R_o \geq 1.0\%$)条件下由原油裂解形成的，Barnett 页岩气藏产气区的成熟度为 1.0%～1.3%，实际上产气区西部为 1.3%，东部为 2.1%，平均为 1.7%。阿巴拉契亚盆地页岩成熟度为 0.5%～4.0%，产气区的弗吉尼亚州和肯塔基州为 0.6%～1.5%，宾夕法尼亚州西部为 2.0%，在西弗吉尼亚州南部最高可达 4.0%。整体来看，适中且多样的热演化程度不仅保证了页岩气的大量生成，还拓宽了美国页岩气的成因及来源。但相较于我国富有机质页岩而言，美国富有机质页岩热演化程度还是整体相对较低，这主要与美国克拉通盆地页岩气层系埋藏普遍较浅有关，如伊利诺伊盆地 New Albany 页岩现今埋深通常小于 1 000 m。

良好的岩石矿物组成同样是美国页岩气成功的一个重要原因。李新景、吕宗刚、董大忠等认为，并不是所有优质烃源岩都具有经济开采价值，只有那些低泊松比、高弹性模量、富含有机质的脆性页岩才是页岩气勘探的主要目标。美国Bossier页岩中的石英、长石和黄铁矿含量多低于40%,碳酸盐岩含量多大于25%,黏土矿物含量大多小于50%;Ohio、Woodford、Barnett页岩中的碳酸盐岩含量低于25%,石英、长石和黄铁矿含量为20%~80%,黏土矿物含量为20%~80%。其中Barnett硅质页岩黏土矿物通常小于50%,石英含量超过40%;阿科马盆地Woodford页岩与其相近,即页岩膨胀性黏土矿物含量较少,硅质、碳酸盐岩等矿物较多时(福特沃斯盆地Barnett页岩典型值为40%~60%),岩石脆性与造缝能力强,裂缝网络容易产生。美国丹佛盆地Niobrara页岩尽管石英含量低,但碳酸盐岩脆性矿物含量高,压裂后也容易产生复杂的网络裂缝。

3.1.3 美国页岩气地质特殊性

1. 页岩发育地质背景相对简单

与中国页岩复杂的地质背景相比,美国页岩发育地质背景相对简单。以北美地台为构造背景,美国含油气盆地呈“U形”圈层分布,盆地类型虽多,但以克拉通盆地和前陆盆地为美国页岩油气发育的主要盆地类型。大面积且稳定的地台为后期沉积盆地的构造稳定性提供了保证。这些沉积盆地在接受页岩沉积之后,没有经历后期多次的构造运动对盆地的叠加和改造作用,使得这些沉积盆地多保留原型,保存条件整体较好。例如,美国页岩气勘探开发最早的阿巴拉契亚盆地是早古生代发育起来的前陆盆地,其主要经历了3次大的构造事件:Taconic、Acadian和Alleghanian构造运动,其中,第三次构造运动才形成阿巴拉契亚盆地现今的形态。此外,墨西哥湾沿岸坳陷、中央地台西南部以及加利福尼亚盆地区的坳陷和盆地也是长期稳定下沉,构造运动适中,后期破坏程度小,为页岩油气的生成和保存提供了良好的保证。

除此之外,美国页岩发育沉积环境也较为单一,以海相为主,陆相及海陆过渡相页岩发育较少。此外,页岩层系也多集中在晚古生代泥盆系和密西西比系(石炭系)两套地层中。相同的沉积环境及相似的页岩发育时期使得美国富有机质页岩发育特征在一定范围内能基本保持一致,并在一定的区域范围内使得页岩岩相组合及特征能够具有一定的共性，有利于后期页岩气勘探开发及评价工作的开展。

2. 页岩气形成地质条件较为统一

从地质原理和过程特点来看，沉积相主体上决定了页岩的厚度、面积、有机质的类型和丰度以及岩矿组成等，而构造演化则决定了沉积格局变迁和页岩有机质的热演化程度。基于此，美国相对简单的页岩发育构造、沉积背景造就了美国海相页岩气在不同地区的形成地质条件较为统一。

以有机质成熟度为例，美国不同地区不同盆地海相页岩有机质成熟度整体适中，变化范围小且较为集中，整体为1%~2%，处于成熟阶段。而我国富有机质页岩受构造运动和页岩发育层系等因素影响，页岩热演化程度变化范围较大，从未成熟-低成熟到成熟-高过成熟均有出现，在某些地区甚至发生浅变质作用。如我国南方下寒武统牛蹄塘组海相页岩，其有机质成熟度多大于3%，处于过成熟晚期阶段，部分地区还可以达到4%以上。而在我国北方古近系沙河街组陆相页岩中，其有机质成熟度多为0.5%~1.5%，处于未成熟-成熟阶段。比较来看，两者之间成熟度差异巨大，而美国不同地区不同盆地之间的页岩气形成地质条件则相对较为统一。

3.2 美国页岩气产业化发展

尽管页岩气在1821年就被发现，但由于当时的经济、技术条件所限，此后一直到1980年代才有所突破，其间一直沉睡了100多年。以Barnett页岩为例，1951年Mitchell在得州Wise县钻第一口井，然后在与美国能源部、研究机构及私营公司合作基础上，于20世纪70年代开始了含气页岩的地质和开采技术研究。随后于1981年利用泡沫压裂技术压裂了第一口Barnett页岩气井C. W. Slay 1，然后在20世纪80—90年代，Mitchell Energy公司通过尝试不同的压裂技术，于1997年提出了清水压裂技术。相较于瓜胶压裂、气体压裂和泡沫压裂技术，清水压裂技术不论是从经济还是技术角度出发，都具有很强的可行性。

进入2003年后，水平钻井和清水分段水力压裂技术开始逐渐成熟并得到推广应用,加之人们对页岩气地质的认识程度逐渐提高,使得页岩气产量得到了更为迅速的提升。此时,美国常规天然气产量开始出现下滑,减产幅度约为每年 1.4%(尤其是 2000 年至 2005 年期间墨西哥湾的产量下降),而美国天然气的需求却不断扩大,伴随着石油价格在 2000 年后不断走高,天然气价格也不断突破历史高位。不断攀升的天然气价格和快速发展的页岩气勘探开发技术极大地刺激了全美页岩气的勘探开发热潮。这两个因素成为推动美国页岩气市场进一步发展和成熟的催化剂。此时,石油天然气巨头们开始减少对北美本土上游天然气开发的投资,纷纷转向国际 LNG 市场。但美国的中小型油气企业,由于缺乏进入国际市场的资本,则将注意力更多地转向运用水平井钻井和分段压裂等新技术来开采页岩气。

在 Mitchell Energy 公司将水平井钻井技术大规模应用于页岩气开发之前,水平井的数量还极少,页岩气钻井仍以直井为主。自从 2002 年以后,页岩气水平井数量开始迅速增加,到了 2004 年,尽管只有 400 口水平井应用到 Barnett 页岩气开发,但数量已快接近直井。到了 2005 年,Barnett 页岩气水平井数量首次超过直井。随着 Mitchell Energy 公司页岩气开发技术的成熟,页岩气产量及采收率进一步提高,成本进一步降低,许多公司开始利用页岩气水平井钻井和分段压裂技术开发阿肯色州的费耶特维尔页岩和路易斯安那州的海恩斯维尔页岩。同年,美国在 Barnett 页岩中进行了水平井同步压裂技术试验,进而发展为“工厂化”的压裂模式。

从此之后,美国页岩气新增钻、完井数也开始逐年攀升,2004 年新增页岩气水平井为 2 900 余口,2005 年增加到 3 400 多口,2006 年超过 3 600 口,2007 年进一步增加到 4 185 口,此时全美已累计完钻页岩气井 41 726 口。据不完全统计,2003 年以来到 2014 年油价大跌前,全美页岩气钻井数量年增 10% 以上,累计增加 75% 以上。对应地,从 2003 年到 2006 年的三年间,美国页岩气产量增长了三倍,达到 $310\times10^8\ m^3$,占美国天然气产量的 5.9%。到了 2008 年,94% 的 Barnett 页岩气井采用水平钻井技术。2009 年,水平井数量增加达 10 000 口以上,Barnett 页岩气产量高达每天 $1.1\times10^8\ m^3$以上,使得美国 2009 年全年天然气总产量达到 $5\ 858\times10^8\ m^3$(其中页岩气产量为 $930\times10^8\ m^3$),首次超过俄罗斯天然气总产量 $5\ 277\times10^8\ m^3$,成为世界第一大天然气生产国。

与此同时,勘探开发技术的进步还带来页岩气技术可采资源量的巨大提升。以阿巴拉契亚盆地 Marcellus 页岩为例,2002 年估算的马塞勒斯(Marcellus)页岩层系所蕴含的天然气技术可采资源量为 $566 \times 10^8\ m^3$,而到了 2008 年,宾夕法尼亚州立大学和纽约州立大学的一项联合研究项目表明,Marcellus 页岩气的技术可采资源量被远远低估,实际技术可采资源量是之前的 250 倍,这一结果促使很多公司在 Marcellus 页岩中开展勘探开发工作。2011 年 8 月,美国地质调查局的数据表明,Marcellus 页岩的技术可采资源量增加到 $2.4 \times 10^{12}\ m^3$,在 2012 年的数据中,这个数字又增加到 $4 \times 10^{12}\ m^3$。与此同时,Marcellus 页岩气的产量也开始急剧增加,2013 年每天产量高达近 $80 \times 10^8\ m^3$。

除了在阿巴拉契亚盆地以外,美国其他盆地页岩气的勘探开发也改变了很多传统的认识。2003 年之前,美国只有 13 个盆地被评价为页岩气盆地,并且当时只有密歇根盆地(Antrim 页岩)、阿巴拉契亚盆地(Ohio 页岩)、伊利诺伊盆地(New Albany 页岩)、福特沃斯盆地(Barnett 页岩)和圣胡安盆地(Lewis 页岩)等 5 个盆地生产页岩气,页岩气钻井总数约 28 000 口,页岩气年产量仅 $112 \times 10^8\ m^3$,从事页岩气生产的公司也只有几家。到 2007 年,美国已在密歇根盆地(Atrim 页岩)、阿巴拉契亚盆地(Ohio 页岩)、伊利诺伊盆地(New Albany 页岩)、沃斯堡盆地(Barnett 页岩)、圣胡安盆地(Lewis 页岩)和阿科马盆地(Woodford 页岩、Fayetteville 页岩)等 20 个盆地发现了页岩气藏并实现了商业性开发,从事页岩气生产的公司已增加到 60 ~70 家,页岩气生产井增加到 41 726 口,页岩气年产量已接近 $500 \times 10^8\ m^3$,约占美国天然气年产量的 8%。至 2013 年,北美地区 50 个富有机质页岩区带被证实具有页岩油气资源潜力,其中的 9 个区带实现了页岩油气的规模开发。到 2015 年,过去认为没有潜力的 Eagle Ford、Bone Springs、Spraberry 等页岩层系也逐渐成为页岩油气勘探的重要目标层系,且页岩气产层几乎包含了所有的海相页岩,页岩气藏的钻探深度自发现初期的 600 ~2 000 m 加深到目前的 2 500 ~4 000 m,部分盆地的页岩(如 Haynesville)深度已经达到约 6 000 m(图 3 −5)。

总体看来,2003 年以前,美国页岩气勘探开发主要集中在 Barnett 页岩,2003 年之后才开始对 Marcellus、Wooford、Fayetteville、Haynessville、Eagle Ford 等页岩气藏展开勘探和开发工作。不过前期 Barnett 页岩气勘探开发积累的经验和技术使之后这些页岩气藏的勘探开发周期大大缩短,基本都是 3 年左右就进入迅速开发的高产阶段(表 3 −2)。

图3-5 美国页岩气藏勘探开发从2003—2015年的变化(据USGS和EIA)

(a) 2003年美国页岩气藏及潜在的页岩气藏

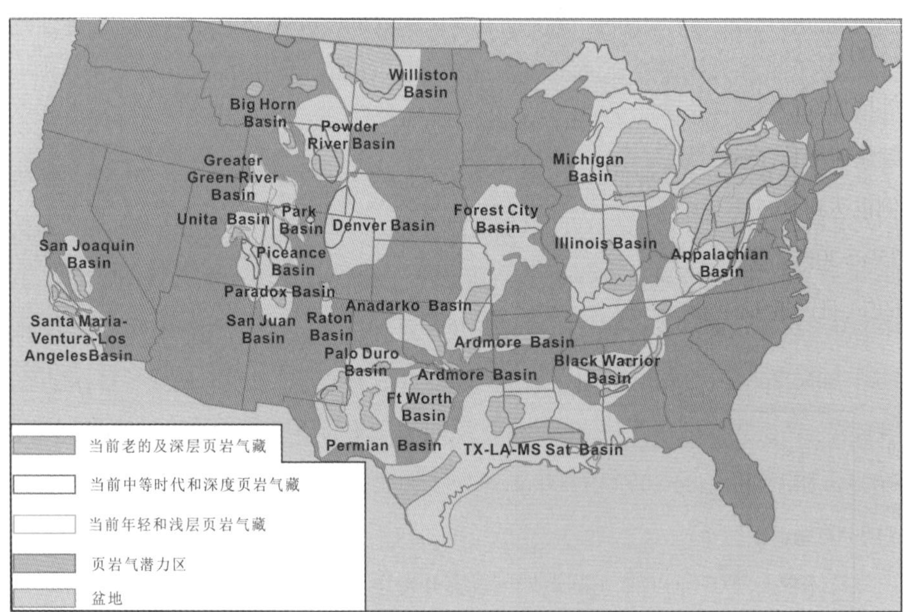

(b) 2015年美国页岩气藏和潜在的页岩气藏

表3-2 美国典型页岩气藏勘探开发阶段

页岩气藏	勘探阶段	迅速开发高产阶段	成熟开发阶段
Barnett	1979—2003	2003—2009	2009 年至今
Marcellus	2003—2006	2006 年至今	
Woodford	2004—2007	2007 年至今	
Fayetteville	2004—2007	2007 年至今	
Haynesville	2005—2008	2008 年至今	
Eagle Ford	2009—2012	2012 年至今	

根据美国能源信息署统计,美国页岩气产量在1995—2000年这段时间内变化不大,2000年时美国页岩气产量占当时总天然气产量不到1%。但是,从2000年开始页岩气产量逐渐增加,到了2008年后,页岩气总产量达到572×10^8 m^3(比2007年增长71%),占天然气总产量的10.5%。2009年,美国页岩气产量增长54%,达到880×10^8 m^3,占天然气总产量的15.1%,日产达2.4×10^8 m^3。2010年页岩气产量首次超过$1\,000\times10^8$ m^3。2012年页岩气产量占总天然气产量达43.3%。2014年页岩气产量继续增加,占天然气总产量的比例首次过半,达到52.2%。到了2015年,页岩气产量继续快速增长,产量达到$4\,000\times10^8$ m^3(比2010年增长近20倍),占天然气总产量的比例也达到56.1%。与过去十年内单井成本最高的2012年相比,2015年单井成本下降25%~30%。2016年美国页岩气产量达到$4\,474\times10^8$ m^3,占美国总天然气产量的60%,日产近12.4×10^8 m^3(表3-3)。

表3-3 美国2008—2015年页岩气产量占天然气总产量的比例(据EIA等)

年份(年)	页岩气		页岩气占总产量比例(%)	天然气总产量($\times10^8$ m^3)
	产量($\times10^8$ m^3)	剩余可采储量($\times10^8$ m^3)		
2008	599	9 743	10.5	5 708
2009	880	17 162	15.1	5 840
2010	1 510	27 578	25.0	6 036
2011	2 269	37 246	35.0	6 485
2012	2 944	36 620	43.3	6 805

（续表）

年份（年）	页岩气		页岩气占总产量比例（%）	天然气总产量（$\times 10^8\ m^3$）
	产量（$\times 10^8\ m^3$）	剩余可采储量（$\times 10^8\ m^3$）		
2013	3 230	45 029	47.1	6 854
2014	3 805	56 511	52.2	7 285
2015	4 305	49 695	56.1	7 673

目前，美国依靠成熟的压裂开发生产技术以及完善的管网设施成为世界上最大的页岩气生产国，也是世界上最大的天然气产气国。2009 年，美国以 $6\ 240 \times 10^8\ m^3$ 的产量首次超过俄罗斯，成为世界第一大天然气生产国。虽然页岩气解决了美国能源安全问题，但产量的激增使得美国出现天然气过剩。自 2007 年左右开始，天然气价格持续低迷，一度低于页岩气开采所需要的成本价。过低的气价压抑了页岩气生产者的积极性，却极大地鼓励了同样地质条件和类似技术要求的页岩油的开采。

从 2008 年开始，油气公司将页岩气勘探开发中积累的经验技术转移到页岩油（细粒储层的致密油）开采中，其页岩油/致密油的生产量从 2004 年的几乎为零，增长到 2012 年的至少 14×10^4 t/d。美国能源信息署 2017 年 6 月底的最新数据表明，2009 年时美国页岩油产量只有 7×10^4 t/d，2015 年增加到 56×10^4 t/d，到了 2016 年，美国页岩油产量达到 60×10^4 t/d（图 3－6）。2015 年和 2016 年页岩油产量均占当年原油总产量的 50% 左右。尽管近几年低迷的油价影响了原油产量的增长，但由于地质认识和技术的进步，美国所有页岩油藏中的新增钻井数量仍然比上一年高。

源于 Barnett 页岩的页岩气勘探开发技术将美国变为世界上最大的油气生产国，并就此引起了全球能源革命。2015 年，美国地调局将 Barnett 页岩气资源量翻倍，认为 Barnett 页岩气和页岩油资源量分别为 $1.5 \times 10^{12}\ m^3$ 和 $2\ 400 \times 10^4$ t。目前，Barnett 页岩油气每年的产值达 118 亿美元，并创造了 10 万个工作机会。从 2007 年到 2013 年，Barnett 页岩气为每人每年在能源上节约了 432 美元。

回顾美国页岩气产业发展的整个历史过程，政府、企业、高校以及科研院所之间的通力合作不断推动页岩气勘探开发技术向前发展，而技术的突破直接促进了美国页岩气的开发，也进一步影响了全球能源格局的转变（图 3－7）。从页岩气的发现、发展历

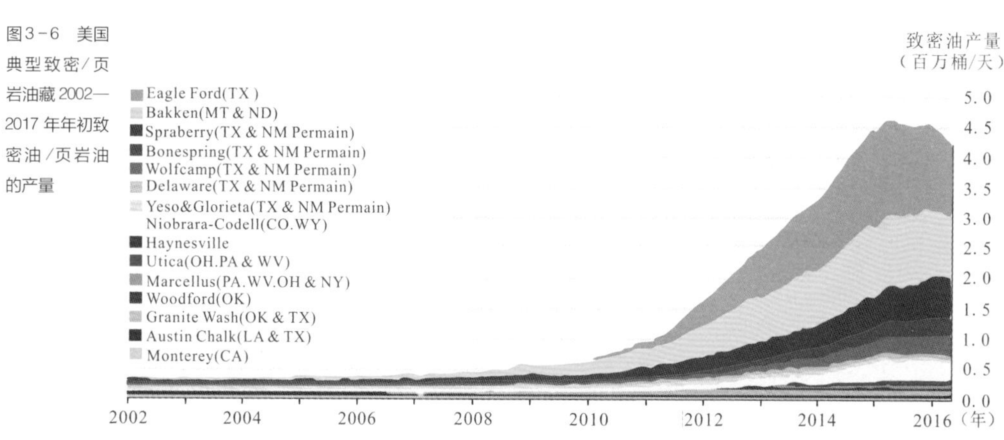

图3-6　美国典型致密/页岩油藏2002—2017年年初致密油/页岩油的产量

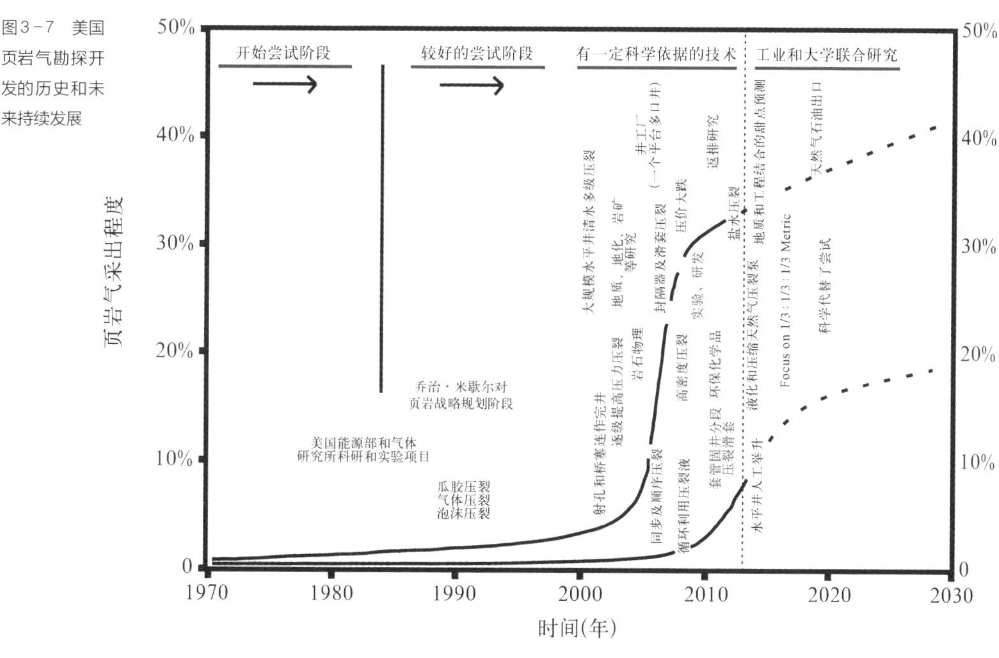

图3-7　美国页岩气勘探开发的历史和未来持续发展

史来看（表3－4），证实了美国页岩气的成功和可持续发展源于政府、研究机构和私营公司的合作和反复的实践。

表3-4 美国页岩气的历程和相关技术及事件

时间(年)	页岩气及相应技术的进展
1821—1825	页岩气在纽约州的 Fredonia 被发现和开采
1865	Edward Roberts 提出用硝甘炸药技术开采石油
1947	凝固汽油被用于堪萨斯州灰岩的压裂
1953	水和交联凝胶被用于替代压裂液
1954	美国最高法院复议了联邦电力委员会的管制制度，要求天然气必须按井口价格销售
1965	计算机用于模拟压裂
1967	Gasbuggy 项目试验用原子爆炸开采新墨西哥的天然气
1971	天然气供应商警告天然气短缺
1973	欧佩克限制石油出口，GE 发明金刚石钻头，联邦电力委员会开展了非常规页岩资源量的研究
1974	福特总统和国会成立能源研发管理局(ERDA)和联邦能源署(FEA)
1975	能源研发管理局验证了大规模水力压裂技术。 ERDA 和西弗吉尼亚肯塔基州天然气公司验证了定向井技术
1976	ERDA 牵头了非常规研究计划(UGRP)的东部页岩气项目(EGSP)以及西部砂岩气项目。 美国联邦能源监管委员会通过州际天然气管道收费成立天然气研究所(GRI)。 ERDA 的两个工程师申请了定向井钻井技术专利
1977	ERDA 和 FEA 合并为能源部(DOE)
1978	国会通过天然气政策法和非常规天然气价格机制。 Mitchell Energy 公司在能源部的帮助下开展大规模水力压裂实验
1979	东部页岩气项目证实了泡沫压裂的可行性
1980	美国国会颁布的《能源意外获利法》第 29 条税款规定，1980—1992 年钻探的非常规天然气井的产出可享受税收补贴政策(其中页岩气为每立方米 3.5 美分)。 得克萨斯州对页岩气开发免收生产税
1981	Sandia 国家实验室启动多井实验，该实验持续到 1986 年，包括用于水力压裂的微地震监测。 同时，Mitchell Energy 公司钻了得克萨斯州第一口 Barnett 页岩气井
1984	Mitchell Energy 公司放弃泡沫压裂液，转用凝胶压裂液
1986	能源部和私营公司合作在西弗吉尼亚州的 Wayne 县钻了第一口多级压裂水平井
1989	国会首先对天然气井口价格放松管制
1991	Mitchell Energy 公司和能源部及气体研究所合作研究地下页岩分布
1992	能源部和气体研究院合作实验，成功验证了微地震技术
1997	Mitchell Energy 公司改进了联合太平洋资源公司的技术，成功证实了滑溜水压裂可以在 Barnett 页岩气开发中运用
2000	Pinnacle 公司和气体研究所资助的研究者成功运用微地震成像技术绘出了 Barnett 页岩的分布
2002	德文能源(Devon Energy)以 35 亿美元价格收购 Mitchell Energy 公司，然后将自己公司的水平井钻井技术和 Mitchell Energy 公司开发的微地震及滑溜水压裂技术相结合用于开发 Barnett 页岩气
2003	西南能源公司用 Mitchell Energy 公司的滑溜水压裂技术开采石油

（续表）

时间(年)	页岩气及相应技术的进展
2005 年左右	页岩气产量稳定增加，切斯皮克能源在页岩气开采方面当时处于领军地位。后来大陆石油、EOG和布里格姆(Brigham)等公司运用压裂技术开采页岩油
2012	由于大量页岩气开采导致天然气价格大跌，使得美国天然气发电增长达 30%
2013	页岩气占美国天然气总量的 40%
2014	由于美国页岩油产量激增，导致全球油价大跌 60%

第4章

加拿大页岩气地质条件及产业化发展

4.1 加拿大页岩气地质条件及特殊性

4.1.1 加拿大页岩发育地质基础

1. 页岩发育构造背景

加拿大以北美克拉通为主体部分，东侧由内向外分别是新元古代的格林维尔造山带和古生代的阿巴拉契亚造山带，北侧是北极古生代造山带，西侧是科迪勒拉中、新生代造山带。全境可分为 4 个大地构造单元，即加拿大北美克拉通、加拿大阿巴拉契亚褶皱带、加拿大科迪勒拉褶皱带和因努伊特褶皱带。根据岩石特性和结构的变化类型及年代还可以作次一级划分。从总体上看，加拿大境内可以分为 1 个地盾（包括 7 个地质省）、4 个地台、3 个造山带及 3 个大陆架（图 4 - 1）。

图 4 - 1 加拿大地质构造分区示意（W. C. J. Van Rensburg, *Strategic Minerals Volume I*, 1986）

主体位于加拿大内部地台的西加拿大盆地及其邻区是加拿大页岩油气的主要产区，目前在开发的 5 套页岩层系中的 3 套就发育在该区。西加拿大沉积盆地主体位于阿尔伯塔省境内，是一个长形的大型盆地。该盆地是由两个次一级盆地组成，分别为西部的阿尔伯塔盆地和东南部的威利斯顿盆地，其构造演化过程贯穿整个显生宙，并可以划分为以下三个演化阶段。

第一阶段，自古生代至早、中侏罗纪结束，代表大陆边缘台地楔形体。由西向东，大陆边缘由优地斜、冒地斜及地台沉积物组成。在晚泥盆纪-石炭纪及三叠纪期间，依次经历快速沉降、裂谷作用，最后成为前陆盆地而被充填。该阶段也是西加拿大盆地富有机质页岩发育的主要阶段。

第二阶段，经历了外来地体与向西移动的北美克拉通间的斜向碰撞，形成混合地体。混合地体由三叠系及上古生界基岩上的大洋型火山岛弧组合而成。与早侏罗世哥伦比亚造山运动有关的碰撞，导致被动边缘楔形体西部与北美克拉通间的强烈挤压，其缝合带为高级变质岩和花岗岩组成的奥米尼卡带。在大陆板块向西俯冲削减过程中，表层地壳被刮下随后被水平挤压和向东传递，形成叠加冲断带。由于奥米尼卡带变质岩楔入造成隆升，导致形成丰富的沉积物源并在前陆盆地形成早期两个旋回前积层。陆壳台地型沉积物的构造加厚及向东冲断作用则产生负荷作用，造成下伏岩石圈向下均衡弯曲，导致前陆盆地的形成。在前陆盆地中沉积的上侏罗统-下白垩统沉积物由富含石英质的燧石碎屑组成，包括局部出现的来自变质岩区的白云母及火山砾岩。

第三阶段，拉腊米造山带活动。冲断叠加作用导致前陆盆地向东扩展，并形成一套以陆源沉积物为主的巨厚沉积体系。随后，从中麦斯特里奇特期至晚古新世，科迪勒拉造山带进入活动平静期，造山带和前陆盆地被抬升并发生剥蚀。进入始新世期间后，该前陆盆地沉积及挤压变形作用停止，而同时在东褶皱冲断带仍存在沉积作用和后期褶皱作用，逐步形成现今的盆地面貌。

2. 页岩发育沉积背景

加拿大富有机质页岩主要发育在古、中生代地层中，由于加拿大各沉积盆地地层系列的沉积特征相似，这里以西加拿大盆地的沉积特征为例进行阐述。古生代时期，西加盆地历经三个沉积阶段，与当时的板块运动紧密关联。首次海侵发生在中奥陶世，沉积岩性是蒸发岩，第二次海侵发生在晚奥陶世时期，为碳酸盐岩沉积。第三次大规模沉积始于泥盆纪海侵，大面积的海侵使得泥盆系成为西加盆地主要的海相页岩发育层系。在进入晚古生代以后，西加拿大盆地也陆续接受了一些较小的碎屑岩沉积，形成西加拿大盆地常规油气资源主要的碎屑岩储层。从三叠纪始，经早侏罗世到白垩纪，西加拿大盆地发育了由多期次沉积过程形成的红黏土床组和海洋碎屑沉积，著名的下三叠统蒙特尼（Montney）页岩就发育在这个时期。

3. 页岩分布

加拿大和美国有类似的有利于富有机质页岩形成和页岩油气富集的地质条件。加拿大的英属哥伦比亚、阿尔伯塔、萨斯喀彻温、安大略、魁北克、新不伦瑞克、新斯科舍和西北地区有一系列的沉积盆地发育富有机质页岩。在奥陶纪，与美国阿巴拉契亚盆地尤蒂卡（Utica）同时代的页岩同样在魁北克省发育。在中泥盆世，霍恩河（Horn River）盆地的马斯卡瓦（Muskwa）、Otter Park 和 Evie 页岩以及西加拿大盆地北部的利拉德（Liard）盆地的 Lower Besa River 页岩开始沉积。在晚泥盆世，杜瓦尼（Duvernay）页岩在西加拿大盆地发育。随后在密西西比时期，与美国对应的加拿大巴肯（Bakken）以及霍顿布拉夫（Horton Bluff）页岩在加拿大也大量发育。在中三叠世，主要发育的页岩为西加拿大盆地的蒙特尼（Montney）页岩和 Doig Phosphate 页岩。在白垩纪，主要发育的页岩为西加拿大盆地的 Cardium 页岩（图 4－2）。这些页岩主要分布在西部落基山构造带和东部的阿巴拉契亚褶皱带，具有分布广、层位多、厚度大、岩相变化快

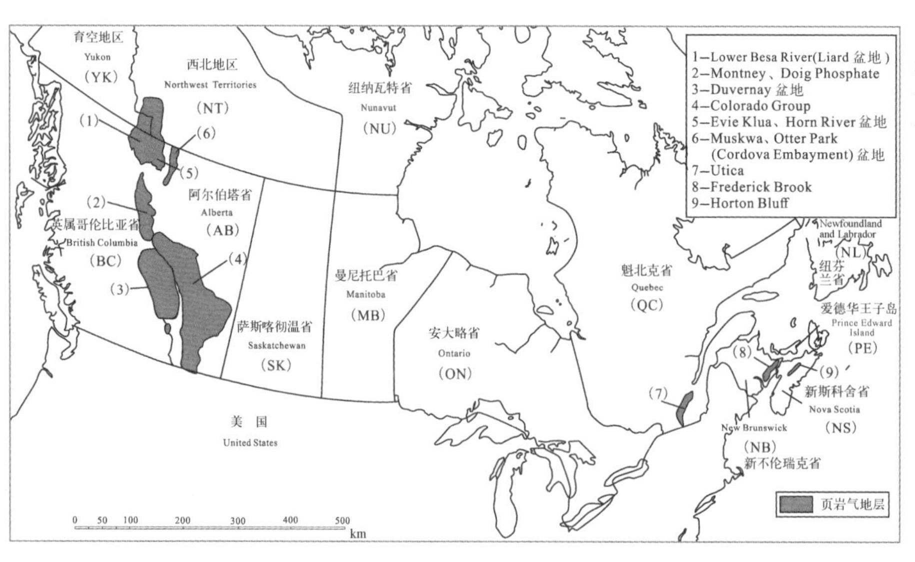

图4－2 加拿大主要含气页岩的分布

等特点。霍恩河和杜瓦尼是纯页岩,巴肯则是一个混合的致密页岩沉积,Cardium 主要由砂岩和页岩组成,Montney 主要为混合的常规地层、致密砂岩和黑色页岩组成。Duvernay 页岩埋深为3 000 ~4 500 m,蒙特尼页岩埋深为2 000 ~3 300 m,Cardium 页岩埋深为1 000 ~2 500 m。这3 个页岩/致密油气藏在位于阿尔伯塔省和英属哥伦比亚之间的落基山脉地区埋深更大。

4.1.2 加拿大页岩气形成地质条件

(1) Montney 页岩

三叠系蒙特尼(Montney)组为加拿大主要的致密砂岩气和页岩气层。该组可分为上、中、下三段,岩性从盆地东部的砂岩逐渐向盆地过渡为白云石化程度不同的粉砂岩及页岩。该套页岩埋深为2 500 ~3 000 m,厚度最大达300 m 以上,TOC 为1%~7%,R_o为0.8%~2.5%,处于热解气生气窗,原地资源量估计可达11.32×10^{12} m^3。

(2) Duvernay 页岩

泥盆系杜瓦尼岩层厚度为 30 ~120 m,由 3 种岩性组合构成,从底部到上方依次为:黑色黏土石灰岩、含有碳酸盐岩碎屑的黑色页岩、含有黏土石灰岩的棕色到黑色的页岩。杜瓦尼页岩有机质类型以II_1为主,TOC 为0.1%~11.1%,且在盆地东部页岩总有机碳的含量值最高,是西加拿大沉积盆地 Nisku、Leduc 和 Swan hill 等泥盆系常规油气的主要来源。

(3) 泥盆系页岩

Horn River 盆地泥盆系页岩沉积于碳酸盐台地坡脚的深水环境。该套页岩厚约150 m,埋深为2 500 ~3 000 m,页岩硅质含量高,达55%左右。TOC 为1%~6%,热演化程度高,R_o为2.2%~2.8%,整体处于过成熟阶段。

4.1.3 加拿大页岩气地质特殊性

与美国页岩发育地质背景相似,加拿大页岩发育地质背景同样相对简单。以加拿大地盾为构造背景，加拿大主要页岩油气盆地围绕加拿大地盾外围分布，盆地类型以克拉通盆地和前陆盆地为主。这些沉积盆地在接受页岩沉积之后，没有经历后期多次构造运动对盆地的叠加和改造作用，使得这些沉积盆地多保留原型。例如西加拿大盆地，该盆地长期稳定下沉接受沉积，且受后期破坏程度小，使得整个盆地沉积地层为一套西厚东薄的沉积楔状体，地层厚度在西部落基山山前最大，向东逐渐变薄并尖灭在加拿大地盾之上。整个地层比较平稳，呈现平缓的西倾单斜特征。

除此之外，由于页岩发育沉积环境的单一，相同的沉积环境及相似的页岩发育时期使得加拿大富有机质页岩发育特征在一定范围内能基本保持一致，并且页岩岩相组合及特征能够具有一定的共性，有利于后期页岩气勘探开发及评价工作的开展。

4.2 加拿大页岩气产业化发展

早在 1883 年，加拿大阿尔伯塔省的 Medicine Hat 在钻水井时钻遇了天然气。1976 年在西加拿大盆地西部的深盆区发现了埃尔姆沃斯气田深盆气藏，自此加拿大油气盆地的勘探和主攻研究方向才转到了以非常规深盆气藏为中心的勘探阶段。此后，该气田附近又发现了天然气储量为 $2\,584\times10^8\ m^3$ 的加拿大第二大气田——牛奶河气田。1977 年 11 月，Sundance 石油公司在阿尔伯塔盆地中南部发现了加拿大第三大气田——霍得利深盆气田，最大天然气和凝析油可采储量分别为 $(1\,690\sim1\,980)\times10^8\ m^3$ 和 $(0.48\sim0.55)\times10^8\ t$，它的发现使加拿大的天然气储量增加了 10%。

随着深盆气的成功开采，加拿大于 20 世纪 80 年代开始勘探煤层气，勘探区域集中在阿尔伯塔省。2002 年启动第一个商业煤层气开发项目，2003 年底，煤层气生产井增长到 1 465 口，年产量 $5.1\times10^8\ m^3$。到了 2010 年，煤层气生产井增至 7 039 口，产量为 $74\times10^8\ m^3$。据加拿大国家能源局(National Energy Board，NEB)(2007)估计，2024 年加拿大煤层气生产总量将达到 $306.6\times10^8\ m^3$。

随着美国“页岩气革命”的到来，使得远高于常规天然气储量的页岩气一下子变得炙手可热，而美国成熟的页岩气勘探开发技术为加拿大天然气行业注入了新的活力。2007 年，加拿大第一个商业性页岩气项目在不列颠哥伦比亚省东北部投入开发，仅一年时间，加拿大页岩气产量便达到 $10\times10^8\ m^3$，2009 年更是迅速增加到 $72\times10^8\ m^3$。到了 2012 年，加拿大的页岩气产量达到 $215\times10^8\ m^3$，约占本国天然气产量的 15%（美国当年页岩气占全部天然气产量的 39%），之后的 2013 年和 2014 年仍保持了这一水平。截至 2015 年，在已经探明的加拿大天然气储量中，常规天然气储量为 $2.3\times10^{12}\ m^3$，致密气储量为 $15\times10^{12}\ m^3$，煤层气储量为 $1\times10^{12}\ m^3$，页岩气储量为 $6.3\times10^{12}\ m^3$，页岩气储量仅次于致密气且远高于常规天然气和煤层气。美国能源信息署 2013 年世界页岩气资源评价表明，加拿大主要地区和主要页岩的可采页岩气资源量高达 $16.23\times10^{12}\ m^3$（不含蒙特尼页岩），储量在世界各国中排名第 5 位。

加拿大页岩气资源主要分布在西加拿大地区的大不列颠哥伦比亚省及西北地区和阿尔伯塔省，该地区主要经历了晚元古代-晚侏罗世被动大陆边缘和晚侏罗世-始新世前陆盆地两期构造演化，盆地面积大、构造稳定、海相沉积发育、页岩埋深适中，利于油气的生成和保存。其中大不列颠哥伦比亚省及西北地区不同盆地的合计页岩气可采资源量为 $335.8\times10^{12}\ m^3$，阿尔伯塔省可采页岩气资源量为 $200.5\times10^{12}\ m^3$。此外，加拿大东部地区也有页岩气分布，其页岩气资源主要来自魁北克的 Utica 页岩，初步评估可采页岩气资源量为 $31.1\times10^{12}\ m^3$（表 4-1）。

表 4-1 加拿大主要盆地页岩气资源量（据美国 EIA，2015，不包括三叠系蒙特尼砂质页岩）

地 区	盆地（地层）	页岩气资源量（$\times10^{12}\ m^3$）	有风险的技术可采页岩气资源量（$\times10^{12}\ m^3$）	合计（$\times10^{12}\ m^3$）
大不列颠哥伦比亚省和西北地区	霍恩河（Muskwa/Otter Park）	10.64	2.66	9.51
	霍恩河（Evie/Klua）	4.37	1.10	
	哥多华/Cordova（Muskawa/Otter Park）	2.29	0.57	
	利亚德盆地/Liard（下 Besa River）	14.90	4.47	
	西加拿大深部盆地（Doig Phosphate）	2.85	0.71	
阿尔伯塔省	阿尔伯塔盆地（Banff/Exshaw）	0.14	0.01	5.68
	西加拿大盆地 Shale 地区（Duvernay）	13.67	3.20	
	西加拿大深部盆地（Nordegg）	2.04	0.38	
	西北阿尔伯塔盆地（Muskwa）	4.01	0.88	
	南阿尔伯塔盆地（Colorado）	8.09	1.21	

（续表）

地　区	盆地（地层）	页岩气资源量（$\times 10^{12}$ m^3）	有风险的技术可采页岩气资源量（$\times 10^{12}$ m^3）	合计（$\times 10^{12}$ m^3）
萨斯喀彻温省/曼尼托巴省	威利斯顿盆地（Bakken）	0.45	0.06	0.06
魁北克	阿巴拉契亚盆地褶皱带（Utica）	4.40	0.88	0.88
新斯科舍省	温莎盆地/Windsor（Horton Bluff）	0.48	0.10	0.10

从页岩层系角度来看，层位上潜力最大的为霍恩河盆地的中泥盆统的马斯卡瓦（Muskwa）、Otter Park 和 Evie 页岩（可采资源量共约 2.6×10^{12} m^3）、利拉德盆地泥盆系的 Lower Besa River 页岩（可采资源量共约 4.4×10^{12} m^3）、西加拿大盆地上泥盆统的杜瓦尼（Duvernay）页岩（可采资源量共约 3.2×10^{12} m^3）。如果将有机质含量低（平均 <2%）、以致密砂岩为主的蒙特尼砂质页岩也计算在内，加拿大页岩气可采资源量高达 24.3×10^{12} m^3。目前加拿大勘探和开发的主要页岩气区块群有 5 个：加拿大西部的不列颠哥伦比亚北部的霍恩河盆地（Muskwa、Otter Park 和 Evie 页岩）、毗邻不列颠哥伦比亚省和阿尔伯塔省的西加拿大盆地（蒙特尼）、阿巴拉契亚盆地褶皱带（尤蒂卡）、南阿尔伯塔盆地的科罗拉多和东部的霍尔顿断崖。

（1）西加拿大盆地三叠系蒙特尼（Montney）页岩气

西加拿大盆地从 20 世纪 90 年代开始非常规天然气勘探，此前主要集中在阿尔伯塔省 Montney 组上段致密砂岩层，后来逐渐拓展到不列颠哥伦比亚省岩性更细的页岩。尽管阿尔伯塔省西部和不列颠哥伦比亚省 Montney 组上段岩性以粉砂岩为主，但加拿大国家能源委员会仍认为 Montney 页岩气为混合型页岩气。Montney 页岩储层埋深在 1 700 ~4 000 m（与美国的 Fayetteville、Barnett 及 Woodford 页岩相类似），页岩厚度约 300 m，页岩气资源量为 $(2.3\sim23)\times10^{12}$ m^3。Montney 页岩气在早期时采用直井开发，到了 2006 年以后开始采用水平井开发，页岩气日产量从 2006 年的约 84×10^4 m^3 增长至 2011 年的 0.3×10^{12} m^3。不过，受北美地区天然气价格影响，2012 年后页岩气钻井数量显著下降，页岩气开发速度开始放缓，油气公司开始将勘探目标转向成熟度更低的 Montney 组中段和下段的页岩油。Norton Rose Fulbright（2015）估计 Montney 地层蕴含 12.7×10^{12} m^3 的天然气、19.6×10^8 t 凝析油和 1.54×10^8 t 原油，预计 2020 年天然气产量将达到$(0.9\sim1.2)\times10^8\ m^3$。

(2) 西加拿大盆地泥盆系杜瓦尼(Duvernay)页岩气

在西加拿大盆地的富液页岩气区带内,Duvernay 页岩具有单层页岩厚度薄(5 ~ 45 m)、吸附气比例低(5.6%~8.5%)、单位面积资源量丰度高以及含液比例高的特点。根据钻井剖面和岩屑信息,Duvernay 页岩的孔隙度和渗透率平均分别为 6.5% 和 $394\times10^{-3}\ \mu m^2$。美国能源信息署 2015 年世界页岩气资源评价表明,Duvernay 页岩气可采资源量约为 $3.2\times10^{12}\ m^3$。Wood Mackenzie 预计 Duvernay 富液页岩气富集带在 2020 年气、液产量将分别达到 $0.4\times10^8\ m^3$ 和 $1.82\times10^4\ t$。

(3) 霍恩河(Horn River)盆地泥盆系页岩气

霍恩河盆地位于加拿大不列颠哥伦比亚省东北部、西加拿大沉积盆地的北部,面积为 $1.28\times10^4\ km^2$,页岩气发育层位主要是泥盆系 Muskwa、Otter Park 和 Evie 页岩。霍恩河流域内大部分上泥盆统页岩的埋藏深度为 1 900 ~2 500 m,总厚度为 140 ~ 280 m。页岩总有机碳含量介于 1%~5%,有机质类型为Ⅱ型。其中,Evie 和 Muskwa 页岩富含硅土和黄铁矿,而 Otter Park 页岩含有较多的碳酸盐矿物。页岩孔隙度相对较高,最高可达 6%,平均渗透率范围为$(100\sim300)\times10^{-3}\ \mu m^2$,地层压力为 20 ~ 53 MPa(表 4 - 2)。

表 4-2 霍恩河盆地泥盆系页岩地质和施工参数

地质						
深度(m)	厚度(m)	TOC(%)	孔隙度(%)	含水饱和度(%)	压力(MPa)	温度(℃)
1 900 ~ 3 100	140 ~ 280	1 ~ 5	3 ~ 6	25	20 ~ 53(地层超压)	80 ~ 160
钻完井(套管固井)						
每个平台井数	井距(m)	水平井长度(m)	压裂方式	压裂液	压裂段数	泵率
16	100 ~ 600,平均 300	平均 1 500,最长可达 3 100	桥塞射孔联作完井	滑溜水	平均 18,最多 31	$(8\sim16)\ m^3/min$

霍恩河盆地泥盆系页岩气资源丰富。美国 EIA 2013 年评估 Muskwa 页岩气的可采资源量为 $4.1\times10^{12}\ m^3$。2015 年 EIA 对包括 Muskwa、Otter Park 和 Evie 等在内的几套页岩层系进行评估后认为,霍恩河盆地泥盆系页岩气可采资源量为 3.7 ×

10^{12} m^3。巨大的页岩气资源量吸引了众多油气公司参与进来，目前主要的勘探开发公司包括依欧格资源（EOG）公司、恩卡纳（En Cana）公司和阿帕奇公司。此外，中海油控股的尼克森公司也在 Horn River 盆地页岩气甜点区开展钻井和基础设施建设工作。但受制于天然气价格、出口等影响，该盆地页岩气探井和开发井较少，目前尚处于开发初期。

（4）魁北克省的尤蒂卡（Utica）页岩气

加拿大魁北克省的奥陶系尤蒂卡（Utica）黑色钙质页岩厚达 210 m，TOC 为 3.5%~5.0%，主要分布在蒙特尔和魁北克之间的圣劳伦斯河南边。美国能源信息署 2013 年预计，魁北克省尤蒂卡页岩气的可采资源量为 0.8×10^{12} m^3。近期获得的数据表明，魁北克省的页岩气原地资源量为（12.83 ~8.49）$\times10^{12}$ m^3。自从美国丹佛的森林石油公司（Forest Oil Corp）通过 2 口直井测试宣布页岩气发现后，很多公司开始勘探加拿大的尤蒂卡页岩气。从 2006 年到 2009 年，尤蒂卡页岩共有水平井和直井 24 口，每天产气 28 000 m^3。比如卡尔加里的塔里斯曼能源（Talisman Energy）联合 Questerre 能源就在尤蒂卡页岩中钻直井和水平井。

然而到了 2011 年，魁北克省政府在完成页岩气资源开发战略环境评估后，制定了页岩气勘探延期履行的政策。负责评估的委员会在 2014 年 1 月发布了综合报告，称由于一些因素（主要是缺少油气方面的立法和管理框架以及对水力压裂作业的严格规定，其中包括社会大众对任何页岩气相关作业的不认可）导致尤蒂卡页岩气的勘探开发作业被迫终止。由于较低的天然气价格和公众的强烈反对，魁北克针对水力压裂的暂停政策也可能至少持续到 2018 年。因此，魁北克省未来几年开展页岩气开采似乎也就不太可能。

（5）加拿大东部大西洋地区的霍顿布拉夫（Horton Bluff）页岩气

2007—2008 年，加拿大在东部大西洋地区的新斯科舍省的霍顿布拉夫页岩中打了几口勘探井，并预计霍顿布拉夫的原地页岩气资源量为 1.95×10^{12} m^3。但勘探活动刚开始便在当地社区引起了巨大争议，并在 2013 年出现了反对之声。此后，新斯科舍政府禁止了一切与页岩气勘探或水力压裂有关的活动。

整体来看，上述 5 个页岩气开发区中，当属霍恩河盆地和西加拿大盆地是加拿大页岩气资源潜力最大、开发规模最大、进展最快的两个盆地。2012 年，这两个地方的日均页岩气产量为 0.7×10^8 m^3。到了 2013 年，日均页岩气产量增加到 0.8×10^8 m^3

(图4-3)。尽管加拿大拥有丰富的资源,但是由于北美整体天然气价格较低,并且由于西部页岩气缺乏基础设施,导致这两个主要页岩气产地的产量受管线基础设施限制,使得页岩气资源的开发利用一再延迟。据美国先进资源国际公司预测,加拿大的页岩气产量到2020年将超过620×10^8 m^3。不过,现阶段与其南部邻国美国相比,加拿大页岩气生产仍处于初级阶段。

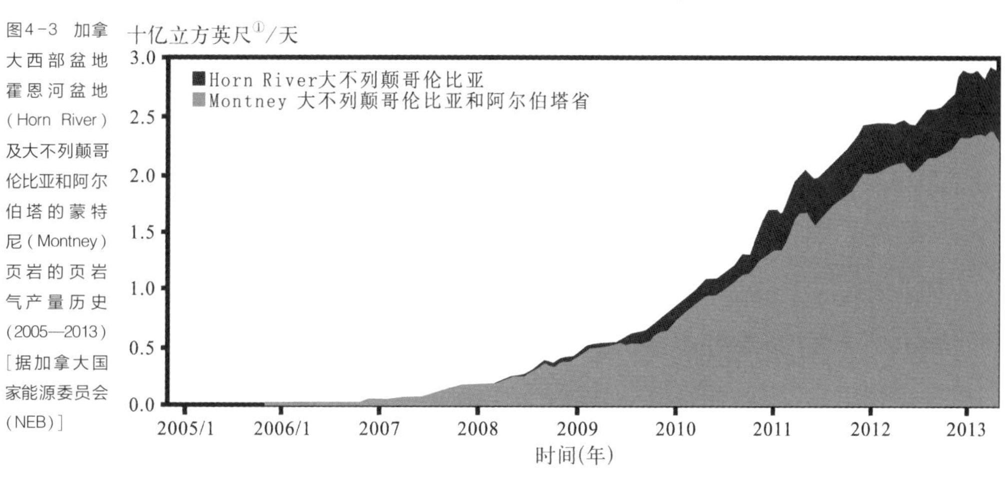

图4-3 加拿大西部盆地霍恩河盆地(Horn River)及大不列颠哥伦比亚和阿尔伯塔的蒙特尼(Montney)页岩的页岩气产量历史(2005—2013)[据加拿大国家能源委员会(NEB)]

由于天然气价格的走低,油气公司为了获取可观的经济效益,将勘探开发的目标转向页岩油或致密油资源。2011年,加拿大页岩油日产量达到2.24×10^4 t,主要来自威利斯顿盆地巴肯页岩以及阿尔伯塔省的Duvernay页岩等。威利斯顿盆地巴肯页岩区横跨加拿大的萨斯喀彻温省和马尼托巴省,储层深度为670~2 300 m,平均深度为1 600 m,厚度为9~18 m,平均孔隙度为12%。Petro Bakken公司和Crescent Point能源公司是巴肯页岩区最主要、最活跃的运营商。2012年,Petro Bakken公司在巴肯页岩区钻井97口,其中67口为双侧井。Crescent Point公司估计巴肯页岩区页岩油储量达6.64×10^8 t,技术可采储量约为0.28×10^8 t。卡迪(Cardium)页岩区是新区块,其原油储量高达14.84×10^8 t。Petro Bakken公司已将双侧钻井技术引进卡迪产区,其在该区块的双侧井平均垂深为2 000 m,平均井深为1 500 m。2013年,在东彭比纳、西彭比纳

① 十亿立方英尺(bcf)=0.283 2×10^8 m^3。

和卡林顿地区，有 41 口井已投入生产，产量达 0.2674×10^4 t/d。Petro Bakken 公司、康菲石油、塔里斯曼公司、福雷斯特石油公司、埃克森美孚和德文能源公司共同成为卡迪油田的主要经营者。

在班芙/埃克肖（Banff/Exshaw）页岩区，到 2013 年已有 22 口井正在生产，产量达 182 t/d，分别来自墨菲石油公司和新月点公司。在诺地吉（Nordegg）和马斯卡瓦（Muskwa）页岩区，目前只完成了一些勘探井和测试井。西加拿大沉积盆地 Duvernay 富液页岩气富集带面积约 15×10^4 km^2，为凝析页岩气藏。天然气、液化天然气和石油的资源量分别为（10 ~ 15）$\times 10^{12}$ m^3、（10.5 ~ 22.82）$\times 10^8$ t 和（61.74 ~ 116.06）$\times 10^8$ t。2013 年，加拿大页岩油平均产量为 4.76×10^4 t/d，接近其原油总日产量（49.28×10^4 t）的 10%，产区全部集中在加拿大西部省份的阿尔伯塔省、马尼托巴省和萨斯喀彻温省。2014 年，受世界油价冲击，加拿大页岩油投资开始放缓。

尽管目前页岩气勘探开发活动在加拿大进展不大，但巨大的页岩气资源量注定未来市场好转后产量一定会增加。极光液化天然气公司 2013 年预测未来液化天然气出口增长主要来自页岩气的贡献（图 4－4）。

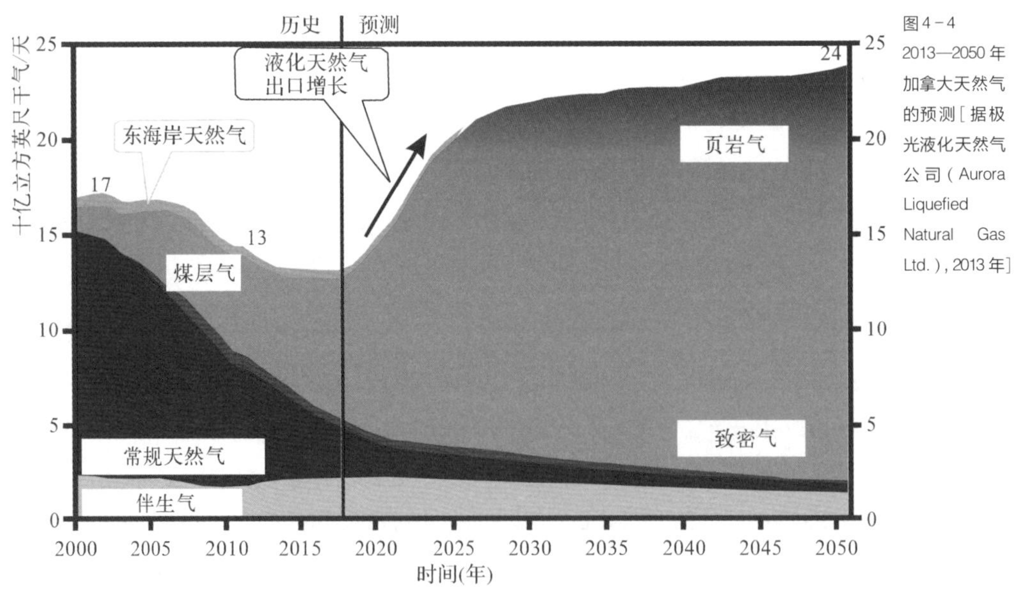

图 4－4 2013—2050 年加拿大天然气的预测［据极光液化天然气公司（Aurora Liquefied Natural Gas Ltd.），2013 年］

第5章 中国页岩气地质条件及产业化发展

5.1 中国页岩气地质条件及特殊性

5.1.1 中国页岩发育地质基础

1. 页岩发育构造背景

塔里木、华南和华北板块是中国大地构造的三大核心板块。在晚元古代末-早古生代初，塔里木、华南和华北三个板块从泛大陆中分离出来，分布在赤道附近的泛大洋中；早古生代早期，三个板块在平面上表现为彼此之间的相对运动，在垂向上体现为持续时间和规模范围不等的海侵活动，整体上表现为从赤道附近不断地向北迁回运动，分别在三个板块内形成了广覆型海相、海陆交互相克拉通和克拉通边缘盆地。由于三个板块与周边洋盆之间的盆山转换，主要盆地类型由震旦纪-早中奥陶世时期的被动大陆边缘，逐渐转换为中晚奥陶世-志留纪时期的前陆盆地；早古生代末至晚古生代，三个板块不断抬升，面积持续增加，稳定性不断增强，海侵规模、持续时间和影响范围逐渐缩小，总体表现为海水变浅。位于三个板块中间的结合地带仍然主要为海水覆盖，接受了较大规模的海相沉积，后期形成了一系列碰撞造山（褶皱）带，包括现今以近东西向延伸为特点的昆仑-秦岭-大别山山脉和天山-阴山-燕山山脉等。晚古生代结束，三个板块完成拼合，海水退出；中生代以来，中国陆域主体进入全新的板块演化阶段，先期盆地经历了大规模的改造，普遍遭受抬升剥蚀或破坏，广泛发育了一系列规模不等的陆相盆地，它们或叠置在克拉通盆地或发育在古生代褶皱带之上，造就了中国盆地长期以来由南北对峙发展转变为东西分异演化，即从南方偏海相盆地、北方偏陆相盆地格局转变为中西部前陆盆地和东部断陷盆地的背景。

三大板块的漂移和碰撞拼接决定了大地构造演化特征，对地形高低造成重大影响，从宏观上控制了区域沉积环境。受元古代以来构造运动的影响，中国南北和东西方向上的地形高低逐渐发生倒转（跷跷板运动），尤其南北方向上的地形高低倒转对不同时期页岩的发育产生了重大影响。中国在震旦纪就存在南偏低北偏高、南偏海北偏陆的地形特点；受古生代加里东和海西运动影响，南北海陆发生变迁，但整体地形仍然为南偏低北偏高；早中三叠世的印支运动引起南方大规模海退，普遍上升为陆，基本结束了南海北陆格局，中国整体进入陆相演化阶段；燕山运动早期，中国北方沉降，南方进一步抬升；到晚侏罗世，地形发生倒转，由“南低北高”转变为“南高北低”；新生代受印度板块和太平洋板块碰撞影响，东部地区发生大型断陷，南方地区整体隆升，使南高北低特征更加明朗。地形高低的南北倒转控制了中国页岩形成的宏观沉积环境，也决定了页岩及页岩气发育特征的南北差异。

2. 页岩发育沉积背景

塔里木、华南和华北三大板块的构造演化和海侵海退共同决定了中国整体的海陆变迁和沉积演化。在晚元古代至第四纪地质历史发展中，海陆变迁和沉积演化总体上受控于吕梁、扬子（晋宁、雪峰运动）、加里东、海西、印支、燕山、喜马拉雅7个构造运动。

（1）华北板块

华北板块在震旦纪-奥陶纪时期经历了最广泛的海侵，海水由南东方向不断侵入，发育了陆表海条件下的碳酸盐岩沉积，仅在西部的平凉一带有中奥陶世的笔石相沉积，至中奥陶世达到顶峰，残留了围缘地区的东胜、阿拉善、伏牛等古陆未被淹没。晚奥陶世则整体抬升，海水迅速由西部退出而进入抬升剥蚀阶段；晚古生代时期，由于板块间拼合作用的影响，华北板块整体沉降并开始接受沉积，中泥盆世开始在板块西部边缘出现局部小规模的陆相粗碎屑沉积，早石炭世发生海侵形成祁连浅海，晚石炭世时期沉积主体转移至华北板块的中部和东部；二叠纪时期，同样受控于板块间拼合作用，华北板块整体沉降并逐渐转移为以过渡相为主的沉积环境，主要经历了由滨浅海到陆相湖盆的中心式沉降和沉积，海陆交互相页岩、煤系及砂岩规模性发育；进入中生代，印度板块强烈向北漂移，以华北板块的中西部地区为中心形成了面积广阔但不断向西迁移的三叠纪地层；在侏罗纪-白垩纪时期，主要的沉积区集中在现今的鄂尔多斯盆地及其以西地区，尽管向东也有分布，但较为零星。该时期发育了大面积分布的陆相页岩；进入晚白垩世，太平洋板块开始向北西方向俯冲，鄂尔多斯盆地抬升，在现今的渤海湾盆地区开始出现北东-南西向裂陷，古近纪时期形成渤海湾盆地页岩沉积主体。在板块内部就形成了一系列时代变化快、分布范围广、连续厚度大、沉积相变复杂的优质陆相页岩。

（2）塔里木板块

早震旦世以来开始了广泛的海侵，海水由北向南侵入，并在中寒武世-晚奥陶世达到最强，在板块中北部区域发育了大范围浅海相碳酸盐岩、砂泥岩及页岩的沉积组合，其中尤以板块北半部早志留世的浅海相砂泥碎屑沉积为代表；而实际上，从早志留世开始，板块已经开始了由南及北的隆升，至中晚志留世时整体浮出水面，仅在板块边缘发育了砂泥碎屑及碳酸盐岩沉积，这一沉积格局一直保持至晚石炭世末；二叠纪时期，板块再次隆升，围缘海从东西两侧退出，形成了完全的陆相沉积，特别是在板块西部的巴楚-和田地区形成了大面积分布的陆相页岩；进入中生代，板块整体处于剥蚀状态。初期仅在北缘的库车地区出现小规模陆屑沉积；晚白垩世，海水由西部入侵并沉积潟湖相页岩；古近纪时期，在板块东部形成大范围页岩沉积。

(3) 华南板块

夹杂着板块中部广泛发育的冰川石碛，震旦纪时期海水由南东向北西方向侵入，在华南板块发育了大范围的滨浅海相和边缘海相灰岩、砂泥岩和页岩沉积。在早震旦纪时期，沉积格局总体表现为北西古陆、中部浅海、东南部半深海的特点；晚震旦世时期发生整体沉降，扬子古陆被浅海淹没，东南部的半深海面积扩大，在板块的广大区域内形成了海相页岩沉积，这一特点一直维持至中奥陶世。其间，围绕上扬子周缘已经开始出现更多面积小但数量多的岛群（小型古陆）；在晚奥陶和中志留世时期，滇黔桂古陆和华夏高地依次出现，至晚志留世时期完成了沉降-沉积中心由华夏区域向上扬子区域方向的转移。此时，大部分海水由东西两侧退出，华南板块主体进入剥蚀状态；早泥盆世，华南板块再次发生海侵，但海水从广西由南向北侵入并在二叠纪时期达到鼎盛。其间，形成了不规则的页岩发育和分布，其中尤以晚二叠世时期的海陆交互相页岩发育最为特色；早三叠世时期，华夏高地开始凸显并不断强化；中侏罗世时期，华南板块已经全部进入陆相沉积阶段，开始在滇黔川一带形成陆相页岩沉积；晚侏罗世以后，华南板块发生整体抬升，主要在板块围缘形成一系列中小型陆相页岩盆地。

总体而言，晚元古代长城-青白口纪为泛洋盆期，中国境内绝大部分均为海洋。晚元古代的扬子运动使震旦纪时期的中国发生了由海陆对峙向陆地的转化；早古生代的加里东运动期以海侵为主导，是中国地质历史上最广泛的海侵之一；晚古生代的海西运动期海洋向陆地转化，早期以海退为主，中期有明显的海侵，晚期再次发生海退。中国北部由于天山-兴安岭地槽在古生代末已褶皱升起，海水大幅度退却，早三叠世塔里木-华北板块与西伯利亚板块连为一体，成为陆相沉积区；南部仍广泛发育海相沉积，构成了“南海北陆”格局；中晚三叠世的印支运动引起了中国南方的大规模海退，至三叠纪末，中国除西藏、青海南部、华南部分地区及东部沿海个别地区外，普遍上升为陆，基本结束了“南海北陆”的格局，进入了陆相中新生代地质发展新时期；始新世晚期开始的喜马拉雅运动导致中国古地理面貌发生重大改变，喜马拉雅山北坡开始升起，大陆内部的海侵从此结束，除台湾、塔里木西南缘及喜马拉雅地区为海相外，其余均为陆相。从元古代到新生代，中国形成了从海相、海陆过渡相到陆相等多种沉积环境，对应的时代主要为元古代-早古生代、晚古生代和中新生代。

自震旦纪以来，华北、塔里木和华南中国三大核心板块均在其地质演变历史中经历了 4 次时间大致相同的沉降-沉积中心转移，表明了三个板块之间的运动演变具有一定的相似性和一致性。早古生代（含震旦纪）以海相为主，各自发生了主体由东向西或具由东向西趋势的沉降-沉积中心转移，导致现今的中国古生代海相页岩以分布于中部地区或新疆西部为特点；晚古生代是一个地质变动强烈的时代，三个板块各自进行看似无明显规律而实则具有轻微相互背离特点的沉降-沉积中心迁移，即西部的塔里木板块向西、北方的华北板块向东、南方的华南板块向南方向的沉降-沉积中心转移，导致页岩的分布面积较大但宏观规律性不强。各板块隆升、沉积环境由海变陆的趋势和特点相同，在该时期内同时形成了海相与陆相共存、海陆交互相特色明显的页岩沉积；中生代时期，三个板块再次发生总体由东向西趋势的沉降-沉积中心转移，此时的页岩分布面积较小，发育地区集中在鄂尔多斯-四川-滇黔桂一线和新疆西部；在晚白垩世以来的新生代时期，各板块页岩沉降-沉积中心发生由西向东趋势的迁移，主要在中国（华北和华南板块）东部和塔里木板块东部形成了具一定规模的富有机质页岩沉积。

3. 页岩分布

根据沉积演化和沉降-沉积中心迁移历史，中国总体形成了海相、海陆过渡相再到陆相的沉积大变迁（表 5 - 1）。其中，海相富有机质页岩发育，主要分布于扬子地区古生界、塔里木盆地寒武系和奥陶系、华北地区元古界-古生界、青藏地区古生界和中生界。页岩可与海相砂质岩、碳酸盐岩等共生，具有分布面积大、单层厚度大、连续稳定性强等特点，由于后期构造变动差异性较大，现今埋深变化较大。以寒武系牛蹄塘组为代表的广海陆棚相页岩沉积时的外源碎屑物质较少，硅质含量高，常见各类结核，岩石硬度大，岩相发育稳定，分布面积大，是目前中国连续分布面积最大的页岩层系。在上扬子，川北-川东北、川南-黔北-黔中、湘鄂西-渝东等地均有大规模发育，连续页岩厚度逾200 m，面积约达45×10^4 km^2；上奥陶-下志留统的五峰-龙马溪组主要为浅海陆棚相、封闭-半封闭海湾相，外源粉砂质碎屑物质含量向上急剧增加，岩石易破碎，露头岩石易风化，常形成鱼鳞状碎屑，可见风化球，岩相分布相对稳定，面积较大但区域规模有限，目前已发现的页岩气有利区均主要分布在上扬子，如川南至鄂西渝东和渝东北地区分布稳定，有效厚度最大可达数十米；分布于贵州-广西一带的泥盆系罗富组页岩沉积于台盆相环境中，碎屑物质含量高，钙质含量少，页岩易粉化，有机质丰度较低。页岩分布局限性强，与其他岩性分布常呈平面上的条带状分隔，反映岩相变化快的特点。

表5-1 中国主要富有机质页岩层系基本特点

含页岩层系	主体分布区域	沉积相类型	黑色泥页岩厚度(m)	有机质类型	TOC(%)	R_o(%)
古近系	渤海湾盆地	陆相	>1 000	类型多样	0.3~3.0	0.5~1.5
白垩系	松辽盆地	陆相	100~300	腐泥型-混合型	0.7~2.5	0.7~2.0
侏罗系	吐哈、准噶尔盆地	陆相	50~600	混合型	0.2~6.4	0.4~2.5
三叠系	鄂尔多斯盆地	陆相	50~120	混合型	0.5~6.0	0.7~1.5
二叠系	滇黔桂、四川盆地及其外围	海陆过渡相	10~125	腐殖型	0.5~12.5	1.0~3.0
	准噶尔盆地	海陆过渡相	>200	偏腐泥混合型	4.0~10.0	0.5~1.0
石炭系	北方地区	海陆过渡相	60~200	混合型-腐殖型	0.5~10.0	0.5~3.0
泥盆系	黔南、桂中等地区	海陆过渡相	50~600	混合型	0.3~5.7	1.5~2.5
志留系	上扬子地区	海相	30~100	腐泥型	1.0~5.0	2.0~3.5
奥陶系						
寒武系	上扬子地区	海相	30~80	腐泥型	1.0~8.0	2.0~4.0
	中下扬子地区	海相	50~200	腐泥型-混合型	0.5~6.0	2.0~3.5

海陆过渡相富有机质页岩主要为上古生界的石炭系和二叠系，在华北、东北、西南、中南、东南、西北等地区，均可见海陆过渡相页岩发育。含页岩地层层系通常具有较大的累计厚度，分布基本稳定，但单层厚度较小，岩性变化较大，常与煤岩、砂岩或灰岩频繁互层。尽管同属于海陆过渡相，但南北方页岩沉积环境尚有较大差异，页岩分布特点也略有不同。在北方地区，以太原-山西组为代表的页岩以潮坪、沼泽、潟湖、三

角洲等沉积相为主,沉积延续时间较长,往往形成厚度较大、层数较多的煤系地层。该套页岩地层在华北-东北地区广泛分布,除鄂尔多斯、沁水、南华北、渤海湾等盆地内部以外,长期所认为的“隆升剥蚀区”中也有大量发现,页岩累计厚度一般为 20 ~100 m;而在南方地区,以龙潭组为代表的页岩主要沉积于潟湖、三角洲、沼泽等沉积相环境中,沉积时间相对较短,地层砂岩含量较多,煤系地层单层薄、层数少。在滇黔桂-川渝鄂-湘赣-浙皖苏沿线有大规模连片分布,页岩累计厚度一般在 20 ~60 m。

陆相富有机质页岩以中新生界为主,主要分布在东北、华北、西北等地区。中生界陆相页岩分布范围较广,三叠系主要发育在四川、鄂尔多斯、准噶尔、塔里木等盆地中,也包括西部中小型盆地。鄂尔多斯盆地上三叠统延长组页岩一般厚度在 50 ~120 m,其中的页岩气已成为中国陆相页岩气的重要代表。在四川盆地西部和北部,上三叠统的须家河组、中下侏罗统的千佛崖组和自流井组广泛分布,面积可达 15×10^4 km^2,三套页岩厚度一般都超过 100 m,目前已获得高产页岩气流;侏罗系在北方地区分布较广,在准噶尔和吐哈盆地,下侏罗统八道湾组页岩厚度一般可达 30 ~100 m;白垩系主要发育在东北地区,松辽、二连、海拉尔等盆地发育规模较大。其中,松辽盆地白垩系青山口组、嫩江组富有机质页岩分布稳定,厚度巨大,中央坳陷区单套页岩厚度可达 300 m。

新生界陆相页岩主要受控于沉降-沉积中心转移而主要分布在渤海湾、南阳、江汉、苏北等盆地古近系地层中,在西部的柴达木盆地中也有发育。陆相页岩的沉积严格受控于盆地边界,主要分布在沉积中心的深湖和半深湖区域,沉积相变较快,所形成页岩地层累计厚度大,常夹薄层粉砂岩,局部钙质含量高。在渤海湾盆地,古近系沙河街组富有机质页岩分布主要受断陷控制,在各断陷中的页岩厚度可达 1 000 m 以上。

从主要页岩层系的发育和分布特点看,下古生界富有机质页岩以海相为主并主要发育在南方地区,上古生界以海陆交互相为主要特点且在全国范围内均有分布,中生界以陆相为主且主要分布在北方地区,新生界以陆相为主且主要分布在东部地区。

5.1.2 中国页岩气形成地质条件

由于沉积环境在地质历史上的多重复杂变化,海相、海陆过渡相及陆相背景下形成的多种类型有机质均有发育。暗色泥页岩沉积类型多样,从海棚碳酸盐岩台地到海陆过渡浅水相再到陆湖盆沼泽相沉积,极大地丰富了页岩及其中的有机质类型。受板块结构及地质演变的复杂特点影响,上述页岩的有机质类型、含量、生气能力和特点变化亦差别明显,导致页岩气形成地质条件也有所差异。

(1) 海相

我国南方地区广泛发育着以下寒武统牛蹄塘组和下志留统龙马溪组为代表的海相页岩层系,页岩厚度整体较大,主体介于 40 ~100 m,有机质类型均以Ⅰ型为主,少量为Ⅱ型。TOC 含量一般在 2.0% 以上,其中牛蹄塘组页岩 TOC 含量整体较龙马溪组高,多在3.0% 以上,沉积中心更是可以达到5.0% 以上,为海相页岩气的形成奠定了良好的物质基础。受多期次的构造作用影响,我国南方上古生界海相页岩热演化程度整体偏高,如南方上扬子地区下志留统龙马溪组页岩镜质体反射率为1.2%~4.3% ,处于过成熟阶段,部分区域由于埋藏较浅而以成熟阶段为主,而下寒武统牛蹄塘组页岩镜质体反射率整体为 1.6%~5.5% ,整体处于过成熟阶段,少部分处于高成熟阶段。从北美阿巴拉契亚盆地 Marcellus 页岩气的主要成因类型来看,高热演化程度条件下形成的热裂解气是 Marcellus 页岩气富集高产的一个重要因素。

储层发育方面,我国南方地区下寒武统牛蹄塘组和下志留统龙马溪组页岩脆性矿物含量整体较高,平均含量最高达60% 以上。页岩孔隙度相对较高,以四川盆地为例,下寒武统牛蹄塘组页岩孔隙度为0.7%~25.6% ,平均为7.0% 。孔隙度小于2% 的占16.1% ,分布在2%~7% 的占全部样品的48.4% ,分布在7%~10% 的占全部样品的6.6% ,大于10% 的占29% 。而下志留统龙马溪组页岩孔隙度平均为5.0% 。其中,孔隙度小于2% 的占13.9% ,分布在2%~7% 的占69.4% ,分布在7%~10% 的占5.6% ,大于10% 的占11.1% 。孔隙发育类型以有机质孔和微裂缝为主,粒间孔和粒内孔发育相对较少。大量发育的有机质孔不仅反映了烃类的大量生成,而且也为生成的烃类提供了良好的赋存空间,有利于页岩气的保存。

(2) 海陆过渡相

以陆表海为沉积背景的下二叠统海陆过渡相页岩层系是分布在我国最广泛的一套页岩层系,其中又以华北地区下二叠统山西、太原组,扬子地区上二叠统龙潭、大隆组为典型代表。受沉积环境影响,海陆过渡相页岩层系单层厚度整体不大,垂向上岩性组合多表现为砂、泥、煤、灰频繁互层,但连续厚度相对较高,如南华北盆地牟页1井和郑西页1井分别揭示钻遇山西组暗色页岩厚度为91 m和70 m,太原组暗色页岩累计厚度分别为82 m和50 m。此外,扬子地区上二叠统龙潭组页岩厚度为10~60 m,大隆组页岩厚度多超过20 m。页岩有机质类型主要为Ⅲ型,兼有II_2型。页岩有机质丰度整体较高,平均TOC含量大于2.0%,部分地区最高可达10%以上,镜质体反射率一般在2.0%以上,主体处于高-过成熟阶段。

与南方海相页岩发育相比,海陆过渡相页岩脆性矿物相对含量相对较低,以下二叠统山西、太原组页岩为例,太原组页岩的石英含量平均为40%,黏土矿物平均含量为43%,而山西组页岩的石英含量平均为45%,黏土矿物含量平均为39%。页岩储层物性多具有低孔、低渗特点,孔隙度多在2%左右。此外,尽管页岩热演化程度较高,但受有机质显微组成影响,海陆过渡相页岩有机质孔普遍不发育,孔隙类型也以无机孔缝为主。

(3) 陆相

陆相页岩作为我国主要的烃源岩层系,广泛分布在我国北方地区、南方扬子地区以及滇黔桂部分地区。陆相页岩平面分布虽相对局限,但整体稳定,厚度普遍较大,主体介于100~300 m,局部累计厚度可在1 000 m以上。页岩有机质类型也多以Ⅱ型为主,含Ⅰ型和Ⅲ型,TOC含量整体较高,但变化较大。如鄂尔多斯盆地三叠系延长组陆相页岩TOC含量主要为0.6%~6.0%,而松辽盆地白垩系陆相页岩TOC含量则主要为0.7%~2.5%。有机质镜质体反射率多为0.5%~1.5%,处于低成熟-成熟阶段,与北美富有机质页岩对比性较强,页岩气形成地质条件较好。

储层方面,陆相页岩表现为黏土矿物含量高、脆性矿物含量相对较低的特点。如鄂尔多斯盆地三叠系延长组页岩石英含量为24%~56%,平均值为31%;黏土矿物含量为20%~58%,平均值为44%。在渤海湾盆地辽河坳陷沙河街组陆相页岩中,黏土矿物含量最高,为39%~75%,平均值达50%以上;其次为石英和长石,含量一般超过30%。较高的黏土矿物含量虽降低了页岩脆性,但同时为天然气的赋存提供了一定的空间,页岩孔隙度整体较高,主体分布在1%~8%。在陆相页岩中,储集空间类型以晶间孔、粒间孔、有机质孔、粒内孔、微裂缝等为主。

5.1.3 中国页岩气地质特殊性

中国富有机质页岩类型复杂，包括海相、海陆过渡相和陆相 3 种类型(表 5－2)。其中，陆相页岩普遍具有厚度较大、有机质丰度高、以生油为主、含气量低、脆性指数低等特点；海陆过渡相页岩多与煤层伴生，具有高 TOC 含量、集中段厚度小、连续性差、储集空间有限、含气量变化大、脆性指数中等的特征，海相页岩具有高有机质丰度(TOC 为 1.0%~5.5%)、高-过成熟(R_o 值为 2.0%~5.0%)、富含页岩气(含气量在 1.17~6.02 m^3/t)、以陆棚相为主的特征。整体来看，中国富有机质页岩分布时代多、面积广、类型多样，具备页岩气形成的基础条件，资源潜力巨大。

表 5－2 中国 3 类页岩气成藏富集特征

页岩类型	海相页岩	海陆过渡相页岩	陆相页岩
沉积相	深海、半深海、浅海等	潮坪、潟湖、沼泽等	深湖、半深湖、浅湖等
主要地层	下古生界-上古生界	上古生界，部分地区中生界	中生界-新生界
分布及岩性组合特点	单层厚度大，分布稳定，可夹海相砂质岩、碳酸盐岩等	单层较薄，累计厚度大、常与砂岩、煤等其他岩性互层	累计厚度大、侧向变化较快，主要分布在坳陷和断陷沉积中心，常夹薄层砂质岩
主体分布区域	南方、西北	华北、西北、南方	华北、东北、西北、西南
有机质类型	Ⅰ、Ⅱ型为主	Ⅱ、Ⅲ型为主	Ⅰ、Ⅱ、Ⅲ型
生气潜力	生气量大	生气量偏小	生气量小
热演化程度	2.0%~5.0%	1.5%~3.0%	0.5%~1.3%
含气性	含气量高	含气量低-中	含气量低

其次，中国富有机质页岩的形成与分布条件非常复杂，具有“一广二深三杂四多”的特点。“一广”：平面分布范围广，南方自西从四川、贵州往东到江苏分布广泛的大面积古生界富含有机质海相页岩体系，北方分布面积较大的石炭——二叠系海陆过渡性及中生代富含有机质页岩体系，东部很多断陷盆地有分布局限的第三系富含有机质陆相页岩体系，西部很多盆地有富含古生代海相页岩和中新生代陆相页岩体系。“二深”：是中国富有机质页岩埋藏深，据统计埋深超过 3 500 m 的页岩约占 65%。“三杂”：是页岩演化历史复杂、地表条件复杂。演化历史复杂体现在演化时间长、经历期

次多、改造强度大，其中热成熟度高低差异大、南方地区海相页岩改造程度大。地表复杂是指南方及中西部地区以山地、戈壁、沙漠等地貌为主。“四多”：指页岩类型多、分布时代多、页岩气成藏及富集控制因素多。

5.2 中国页岩气产业化发展

5.2.1 中国页岩气产业化发展进程

受北美页岩气革命启发，中国于 2003 年开始跟踪页岩气研究进展，并在前期进行了页岩气资源和前景调研。2009 年，国家正式启动了由财政出资的第一个页岩气调查项目——“中国重点地区页岩气资源潜力及有利区优选”项目，由中国地质大学（北京）主导实施了我国第一口页岩气地质调查井——渝页 1 井，钻获龙马溪组黑色页岩 225.78 m（未穿），并首获页岩气发现，现场解吸页岩含气量达 1.5 m^3/t，这一发现直接引起了国内外的广泛关注并产生了积极的影响作用（图 5 - 1）。随后于 2010 年召开第 376 次香山科学会议，探讨中国页岩气资源基础及勘探开发等基础问题。2010 年，国土资源部和中国地质大学（北京）开展了“川渝黔鄂页岩气资源战略调查先导试验区”建设，确定了页岩发育主力层系，系统研究了页岩地质特征和分布，初步掌握了页岩气基本参数，并建立了页岩气资源评价方法和有利区优选标准，初步总结了页岩气形成机理和富集条件。

2011 年，国土资源部组织中国地质大学（北京）等 27 家单位对我国 5 个大区、41 个盆地和地区、87 个评价单元、57 个含气页岩层段进行勘测，完成了我国首次页岩气资源潜力评价，并于 2012 年 3 月 1 日公布《全国页岩气资源潜力调查评价》的评价结果。该评价对全国页岩气地质资源潜力、全国页岩气可采资源潜力、层系分布、埋深分布、沉积相分布、地表条件分布、区域分布、有利区都作了评价，并划分了三类有利区块，评价给出中国页岩气可采资源量为 25×10^{12} m^3，少于美国能源信息署 36×10^{12} m^3

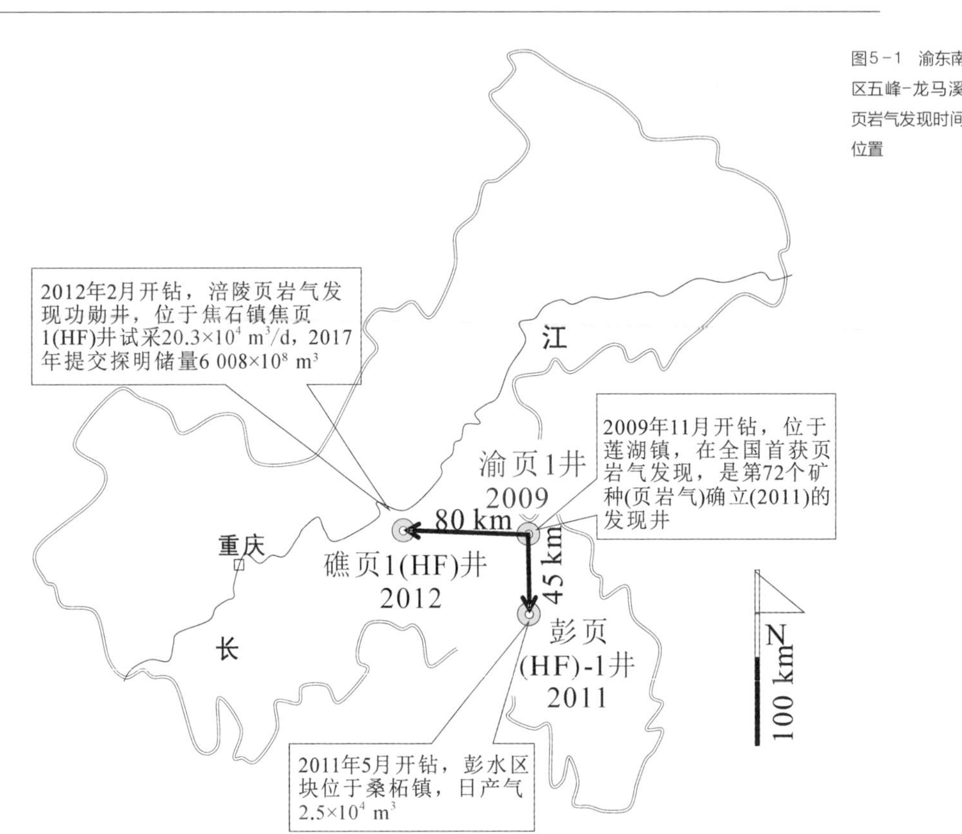

图5-1　渝东南地区五峰-龙马溪组页岩气发现时间和位置

的测算量。资源较多的四川、新疆、重庆、贵州、湖北、湖南、陕西 7 个省(区)共占全国总资源量的 68.87%。

2011 年 12 月,国务院将页岩气单独列为新矿种,为多种投资主体平等进入页岩气勘查和开发创造了机会,国土资源部也开始将页岩气按照独立矿种进行管理、制定支持性政策。在此期间,国土资源部油气资源战略研究中心与中国地质大学(北京)合作先后针对我国南方下志留统龙马溪组、下寒武统牛蹄塘组、上震旦统陡山沱组等地层完成了一系列页岩气地质调查井,除渝页 1 井以外,还包括松浅 1 井、岑页 1 井、渝科 1 井、酉科 1 井、常页 1 井、仁页 1 井、习页 1 井、永页 1 井、西页 1 井等地质调查井,获得了一系列页岩气发现,为我国南方页岩气基础地质调查工作做出了重要贡献。

中石油、中石化以及延长石油等传统油企也在逐步推进页岩气勘探开发。2007 年中石油与美国新田石油公司签署“威远地区页岩气联合研究”，开展四川盆地威远气田页岩气资源评价，随后于2009年11月10日中石油与壳牌签署“富顺-永川区块页岩气联合评价”协议，联合开发四川的页岩气资源，该项目是我国首个页岩气开采项目。2009年，中石油四川油气田分公司在威远地区成功完成了中国第一口页岩气评价井——威201井。在直井评价井获得成功之后，紧接着诞生了第一口页岩气水平井——威201-H1井。在威201和威201-H1井获得成功的基础上，中石油建立起了长宁-威远和昭通国家级页岩气产业示范区。自此，中石油正式拉开大规模开发页岩气的序幕。截至2016年年底，中石油长宁-威远、昭通两个国家级页岩气示范区已建成配套产能30×10^8 m^3，2017年产量达30.21×10^8 m^3，较2015年翻了一倍多。

2009年，中国石化在南方优选宣城-桐庐、湘鄂西、黄平、涟源区块，实施了宣页1、河页1、黄页1和湘页1井，仅获得低产页岩气流。通过钻探实践和研究后认为，南方海相页岩热演化程度高，保存条件差，自此页岩气勘探方向转向四川盆地及其周缘地区。2011年，中国石化对四川盆地侏罗系和三叠系陆相烃源岩开展评价，获得了页岩气产量，但不具备商业开发价值。与此同时，受渝页1井钻获下志留统龙马溪组页岩气启发，中石化开始针对川东南志留系龙马溪组加强研究和勘探。2011年9月，在距渝页1井80千米的焦石坝地区部署了焦页1井。2012年11月28日，在多方努力下，焦页1HF井试气获日产气20.3×10^4 m^3，取得中石化页岩气勘探重大突破，并开启了中国页岩气开发的新纪元。2013年9月，国家能源局正式批准设立涪陵国家级页岩气示范区。2014年，中石化宣布涪陵页岩气田提前进入规模化商业开发阶段。

延长石油于2011年4月在延安下寺湾地区柳评177井压裂试气并点火成功，成为中国第一口陆相页岩气井。2012年9月，国家发展改革委员会正式批准设立“延长石油延安国家级陆相页岩气示范区”。截至2015年10月，延长石油累计完钻页岩气井59口，其中，直井53口(中生界41口、上古生界12口)，水平井6口；共压裂页岩气井44口，其中直井37口、丛式井3口、水平井4口。直井产量3 000 m^3/d，水平井约8 000 m^3/d，已建成2×10^8 m^3/a产能，并计划在2016年再完钻水平井8~10口，再建1×10^8 m^3/a产能。

而在非传统油气公司参与页岩气勘探开发方面，国土资源部分别在2011年和

2012 年两次公开招标出让页岩气探矿权吸引非油公司参与页岩气勘探开发。截至 2015 年年底，两轮页岩气区块共实测剖面 402.3 km、样品分析测试 40 000 多项，部署二维地震 8 010 km，三维地震 458 km^2，大地电磁测量 805 km，航空遥感测量 5 769 km^2，共钻直井 56 口、水平井 4 口，总进尺分别为 100 961 m 和 14 574 m。尽管中标企业投入了一定的实物工作量，但远低于设计工作量，页岩气勘探整体尚未获得较大突破。

中国地调局作为公益性地质调查的主力，近几年来也在中国页岩油气资源调查评价中取得重要成果。其在南方盆地外复杂构造区拓展 9 套新层系，圈定 10 处远景区，开辟了 6×10^4 km^{2}新区，取得了新区新层系页岩气调查的重大突破。2016 年，贵州遵义安页 1 井获超过 10×10^4 m^3/d 的稳定高产工业气流。2017 年，湖北宜昌鄂宜页 1 井在寒武系获得无阻流量 12.38×10^4 m^3/d 的高产页岩气流，并在震旦系发现迄今全球最古老页岩气藏。2017 年 8 月 18 日，由国土资源部委托，贵州省人民政府组织实施，贵州省国土资源厅承办，首次对已发现油气资源的贵州省正安页岩气勘查区块进行矿业权的市场竞争出让，贵州产业投资（集团）有限责任公司中标获得探矿权。这是国土部首次以公开拍卖方式出让页岩气探矿权。这次拍卖体现了规则的创新，有利于完善石油天然气区块招投标市场化竞价机制，为今后的矿业权招投标提供了借鉴（表 5-3）。

表 5-3　中国页岩气发展历程及事件

时间（年）	历 程 及 事 件
2003	中国地质大学（北京）发表《页岩气成藏分布及应用》，开始将页岩气引入中国
2004—2008	跟踪页岩气开发进展，并在前期进行了页岩气资源和前景调研。其中，2007 年国家自然科学基金委立项开展页岩气研究（《页岩气聚集机理与成藏条件》）
2009	国土资源部和中国地质大学（北京）合作第一个页岩气调查项目——中国重点地区页岩气资源潜力及有利区优选
	中美两国签署《中美关于在页岩气领域开展合作的谅解备忘录》，就联合开展页岩气资源评价、勘探开发技术合作和政策交流制订了工作计划
	国土资源部和中国地质大学（北京）合作，中国地质大学（北京）主导实施了我国第一口页岩气地质调查井——渝页 1 井，钻获龙马溪组黑色页岩 225.78 m（未穿），并首获页岩气发现
2010	召开第 376 次香山科学会议（《中国页岩气资源基础及勘探开发等基础问题》）
	国土资源部和中国地质大学（北京）开展川渝黔鄂页岩气资源战略调查先导试验区建设
	中海油收购美国切萨皮克能源公司页岩气项目部分权益

（续表）

时间(年)	历 程 及 事 件
2011	国土资源部组织中国地质大学(北京)等27家单位对我国5个大区、41个盆地和地区、87个评价单元、57个含气页岩层段进行勘测，开展全国首次页岩气资源潜力评价
	中石油在四川威远地区实施我国第一口页岩气试验开采井
	延长石油成功实施我国第一口陆相页岩气井，并压裂产气
	国土资源部以邀标形式进行首次页岩气区块招投标工作，共投放页岩气区块4块，其中两块页岩气区块分别被中国石油化工股份有限公司和河南省煤层气开发利用有限公司获得，另两块因无企业投标而流标
	国家科技部在油气重大专项中设立《页岩气勘探开发关键技术》项目
	国务院将页岩气单独列为重要矿种，列为中国第172种矿产，不再受传统油气专营权约束
2012	中石化投资20亿元与Devon能源公司创建合资公司，获得美国5个页岩油气33%的资产权益
	国土资源部公布《全国页岩气资源潜力调查评价》报告，评价给出中国页岩气可采资源量为25×10^{12} m^3
	国家能源局正式发布《页岩气“十二五”发展规划》，明确未来五年投资以勘探为主，为“十二五”后进入规模开采奠定基础
	中石油建立长宁-威远昭通国家级页岩气产业示范区
	国家能源局发布《关于鼓励和引导民间资本进一步扩大能源领域投资的实施意见》指出，支持民间资本进入油气勘探开发领域，以多种形式投资煤层气、页岩气、油页岩等
	财政部发布《关于出台页岩气开发利用补贴政策的通知》，2012—2015年的补贴标准为0.4元/米^3，补贴标准将根据页岩气产业发展情况予以调整。地方财政也可对页岩气开发利用给予适当补贴
	国土资源部发布《关于加强页岩气资源勘查开采和监督管理有关工作的通知》指出，油气(含煤层气)矿业权人可在其矿业权范围内勘查、开采页岩气
	国家发改委批准设立延安国家级陆相页岩气示范区
	国土资源部发布第二轮页岩气探矿权招标公告，并于12月公布页岩气探矿权招标结果，本次招标共产生了19个区块16家中标候选企业，其中中央企业6家、地方企业8家、民营企业2家。按照中标企业的标书，19个区块3年内将投入128亿元的勘查资金
2013	国家能源局发布《页岩气产业政策》，将页岩气纳入战略性新兴行业，并将对页岩气开采企业减免矿产资源补偿费、矿权使用费，研究出台资源税、增值税、所得税等税收激励政策
	国家能源局正式批准设立涪陵国家级页岩气示范区
2014	中石化宣布涪陵页岩气田进入商业开发阶段，标志着我国首个大型页岩气田诞生
	中石油西南油气田公司建成中国首条93.7千米页岩气外输管线-长宁地区页岩气试采干线
2015	国家能源局发布《关于页岩气开发利用财政补贴政策的通知》，规定2016—2018年的补贴标准为0.3元/米^3；2019—2020年补贴标准为0.2元/米^3
2016	国家能源局公布《页岩气发展规划(2016—2020年)》，提出“十三五”页岩气发展目标
	中国页岩气产量达到78×10^8 m^3，仅次于美国、加拿大，位居世界第三位

与此同时，国家为促进我国页岩气产业进一步健康有序发展，政府连续推出《页岩气发展规划》《页岩气产业政策》等政策措施，明确了我国页岩气产业发展的目标、任务和政策措施，并在2011年将页岩气纳入外商投资产业目录。2012年，国家出台了页岩气开发利用补贴政策，并于2015年发文提出“十三五”期间继续实施页岩气政策补贴，并将补贴政策延长至2020年。

整体来看，中国页岩气的勘探开发目前处于整体探索、局部突破的阶段。除涪陵、长宁-威远等地区海相页岩气实现了商业开采以外，更大范围的突破尚不明确。此外，鄂尔多斯盆地陆相页岩气虽有一定突破，但商业开发潜力和前景尚不明朗。而海陆过渡相煤系页岩气仅在南华北盆地获得一定突破，其开发利用前景仍需要深化研究。

在勘探开发技术方面，经过近几年的勘探开发研究和实践，以及技术的引进、消化、吸收和自主研发，我国初步形成了自主的页岩气勘探开发技术体系。对构造稳定区埋深小于3 500 m的页岩气形成了勘探开发配套技术，但埋深大于3 500 m深度的页岩气勘探开发技术尚不成熟；工程技术方面，我国具备1 500 ~2 000 m水平段钻井能力，但井眼轨迹控制难度大。此外，我国初步形成长水平段可钻式桥塞多级体积压裂技术，但难以形成大面积缝网系统，虽然具备一个平台4 ~6口水平井钻井标准化设计能力，但施工作业能力还有待提高。另外，我国页岩气实验测试技术非常薄弱，为了提高测试效率，急需加快实验测试技术平台的建设，并将各种先进的技术应用于页岩气实验测试。因此，页岩气勘探开发与实验测试技术仍需在实践中不断探索与完善。

截至2014年底，我国钻井780口，累计投资400亿元。在四川长宁-威远、井研-犍为、重庆涪陵、彭水、云南昭通、贵州习水和陕西延安等地取得重大突破和重要发现，获得页岩气三级地质储量近$5\,000\times10^8$ m^3，形成年产25×10^8 m^{3}产能，铺设管线235 km，2014年页岩气产量13×10^8 m^3。至2015年，中国共有页岩气探矿权区块54个，20余家国内外企业在11个省区5大沉积盆地(区)开展页岩气勘探开发，累计完成二维地震2.2×10^4 km、三维地震2 134 km^2，钻井800余口，压裂试气270余口井获页岩气流。

截至2017年6月，中国首个实现商业化开发的页岩气田——重庆涪陵页岩气田累计提交探明储量$6\,008.14\times10^8$ m^3，成为全球除北美之外最大的页岩气田，含气面积575.92 km^2，预计今年年底将建成年产能100×10^8 m^3。此外，四川威远-长宁地区页岩气累计探明地质储量$1\,635\times10^8$ m^3。2016年我国页岩气产量达到78.82×10^8 m^3，仅次于美国、加拿大,成为全球第三个实现页岩气商业化生产的国家。

5.2.2 中国页岩气发展过程中形成的新理论、新规范及新机制

1. 中国页岩气地质理论进展

与北美以海相页岩气发育为主不同的是,我国页岩气可分为海相、陆相和海陆过渡相三种类型。2012 年,国土资源部发布页岩气资源战略调查结果表明,我国海相页岩气可采资源量为 $8.19\times10^{12}\ m^3$,陆相页岩气可采资源量为 $7.92\times10^{12}\ m^3$,海陆过渡相页岩气可采资源量为 $8.97\times10^{12}\ m^3$。虽然这些富有机质页岩均具备形成页岩气的基本条件,但页岩气形成、发育以及富集机理却各有不同。加之,我国受后期多期构造作用影响,页岩发育地质条件极为复杂,使得我国页岩气勘探开发不能完全照搬北美海相页岩气的勘探开发地质理论和经验。

1）海相页岩气地质理论

（1）深水陆棚是优质页岩发育的有利相带

经过国土资源部、几大石油公司和科研院校对我国南方海相页岩多年的科技攻关和实践,认为海相深水陆棚环境浮游生物繁盛,为强还原沉积环境,有利于有机质的富集、保存,页岩层段表现出有机碳含量高、优质页岩厚度大、分布稳定,因此深水陆棚是优质页岩发育的有利相带。南方海相深水陆棚优质页岩一般经历了早期持续深埋和晚期持续抬升两个阶段,早期持续深埋阶段影响页岩气保存的主要因素是顶底板条件;晚期持续抬升阶段影响页岩气保存的主要因素是构造作用。我国古生代页岩比美国页岩总体热演化程度高,尤其寒武系筇竹寺组和前寒武统的陡山沱组等页岩镜质体反射率多在 3% 以上。

（2）构造相对稳定区和良好的顶底板条件是页岩气高产的关键

地层压力系数是页岩气保存条件的直接评价指标。裂缝发育、超压、孔隙度高、含气量高、地应力差小是构造稳定地带深水陆棚相页岩储层实现页岩气高产的重要条件。在区域构造稳定背景下,微裂缝越发育,游离气比例越大,初始产量越高;水平应力差越小,压裂效果越好。

除了盆地内页岩气以外，四川盆地外褶皱构造区页岩气的勘探和开发也取得了重大理论突破和进展。和盆地内页岩气发育条件一样，盆地外构造复杂的常压页岩气发育区，深水陆棚相优质页岩是页岩气富集的基础，但受构造活动影响的保存条件是页岩气富集高产的关键因素，并在复杂构造带(如安场)提出了"逆断层封堵向斜成藏、常规与非常规天然气同生共存"的成藏新模式，实现了由传统盆地找油气向造山带找油气思路的重大转变，对南方复杂地质构造区油气勘查具有重要指导意义。此外，2017年，中国地调局在中扬子宜昌黄陵背斜附近的鄂宜页 1 井测试从寒武系水井沱组 86 m 厚高页岩层中获得了 6.02×10^4 m^3/d、无阻流量 12.38×10^4 m^3/d 的高产页岩气流，并首次在形成于约 6 亿年前的震旦系陡山沱组地层中钻获页岩气流(压裂试气为 5 460 m^3/d)，是迄今全球发现的最古老地层中的页岩气藏，标志着我国南方复杂构造带前寒武页岩气勘查的重大突破。

2）陆相页岩气地质理论

中国陆相页岩广泛分布在西北的准噶尔、三塘湖、塔里木、柴达木、吐鲁番-哈密盆地，北方的鄂尔多斯和二连盆地，东北的松辽盆地，东部的渤海湾和苏北盆地，中部的江汉盆地和南襄盆地及西南的四川盆地等(图 5－2、图 5－3)。这些盆地中富有机质页岩均为重要的烃源岩。

二叠系陆相页岩受早印支运动影响，主要分布在准噶尔、三塘湖和吐鲁番-哈密盆地，三叠系陆相页岩主要受晚印支运动影响，主要分布在鄂尔多斯和四川盆地。侏罗系陆相页岩主要受燕山运动影响，分布在吐鲁番-哈密、准噶尔、塔里木、四川和柴达木盆地，白垩系陆相页岩受晚期燕山运动影响，主要分布在松辽、二连及西部的酒泉盆地。新生代陆相页岩主要受喜马拉雅山造山运动影响，其中古近系陆相页岩主要分布在渤海湾、江汉、南襄、苏北、百色、柴达木等盆地，而晚第三系-第四系页岩主要分布在柴达木盆地。与海相页岩相比，陆相页岩具有非均质性高、有机质丰度高(高达22%)、低成熟-成熟(镜质体反射率主要为 0.6%~1.5%，大部分小于 1.1%)、黏土矿物含量高、有机质孔隙不太发育、以湿气为主等特点。目前，我国已形成陆相页岩气地质和工程相结合的甜点评价技术，以此为基础，延长油田在鄂尔多斯盆地优选了云岩-延川及下寺湾-直罗两个页岩气潜在的甜点区，并在鄂尔多斯盆地成功打了第一口陆相页岩气突破井——柳评 177 井，直井压裂日产页岩气 2 350 m^3/d。目前延长石油在

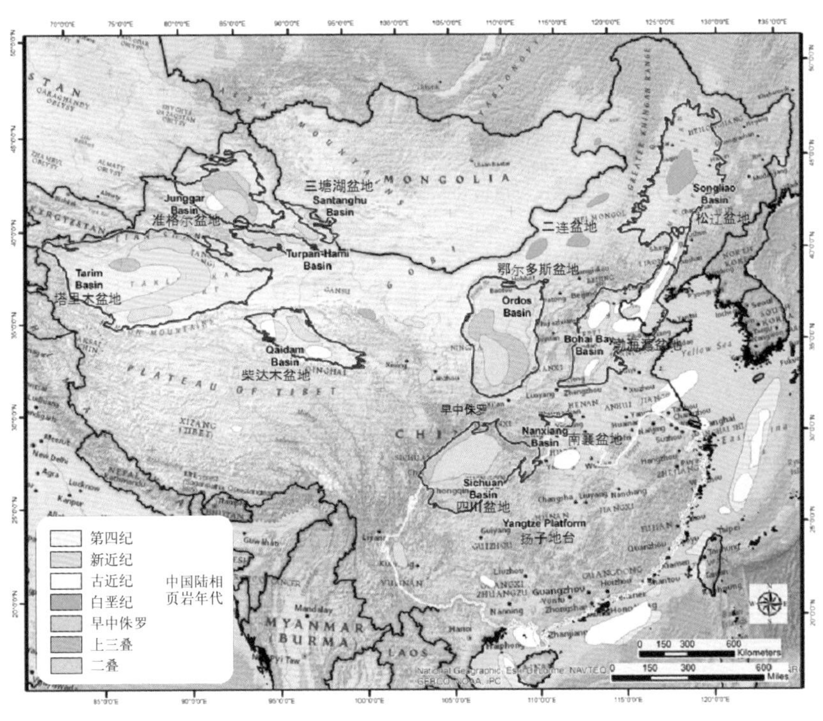

图5-2 中国陆相页岩的平面分布

图5-3 中国陆相页岩垂向分布的时代、发育的盆地和岩性组合特征

地质年代			构造运动	沉积环境	烃源岩层段岩性	陆相富含有机质页岩典型盆地
年龄(Ma)	代	纪				
	新生代	新近-第四	20 Ma 喜马拉雅2	Lacustrine		柴达木
		古近	40 Ma 喜马拉雅1			渤海湾、江汉、南襄 柴达木、苏北、百色
100	中生代	白垩	100 Ma			松辽、酒泉、二连
		侏罗	燕山 210 Ma			吐鲁番-哈密、准噶尔、 塔里木、四川、柴达木
200		三叠	晚印支			鄂尔多斯、四川
300	古生代	二叠	早印支			准噶尔、塔里木、吐鲁番-哈密

图例：页岩、白云质页岩、白云质粉砂岩、砂岩、粉砂岩、泥灰岩、生物碎屑灰岩、煤层、烃源岩

鄂尔多斯盆地探明页岩气地质储量达 $686\times10^8\ m^3$,建成首个国家级陆相页岩气示范区。

区域地质、野外、大量单井钻探表明,陆相页岩常和浊积砂岩及浅湖-半深湖三角洲前缘砂岩呈指状交叉。这些薄层的砂岩在孔隙度和渗透率好的情况下会形成常规油气藏,如果渗透率低就形成致密油气藏,因此页岩油气藏常常和致密砂岩油气藏及常规油气藏在垂向上叠置而形成混合油气藏。

由于陆相页岩黏土矿物含量高的特点,延长石油和多家单位合作研发了全油基钻井液并成功探索了超临界二氧化碳无水压裂技术,建立了二氧化碳-甲烷吸附解吸、置换驱替理论,形成了超临界二氧化碳无水压裂工艺技术,研制了一批超临界二氧化碳高效开采页岩气的实验装备。2017 年,“973”陆相页岩气超临界二氧化碳压裂项目组在西安宣布现场试验成功,结果表明页岩气储层采用超临界二氧化碳压裂改造可以有效提高裂缝复杂程度,增加地层能量和裂缝改造面积,扩大渗流体积,显著提升陆相页岩气产量,标志着我国在自主探索陆相页岩气高效开发方面取得了重要的理论和技术突破,有望开辟一条绿色、环保、高效的陆相页岩气开发新途径。

3）海陆过渡相页岩气地质理论

海陆过渡相页岩有机质含量高,有机质演化阶段进入成熟-过成熟阶段,干酪根类型以Ⅲ型为主,黏土矿物含量高,有机质孔隙不发育,页岩单层厚度小但累计厚度较大,具有良好的资源潜力。目前在鄂尔多斯盆地石炭-二叠系海陆过渡相页岩中已见工业页岩气流。鄂尔多斯盆地北部实施的鄂页 1 井,经压裂改造后,在太原组获得稳定产量;伊陕斜坡山西组实施的水平井——云页平 1 井,经分段压裂试气获得工业气流;神府地区实施的 SM0－5 井对太原组压裂测试,获得 6 695 m^3/d 的工业气流。四川盆地上二叠统龙潭组暗色泥页岩厚度为 20～120 m,有机质平均含量达 7% 以上。南华北盆地第一口海陆过渡相页岩气探井牟页 1 井对太原组和山西组三个层段压裂后实采产气 1 256 m^3/d,表明南华北盆地具有良好的页岩气前景。尉参 1 井在本溪组-下石盒子组钻遇泥页岩累计厚度达到 456 m,解析气含量达到 4.5 m^3/t。

海陆过渡相岩性复杂多变,垂向上砂、泥、煤、灰频繁互层。这种源(富有机质页岩、煤层)-储(页岩、煤层及致密砂岩)叠置使得整套页岩层系具有普遍含气特征,即页岩气、煤层气以及致密砂岩气藏在垂向和平面上同时发育,天然气资源潜力巨大,是我国未来页岩气勘探开发的一个重要且极具特色的研究方向。但与海相、陆相页岩层系明显不同的是,海陆过渡相页岩层系垂向上单一储层厚度小、产量低、开发难度大。因此,进行页岩气、致密砂岩气和煤层气等联合开发是未来该类型页岩气勘探开发的有效新途径。

为加快推进海陆过渡相页岩层系天然气勘探开发进程,2016 年,中国的部分研究学者及企业单位开始提出“三气合采”概念和技术。侯晓伟等(2016)通过对页岩气、煤层气以及致密砂岩气藏在空间上的耦合关系提出了煤系地层中“双源三储”“双源双储”以及“单源双储”三种类型气藏组合,并根据不同层系的储层压力、临界解吸压力和产气压力等特征提出递进压裂排采理论,并结合不同储层压裂评价模型提出相对应的压裂配套方案,为海陆过渡相页岩层系“三气合采”技术提供了一定的理论和技术基础保证。

2. 页岩气有利目标区新理论和新方法的提出

1) 页岩气有利选区

依据我国复杂的地质背景,结合我国油气勘探现状及页岩油气资源特点,可将页岩油气分布区划分为远景区、有利区和目标区(核心区)三级(表 5-4)。

表5-4 中国页岩气有利选区参考条件与标准

选区	主要参数	海　相	海陆过渡相或陆相
远景区	TOC(%)	平均≥0.5%	
	R_o(%)	≥1.1%	≥0.4%
	埋　深	100~4 500 m	
	地表条件	平原、丘陵、山区、高原、沙漠、戈壁等	
	保存条件	现今未严重剥蚀	
有利区	泥页岩面积下限	有可能在其中发现目标(核心)区的最小面积,在稳定区或改造区都可能分布	
		根据地表条件及资源分布等多因素考虑,面积下限为 200~500 km^2	
	泥页岩厚度	厚度稳定,单层厚度≥10 m	单层泥页岩厚度≥10 m;或泥地比>60%,单层泥岩厚度>6 m 且连续厚度≥30 m
	TOC(%)	平均不小于 1.5%	
	R_o(%)	Ⅰ型干酪根≥1.2%;Ⅱ型干酪根≥0.7%;Ⅲ型干酪根≥0.5%	
	埋　深	300~4 500 m	
	地表条件	地形高差较小,如平原、丘陵、低山、中山、沙漠等	
	总含气量	≥0.5 m^3/t	
	保存条件	中等~好	

（续表）

选区	主要参数	海　相	海陆过渡相或陆相
核心区	泥页岩面积下限	有可能在其中形成开发井网并获得工业产量的最小面积	
		根据地表条件及资源分布等多因素考虑，面积下限为 50 ~ 100 km^2	
	泥页岩厚度	厚度稳定单层厚度≥30 m	单层厚度≥30 m；或泥地比 > 80%，连续厚度≥40 m
	TOC(%)	≥2.0%	
	R_o(%)	Ⅰ型干酪根≥1.2%；Ⅱ型干酪根≥0.7%；Ⅲ型干酪根≥0.5%	
	埋　深	500 ~ 4 000 m	
	总含气量	一般≥1 m^3/t	
	可压裂性	适合于压裂	
	地表条件	地形高差小且有一定的勘探开发纵深	
	保存条件	好	

远景区是指在区域地质调查基础上，结合地质、地球化学、地球物理等资料，优选出的具备页岩油气形成地质条件的区域。有利区是指主要依据页岩分布情况、地球化学指标、钻井油气显示以及少量含油气性参数优选出来，并经过进一步钻探有望获得页岩油气工业油气流的区域。目标区则是指在页岩油气有利区内，主要依据页岩发育规模、深度、地球化学指标和含油气量等参数确定，在自然条件或经过储层改造后能够具有页岩油气商业开采价值的区域。其中，目标区是从整体出发，以区域地质资料为基础，了解区域构造、沉积及地层发育背景，查明含有机质泥页岩发育的区域地质条件，初步分析页岩油气的形成条件，对评价区域进行以定性-半定量为主的早期评价。通过基于沉积环境、地层、构造等研究，采用类比、叠加、综合等技术，选择具有页岩油气发育条件的区域，即远景区。

有利区是结合泥页岩空间分布，在进行了露头地质调查并具备了地震资料、钻井（含参数浅井）以及实验测试等资料，掌握了页岩沉积相特点、构造模式、页岩地化指标及储集特征等参数基础上，获得了含油（气）量等关键参数，可在远景区内进一步优选有利区域。通过基于页岩分布、地化特征及含油气性等研究，采用多因素叠加、综合地质评价、地质类比等多种方法，开展页岩油气有利区优选及资源量评价。

核心区是基本掌握页岩空间展布、地化特征、储层物性、裂缝发育、实验测试、含油

(气)量及开发基础等参数,有一定数量的探井实施,并已见到了良好的页岩油气显示。通过基于页岩空间分布、含气量及钻井资料研究,采用地质类比、多因素叠加及综合地质分析技术优选能够获得工业油气流或具有工业开发价值的地区。

2)中国页岩气“经济甜点区”评价标准

实践与研究认为,海相页岩气富集高产“经济甜点区”需具备地质上“含气性优”、工程上“可压性优”、效益上“经济性优”,即“又甜、又脆、又好”的三优特征。地质上“四高”(即高TOC值、高含气量、高孔隙度、高地层压力)、“两发育”(即页岩页/层理、天然微裂缝)是确定页岩气富集段与水平井轨迹的关键指标;工程条件以脆性指数高、地应力差小为好;地表简单、目的层埋深适中、管网较完善、气价合理、政策支持到位等是页岩气的关键经济指标(图5-4)。

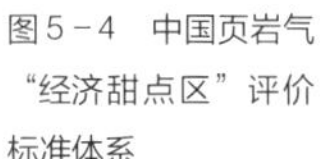

图5-4 中国页岩气“经济甜点区”评价标准体系

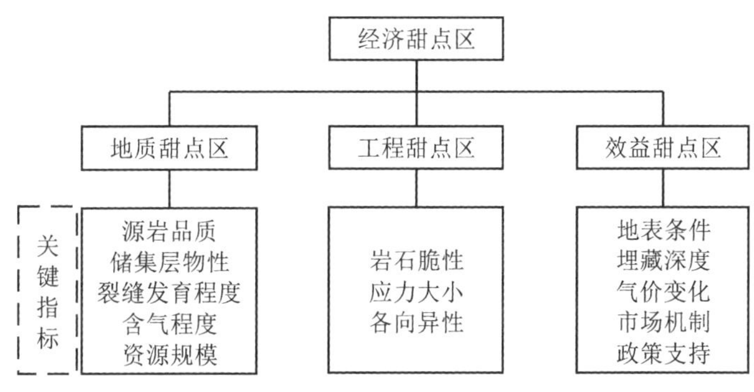

在“经济甜点区”评价标准体系下,我国提出了有利埋深2000~4 000 m的海相页岩气“经济甜点区”评选条件与分类指标,Ⅰ类为经济性最好区带,Ⅱ类为次经济性区带,两者均为页岩气勘探开发重点目标,Ⅲ类区带的经济性较差,通常作为远景区带(表5-5)。

3)资源评价方法

通过北美页岩气资源评价方法解剖,结合我国页岩气基本地质特征与勘探开发实践,初步建立了中国页岩气资源评价方法体系,包括体积法、类比法、容积法、含气量法和单井EUR法5种资源量估算方法和特尔菲法1种资源评价结果汇总法;形成了有

表5-5 中国海相页岩气"经济甜点区"评价条件与标准

分级	有效页岩厚度(m)	地球化学指标			储集层指标					沉积相	水平应力差(MPa)	弹性模量(GPa)	泊松比	构造与保存条件	压力系数	电阻率(Ω·m)	埋深(km)	面积(km^2)	地表条件	管网条件
		TOC(%)	R_o(%)	有机质类型	脆性矿物含量(%)	孔隙类型	孔隙度(%)	裂缝孔隙度(%)	含气量(m^3/t)											
Ⅰ类	>30	≥3	1.1~3	Ⅰ~Ⅱ$_1$	>55	基质孔隙裂隙	>4.0	>0.5	>3.0	深水陆棚	<10	>30	<0.20	稳定区	>1.5	>20	2.0~3.0	≥300	丘陵、山间和平坝	区域管网较好
Ⅱ类	20~30	2~3	3~3.5	Ⅱ$_2$	40~55	基质孔隙裂隙	2.0~4.0	0.1~0.5	2.0~3.0	半深水-深水陆棚	10~20	20~30	0.20~0.25	较稳定区	1.3~1.5	10~20	3.0~4.0	100~300	低山和丘陵	距管网较近
Ⅲ类	10~20	1~2	>3.5	Ⅱ$_2$~Ⅲ	<40	基质孔隙	<2.0	<0.1	1.0~2.0	半深水-浅水陆棚	>20	<20	>0.25	改造区	<1.3	<10	<2.0或>4.0	<100	山地	距管网较远

效厚度、含气量、含气饱和度、孔隙度等关键参数体系、参数取值方法和参数取值标准，估算了中国3类页岩气资源量，指出了有利页岩气勘探领域。

(1) 成因法

根据烃源岩热解化学动力学生烃和物质平衡原理及烃类运聚理论，在实验分析/模拟基础上，对页岩总生气量、排气量和残余气量估算，从而获得页岩气资源量的方法。计算公式为

$$Q = Q_{总含气量}(1 - K_{排}) = 0.01Sh\rho \mathrm{TOC} C_g(1 - K_{排}) \tag{5-1}$$

式中，Q 为页岩气资源量，$10^8\ m^3$；$K_{排}$ 为排气系数，量纲为1；S 为页岩面积，km^2；h 为页岩厚度，m；ρ 为页岩密度，t/m^3；TOC 为总有机碳含量，%；C_g 为单位有机碳生气量，m^3/t。

(2) 类比法

由已知页岩气区(刻度区)单位面积页岩气资源丰度(资源量)类比确定评价区单位面积页岩气丰度(资源量)，然后估算整个评价区页岩气资源量的方法。

① 计算公式为

$$Q = \sum_{i=1}^{n}(S_i \times f_i \times A_i) \tag{5-2}$$

式中，S_i 为页岩面积，km^2；f_i 为类比系数，量纲为 1；A_i 为资源丰度，$10^8\ m^3/km^2$。

② 类比相似系数

根据页岩气形成与富集条件的风险（地质、工程）评价结果，逐一将评价单元页岩气形成与富集地质条件、工程技术条件等与所选刻度区条件类比，求出对应相似系数，计算公式为

$$a_i = \frac{R_Q}{R_C} \tag{5-3}$$

式中，R_Q 为类比区条件参数，R_C 为刻度区条件参数。

③ 类比区选择

根据评价单元页岩气形成与富集条件，选择具有相似条件的一个或多个刻度区。

(3) EUR 法

由单井 EUR 值，据单井泄气面积预测评价单元钻井数，估算评价区页岩气资源量的方法。

① 计算公式为

$$Q = \sum_{i=1}^{n} \left(\frac{S_i}{N_i} \times \mathrm{EUR}_i \times a_i \right) \tag{5-4}$$

式中，S_i 为有效评价面积，km^2；N_i 为单井井控面积，km^2；EUR_i 为页岩气单井最终可采率，m^2；a_i 为类比系数。

② 单位面积井数

根据评价区的类型，类比单井泄气面积，进而确定单位面积钻井数量。

③ EUR 值确定

单井统计或相似刻度区类比。采用统计法、类比法，确定 EUR 值分布曲线或 EUR 平均值、最小值和最大值。

(4) 容积法

页岩气赋存方式包括游离气、吸附气和溶解气。页岩中一般溶解气量极少，页岩气总资源量计算中往往仅计算游离气量和吸附气量。

其中，页岩游离气资源量为

$$Q_{游i} = S_i h_i \phi_{gi} S_{gi} / B_g \tag{5-5}$$

式中，ϕ 为(裂隙)孔隙度，%；S_g 为含气饱和度，%；B_g 为体积系数，量纲为 1。

页岩吸附气资源量为

$$Q_{吸i} = S_i h_i \rho_i q_{吸i} \tag{5-6}$$

其中，吸附气量为

$$q_{吸i} = \frac{V_L \times p}{p_L + p} \tag{5-7}$$

式中，V_L 为兰氏(Langmuir)体积，m^3；p_L 为兰氏压力，MPa；p 为地层压力，MPa。

则，页岩气总资源量为

$$Q = \sum_{i=1}^{n} (Q_{游i} + Q_{吸i}) \tag{5-8}$$

(5) 总含气量法

由实测或类比获得总含气量和富有机质页岩面积、厚度等参数，而估算页岩气资源量的方法。

计算公式为

$$Q = \sum_{i=1}^{n} S_i \times l_i \times \rho_i \times C_{ti} \tag{5-9}$$

式中，S_i 为页岩面积，km^2；l_i 为页岩厚度，km；ρ_i 为页岩密度，kg/km^3；C_{ti} 为页岩含气量，m^3/kg。

页岩气资源汇总法：对不同方法估算的同一页岩气有利区的页岩气资源量，赋予不同方法不同权重，对所有方法估算结果综合得到评价区最终资源量的方法。

计算公式为

$$Q = \sum_{i=1}^{n} Q_i \times \frac{a_i}{\sum_{i=1}^{n} a_i} \tag{5-10}$$

4) 关键参数

(1) 有机质丰度

一般地，当富有机质页岩热成熟度达生气阶段后，有机碳(TOC 值)含量越高，页岩气资源丰度越高。评价标准建立中，考虑中国海相富有机质页岩演化程度普遍较高（R_o >2%），将有机碳含量标准确立为3个级别，即好、一般和差(表5-6)。从表中确定3个级别的标准可以看出，页岩气资源评价对有机碳(TOC)含量的要求远高于常规油气资源评价中有效烃源岩的有机碳(TOC)含量指标下限，其他各项参数标准也有类似的特点。

表5-6 热成因型页岩气关键地质参数标准

评价参数		评价级别		
		差	一般	好
TOC 含量(%)		<1.0	1.0~2.0	>2.0
有效页岩厚度(m)		<15	15~30	>30
R_o(%)		<1.1 或 >5.0	1.1~1.6 或 4.0~5.0	1.6~4.0
含气量($m^3/t_{岩石}$)		<1.0	1.0~2.0	>2.0
物性	含气孔隙度(%)	<1.0	1.0~2.0	>2.0
	渗透率($\times 10^{-9}\ \mu m^2$)	<1.0	1~100	>100
矿物含量	脆性矿物(%)	30	30~40	>40
	黏土矿物(%)	20	20~30	<30

(2) 有机质热成熟度

页岩气可以形成于有机质演化的任何阶段，只要生成气量足够富有机质页岩自身赋存富集就能形成页岩气藏。因此，页岩气产出的热成熟度范围很宽。我国海相页岩在四川盆地下寒武统筇竹寺组和上奥陶统五峰组-下志留统龙马溪组中获得页岩气突破，2套富有机质页岩的热演化程度均达到高-过成熟阶段，R_o值为1.6%~5.2%。为此，将热成因页岩气成熟度指标R_o标准确定最低值为1.1%，最高值为5%。

(3) 有效页岩厚度

与常规油气藏形成与富集一样，商业性页岩气的有效厚度需达到一定范围，才能保证有足够的有机质和充足的储集空间以及压裂施工的实施。有效厚度确定资料来源以露头、钻井为主，通过实验分析、测井解释、录井、岩性描述等，建立TOC含量剖面,确定方法为单井与剖面逐一落实。

(4) 页岩埋深

借鉴北美经验,考虑中国富有机质页岩发育、分布特征和现有经济技术条件,页岩气有利勘探开发深度界限以 1 000 ~4 500 m 为好。

5) 资源评价参数取值

为了保障评价结果的科学性和合理性,克服评价参数的不确定性,依据上述评价方法与勘探实际,梳理出关键评价参数与取值方法如下。

页岩气储层有效厚度(h): 单位 m,为 TOC >2% $+R_o>1.1\%$ 连续厚度,取值方法为露头剖面、钻井资料统计,测井地震解释,编制等厚图进而取值。

页岩气储层有效面积(s): 单位 km^2,为 TOC >2% $+R_o>1.1\%$ +1 000 m <埋深 <4 500 m + 构造稳定 + 地表较好范围,取值方法为编制相关因素等值线图或评价图,将图叠加确定有效面积。

总含气量(C_t): 单位 m^3/t,取值方法为① 钻井岩心实测与综合统计;② 测井资料解释;③ 与相似地质特征其他页岩气区带类比取值。

吸附气量(C_s): 单位 m^3/t,取值方法为① 钻井岩心实测与综合测井解释;② 等温吸附模拟;③ 与相似地质特征其他页岩气区带类比取值。

单位面积页岩气资源丰度(f_s): 单位 $10^8\ m^3/km^3$,取值方法为① 单井计算;② 与相似地质特征其他页岩气区带类比取值。

单位体积页岩气资源丰度(f_v): 单位 $10^8\ m^3/km^3$,取值方法为① 单井计算;② 与相似地质特征其他页岩气区带类比取值。

岩石密度(ρ_r): 单位 g/cm^3,取值方法为实测或统计取值。

钻井数量(N): 单位口,取值方法为① 统计单井控制泄气面积;② 与相似地质特征其他页岩气区带类比取值。

有效孔隙度 ϕ: 单位%,取值方法为实测、统计或与相似地质特征其他页岩气区带类比取值。

单井最终可采储量(EUR): 单位 10^8 米^3/口,取值方法为① 单井估算与统计;② 与相似地质特征其他页岩气区带类比取值。

可采系数(f): 单位%,取值方法为① 单井估算与统计;② 与相似地质特征其他页岩气区带类比取值。

3. 中国页岩气勘探行业标准的建立

2013 年，能源行业页岩气标准化技术委员会成立，页岩气产业技术标准体系建设全面启动，主要负责建立页岩气全产业链技术标准体系，开展页岩气通用及基础标准研制，开展页岩气专业领域标准制修订等相关标准化工作。诸如《页岩和泥岩岩石薄片鉴定》（GBT 35206—2017）、《页岩气资源储量计算与评价技术规范》（DZ/T 0254—2014）、《覆压下岩石孔隙度和渗透率测定方法》（SY/T 6385—2016）和《页岩含气量测定方法》（SY/T 6940—2013）等一系列标准，并且后续已经部署了大量的标准编制任务。

目前，页岩气标准体系已包括 8 个专业门类 117 项技术标准。石油公司借鉴已有的国家、行业和企业标准，形成了页岩气钻井工程、采气工程、健康安全环保等百余项技术规范和标准。

4. 页岩气开采新机制

（1）"压后焖井"新机制

中国南方海相页岩气开发初步形成了以压裂后焖井、裂缝闭合前小油嘴控制排液、裂缝闭合后逐级放大、后期减小油嘴等新的排采制度，排采过程平稳，控砂排液效果好。

压后焖井排采机制具有以下优势：① 可持续产生微裂缝，改善页岩气解吸与扩散，增加泄气面积；② 增加地层吸水量以减少返排量，压裂后关井一定时间能够使地层吸收部分压裂液，持续产生压裂缝、进一步加强裂缝的扩展，降低压裂液返排率，最终形成较大储集层改造体积；③ 维持地层超压。焖井能延缓裂缝闭合时间、降低井筒能量衰减速度、维持地层超压，提高单井产量和最终可采储量。

（2）"控压限产"生产新机制

页岩气开采有两种方式，即无阻畅喷和控压限产。无阻畅喷是在压裂后任由地层压力自然递减、不采取任何控压措施，使其在较短时间内快速采气以快速回收投资的一种开采方式，北美早期页岩气开发中常采用这种方式。控压限产是按一定开采速度，保持一定油压、套压，使产量达到稳定，当产量下降时采取焖井等措施保持产量稳定的开采方式，是中国南方海相页岩气采用的重要开采方式。对比发现控压限产开采方式具有以下优势: ① 保持人工裂缝长期开启,增加泄气面积;② 有利于吸附气解吸,延长单井开采周期;③ 减少压裂液返排量,增强压裂效果;④ 提高单井最终可采储量,提高页岩气开发经济性。

第6章

其他国家和地区页岩气资源及产业化发展

美国能源信息署(EIA)在2015年公布了其对全球页岩气资源的评估结果,全球页岩气技术可采资源量约为215×10^{12} m^3,主要分布在中国、美国、加拿大、墨西哥、阿根廷、澳大利亚、印度、波兰、南非和阿尔及利亚等国家和地区(表6-1)。根据EIA等资料和前人的总结,本章系统总结除美国、加拿大、中国以外的主要国家和地区的页岩气资源潜力及勘探开发现状,包括北美地区墨西哥,南美地区阿根廷和委内瑞拉,欧洲地区波兰和英国,非洲地区南非、阿尔及利亚和利比亚,西亚地区印度和巴基斯坦以及澳大利亚等。

表6-1 全球主要国家页岩气可采资源量

序 号	国 家	资源量(×10^{12} m^3)	所占比例(%)
1	中 国	31.57	14.72
2	阿根廷	22.71	10.58
3	阿尔及利亚	20.02	9.33
4	美 国	17.64	8.22
5	加拿大	16.23	7.56
6	墨西哥	15.43	7.19
7	澳大利亚	12.15	5.66
8	南 非	11.04	5.15
9	俄罗斯	8.07	3.76
10	巴 西	6.94	3.23
11	其他国家	52.75	24.59
合 计		215.00	100.00

6.1 美洲

6.1.1 墨西哥

(1) 资源潜力

墨西哥页岩气勘探目标主要集中在布格斯(Burgos)盆地白垩系 Eagle Ford 页岩、

萨拜娜(Sabinas)盆地白垩系 Eagle Ford 页岩和坦皮科(Tampico)盆地上侏罗统 Pimienta 页岩,是全球页岩气第4 大资源储备国。其中,美国境内的鹰滩页岩从得克萨斯州延伸到墨西哥境内的布格斯盆地,成为页岩油气钻探的热点区域,其技术可采资源量约为 9.77×10^{12} m^3,占三个盆地非常规天然气资源的 66%。先进资源国际公司(ARI)估计布格斯盆地白垩世 Eagle Ford 页岩气技术可采资源量约为 12.8×10^{12} m^3,页岩油技术可采资源量约为 8.6×10^8 t;萨拜娜盆地 Eagle Ford 页岩气可采资源量约为 1.2×10^{12} m^3,坦皮科盆地页岩气技术可采资源量约为 1.8×10^{12} m^3。

(2)主要产气页岩发育特征

布格斯盆地 Eagle Ford 页岩平均厚度约 120 m,TOC 平均含量为 5%,R_o平均为 1.1%。萨拜娜盆地 Eagle Ford 页岩平均厚度约为 120 m,TOC 平均含量为 4%,R_o平均为 1.3%。坦皮科盆地晚侏罗世 Pimienta 页岩平均厚度约为 75 m,TOC 平均含量为 3%,R_o平均为 1.2%。

(3)勘探开发现状

目前墨西哥地区还没有针对页岩气的勘探活动,但最近墨西哥对外国投资者开放了上游部门以后,有望积极推动页岩气开发。2011 年,墨西哥国家石油公司 Pemex 在与美国北部相连的 Burgos 盆地钻探第一口页岩气井 Emergent 1,日产能达 $3\ 000\times10^4$ m^3,并计划在 2011—2015 年钻探 175 口井、采集 1×10^4 km^2 三维地震数据,以作详细的地质与地球化学建模研究。此外,墨西哥原计划 2015 年对国内页岩气区块进行拍卖,并预计 2030 年之后开始页岩气的大规模商业化生产,到 2040 年页岩气将占该国天然气总产量的 75% 以上。但由于油气价格的下降,该计划被搁置。目前来看,墨西哥开发页岩气主要面临资本和水资源缺乏两大难题。此外,墨西哥天然气管道基础设施不完善也将提高页岩气运营成本。

6.1.2 阿根廷

(1)资源潜力

据美国能源信息署资料,阿根廷页岩气技术可采资源量为 801.64×10^{12} m^3,位居世界第三，页岩油储量排名全球第4，高达 37×10^8 t，是南美天然气开发利用前景最好的国家。阿根廷页岩气勘探目标主要为 Neuquen 盆地中侏罗世 Los Molles 页岩和晚侏罗-早白垩世 Vaca Muerta 页岩、Golfo San Jorge 盆地晚侏罗-早白垩世 Aguada Bandera 页岩和早白垩世 Pozo D－129 页岩、Austral 盆地早白垩世 Inoceramus 页岩和早白垩世 Magnas Verdesz 页岩。

（2）主要产气页岩发育特征

Neuquen 盆地晚侏罗-早白垩世 Vaca Muerta 页岩是目前最为关注的页岩气目的层系，其被认为与美国同时代的 Haynesville 页岩的资源富集度相当，已探明技术可采资源量为 6.8×10^{12} m^3。Los Molles 页岩地层厚度较大，盆地中心厚度超过 210 m，TOC 含量为2.9%~4.0%，R_o为0.6%~1.5%。

（3）勘探开发活动

2011 年1 月，法国道达尔公司与 PYF 公司合作，获得了位于阿根廷 Neuquen 盆地的4 个页岩气区块的权益。2011 年 8 月，油田服务供应商哈利伯顿公司在阿根廷的 Neuquen 盆地为美国阿帕奇公司完成了第一口水平井和分段水力压裂页岩气井，发现高产页岩气。2012 年，阿根廷政府征用雷普索尔资产用于页岩气开发。2014 年，雪佛龙、埃克森美孚、Petronas、壳牌、道达尔等多家国际石油公司相继在阿根廷开展页岩气项目合作，该年内阿根廷页岩气钻井数量达到 100 口。2015 年底，阿根廷国内商业化开采页岩气产量为 190×10^4 m^3/d，预计到 2040 年，阿根廷页岩气产量将占到天然气总产量的75%。

（4）前景分析

阿根廷拥有南美最大的天然气管道网，管道长达 3.94×10^4 km，为页岩气消费市场的建立提供了条件。同时，阿根廷政府对页岩气开发极为重视，制定了一系列相关监管政策来促进页岩气产业发展。虽然阿根廷页岩气产业目前尚处于萌芽阶段，但完善的基础设施和较大国内需求的结合使其成为南美洲地区最具页岩气勘探开发前景的国家。

6.1.3 委内瑞拉

委内瑞拉主要评价了 Maracaibo 盆地白垩系 La Luna 组页岩段页岩气潜力，先进资源国际公司估计其技术可采资源量约 $0.3\times10^{12}\ m^3$。

6.2 欧洲

6.2.1 波兰

(1) 资源潜力

波兰是目前欧洲开发页岩气最积极的国家。据美国能源信息署估计,其页岩气技术可采资源量约 $5.3\times10^{12}\ m^3$,主要集中在北部的波罗的海(Baltic)盆地,南部的卢布林(Lublin)盆地和东部的波德拉谢(Podlasie)盆地,勘探层位主要为下志留统 Llandovery 页岩。

(2) 主要产气页岩发育特征

目前,波罗的海盆地下志留统 Llandovery 页岩已启动首批商业页岩气生产,页岩气日均产量 2 000 m^3。Llandovery 页岩有机碳含量较高,TOC 含量平均 4%,最高可达 10%。有机质成熟度受盆地差异埋藏影响较大,西北部地区 R_o 超过 5%,但东北部地区 R_o 低于 1%。矿物组分上石英含量超过 50%,黏土含量较低,与美国 Barnett 页岩较为类似。

(3) 勘探开发活动

波兰 3Legs 能源公司于 2010 年在波罗的海盆地钻探了第一批页岩气探井,目的层为下志留统 Llandovery 页岩。2011 年,波兰国有石油天然气公司 PGNiG 与哈里伯顿公司合作完成了卢布林盆地 Markowola-1 页岩气井压裂。2014 年 9 月,英国 San Leon 公司在波罗的海盆地喀尔巴阡地区启动了三口页岩油气探井,但并未获得突破。

(4) 前景分析

随着国际原油油价暴跌,雪弗龙、埃克森美孚、道达尔和马拉松等国际能源公司先后宣布停止在波兰境内的页岩气勘探作业，目前只剩下波兰国有石油天然气公司 PGNiG 和波兰国营石油公司 PKN Orlen 还在继续其页岩气项目，页岩气市场前景不明。

6.2.2 英国

（1）资源潜力

根据先进资源国际公司预测，英国页岩气技术可采资源量达到 0.9×10^{12} m^3，其中 0.7×10^{12} m^3 来自英国北部 Pennine 盆地石炭系 Bowland 页岩，0.2×10^{12} m^3 来自南部 Wessex 和 Weald 盆地的侏罗系 Lias 页岩。其中，Pennine 盆地被断裂分割为一系列次级盆地，包括 Bowland、Cleveland、Cheshire、Gainsborough 等盆地，其中 Bowland 盆地是页岩钻探比较集中的地区。Wessex 和 Weald 盆地是英国传统的陆上产油区，Wessex 盆地拥有英国最大的陆上油田——Wytch Farm 油田。

（2）主要产气页岩发育特征

Pennine 盆地 Bowland 页岩平均厚度约 100 m，埋深为 2 400 m，TOC 平均含量为 3%，R_o 为 1.0%~1.8%，处于成熟-高成熟阶段。Lias 页岩平均厚度约 50 m，平均埋深为 1 500 m，最高达 1 800 m。TOC 平均含量为 3%，R_o 为 1.0%~1.3%，处于成熟阶段。孔隙度最高可达 7%。

（3）勘探开发现状

截至 2013 年底，Cuadrilla 资源公司在英国北部 Pennine 盆地 Bowland 页岩完成 5 口探井，结果显示 Bowland 页岩具有较好的页岩气资源潜力。Celtique 能源公司拥有英国南部 Weald 盆地大部分页岩气远景区的开采权，主要针对的是 Lias 页岩，但目前该公司尚未提交具体的勘探开发工作计划。

6.3 非洲

6.3.1 南非

（1）资源潜力

据美国能源信息署2015年6月发布的评估报告，南非拥有世界上第8大页岩气技术可采资源量。卡鲁(Karoo)盆地位于南非中南部，约占其国土面积的三分之二，拥有约$11\times10^{12}\ m^3$的页岩气技术可采资源量。层位上集中在二叠系Ecca群页岩，层厚超过3 000 m，分为上Ecca群(包含Fort Brown组和Waterford组)和下Ecca群(包含Prince Albert组、Whitehill组和Collingham组)，下Ecca群页岩层是南非页岩气勘探的主要层位。

（2）主要产气页岩发育特征

Prince Albert页岩厚度为60~240 m，平均约为120 m。TOC含量为1.5%~3.5%，平均约为2.5%，R_o为2%~4%。受侏罗纪火山岩侵入影响较大的地区，部分页岩已变质，R_o大于8%，导致石墨含量较高，而TOC含量几乎为0。

Whitehill页岩是三套页岩中有机碳含量最高的，TOC含量平均大于6%，最高可达15%以上。但在火山岩侵入体附近，页岩有机质含量低于4%，石墨含量约2%。R_o约4%，均已进入过成熟阶段。Whitehill页岩沉积于深海环境，水体缺氧富藻，主要为Ⅰ型干酪根。矿物组分上以石英为主，黏土矿物较少，富含黄铁矿。

Collingham页岩往往与Whitehill页岩归为一个组，其是深水沉积向浅水三角洲沉积演变的过渡沉积体。Collingham页岩属性与Whitehill页岩较为类似，但有机碳含量有所降低，TOC含量平均约4%。

（3）勘探开发现状

南非政府已经在卡鲁盆地划出了35个勘探区块。Falcon石油与天然气公司、荷兰皇家壳牌、澳大利亚Sunset能源有限公司、南非Anglo煤炭公司等多家油气公司获得了这些区块页岩气开发的技术合作许可。但目前，南非石油管理局仅签发了技术合作许可，授权开展页岩潜力调查研究，实际的勘探开发工作还尚未展开。

6.3.2 阿尔及利亚

阿尔及利亚是世界上第六大天然气生产国，也是非洲页岩气领域最具吸引力的国家。据美国能源信息署资料，其页岩气资源技术可采储量约为 $20\times10^{12}\ m^3$。页岩气资源主要来自东北部加达梅斯(Ghadames)盆地下志留统 Tannezuf 组页岩和中泥盆统 Franian 组“热页岩”以及西南部 Tindouf 盆地志留系“热页岩”。

2010 年，阿尔及利亚已经开始一个页岩气钻井试点项目，制定了一个 20 年的投资计划，以期到 2030 年实现页岩气商业化生产。预计到 2040 年，阿尔及利亚页岩气产量将占其天然气总产量的三分之一。

6.3.3 利比亚

据美国能源信息署 2015 年估算，利比亚页岩气技术可采资源量为 $8\times10^{12}\ m^3$，其页岩气资源主要源于加达梅斯(Ghadames)盆地下志留统 Tannezuf 组页岩和中泥盆统 Franian 组“热页岩”中，以及 Sirt 盆地上白垩统 Sirt 页岩和 Etel 页岩中。目前关于利比亚页岩气勘探活动的报告较少。

6.4 亚洲

6.4.1 印度

据美国能源信息署 2015 年估算，印度页岩气原地总储量为 $293.1\times10^{12}\ m^3$，技术可采储量为 $63.6\times10^{12}\ m^3$。印度页岩气资源主要集中在坎贝(Cambay)盆地、克里希纳戈达瓦里(Krishna Codavari)盆地、高韦里(Gauvery)盆地及达莫德尔(Damodar)盆地,其中坎贝盆地是最重要的含页岩气盆地之一。

(1) 坎贝盆地

坎贝盆地位于印度西北部,为一狭长的晚白垩世到第三纪的克拉通内裂谷盆地。晚古新世和早始新世“坎贝黑色页岩”是最具页岩气潜力的勘探层位。该套页岩 TOC 含量为2%~4%,平均为3%,有机质类型为腐殖型及腐泥腐殖型,R_o为0.6%~2.0%。

(2) 克里希纳戈达瓦里盆地

克里希纳戈达瓦里盆地位于印度东部,由一系列地堑和地垒组成,地堑为页岩气潜在发育部位。其中,Mandapeta 地堑二叠纪 Kommugudem 组是主要的页岩气勘探层位,主要由炭质页岩、粉砂岩和煤层交替组成。Kommugudem 页岩 TOC 含量绝大多数为3%~9%,平均为6%,有机质类型为腐殖型及腐泥腐殖型,R_o为0.5%~1.5%。

(3) 高韦里盆地

高韦里盆地位于印度东海岸,包含一系列次级凹陷,其中 Ariyalur-Pondicherry 凹陷和 Thanjavur 凹陷最具页岩气潜力。页岩地层主要分布在早白垩世 Andimadam 组,TOC 含量平均大于2%,部分层段达到了生气窗。

(4) 达莫德尔盆地

达莫德尔盆地位于印度东北部,是冈瓦纳盆地群的一部分。在二叠纪早期,由于海侵事件,该盆地沉积了一套富有机质页岩,称为“Barren Measure”页岩,是印度主要的页岩气勘探目标。印度石油天然气公司(ONGC)于 2011 年 1 月在达莫德尔盆地 Raniganj 凹陷实施了印度第一口页岩气探井——RNSG-1 井,在 1 700 m 左右地层中发现了页岩气,初步估算页岩气的分布范围超过 1.2×10^4 km^2。

6.4.2 巴基斯坦

据先进资源国际公司估计,巴基斯坦的页岩气资源技术可采储量约为 1.4×10^{12} m^3,主要集中在南印度河(Southern Indus)盆地。南印度河盆地发育了包括早白垩世 Sembar 页岩和古新统 Ranikot 组内白云质页岩在内的两套富有机质页岩。

6.5 澳洲

澳洲目前也在积极地开展页岩气勘探研究，主要是澳大利亚和新西兰。澳大利亚的页岩气勘探正处于起步阶段。据美国能源信息署估计，澳大利亚页岩气技术可采资源量约为 12×10^{12} m^3。澳大利亚主要油气公司与全球多家油气大公司共同探明了澳大利亚页岩气资源潜力，主要分布在中南部库珀（Cooper）盆地、西部珀斯（Perth）盆地、中西部坎宁（Canning）盆地和东部马里伯勒（Maryborough）盆地。

（1）库珀盆地

库珀盆地是澳大利亚主要的陆上产气盆地，横跨南澳大利亚及昆士兰边界，包括 Nappamerri、Patchawarra、Tenappera 和 Arrabury 4 个海槽。盆地内早二叠世发育 Roseneath 和 Murteree 两套湖相页岩，该两套页岩之间夹杂着 Epsilon 组致密砂岩，以上 3 套地层形成了一个 Roseneath-Epsilon-Murteree（REM）沉积序列。

BG 集团于 2011 年投资 1.3 亿澳元成功获得库珀盆地 ATP940P 区块，该区块覆盖 2 000 km^2 Nappamerri 海槽的页岩气藏。Senex 能源公司于 2012 年在库珀盆地南缘 PEL 516 区块钻探的 Sasanof－1 页岩气井获得重大油气显示。澳大利亚海滩能源（Beach Energy）公司在库珀盆地 PEL 218 区块钻探的 Holdfast－1 和 Encounter－1 页岩气井，日产量达到 5.6×10^8 m^3。桑托斯（Santos）公司于 2012 年钻探的 Moomba－191 井，页岩气日产量达到 7.3×10^8 m^3。

（2）珀斯盆地

珀斯盆地位于西澳大利亚西南部，其页岩发育层系为二叠纪 Carynginia 页岩和三叠纪 Kockatea 页岩。澳大利亚全球勘探公司（AWE）于 2010 年 11 月 9 日称，该公司在珀斯盆地发现了储量巨大的潜在页岩气资源，预计页岩气资源量为（0.4 ~0.5）× 10^{12} m^3。作为珀斯盆地 EP413 区块的主导作业者，挪威能源（Norwest Energy）公司于 2013 年 2 月 19 日宣布，位于珀斯盆地 EP413 区块的 Arrowsmith－2 井获页岩气产出，初期日产量为 10×10^4 m^3。该井目标层位为二叠纪 Carynginia 页岩，厚度为 250 m。挪威能源公司估计，珀斯盆地北部拥有约 1.6×10^{12} m^3的页岩气资源潜力。除挪威能源公司以外，澳大利亚全球勘探公司持有该区块 44.252% 的权益，印度巴拉特石油资源（Bharat PetroResource）公司拥有 27.803% 的权益。

（3）坎宁盆地

坎宁盆地是西澳大利亚最大的沉积盆地，是一个宽阔的克拉通内裂谷盆地，其页岩气潜力层位为奥陶纪 Goldwyer 页岩和石炭纪 Laurel 页岩。Goldwyer 页岩远景区面积约为 $3.7\times10^4\ km^2$。

澳大利亚新标准能源（New Standard Energy）公司是坎宁盆地主要的页岩气开发公司。康菲公司于 2011 年 10 月 7 日表示，向新标准能源公司投资 10.95 亿美元，致力于坎宁盆地 Goldwyer 页岩气项目开发。康菲石油公司将通过在勘探计划中 4 个阶段的融资获得该地块高达 75% 的权益，包括 2012 年的 3 口井。

（4）马里伯勒盆地

马里伯勒盆地是昆士兰南岸的一个小盆地，其页岩气潜力层位为白垩纪 Maryborough 组页岩层段。2013—2014 年，澳大利亚在马里伯勒盆地实施了 6 口页岩气探井，均获得页岩气发现。

第7章

页岩气经济有效性评价及发展政策

7.1 页岩气经济有效开发起算条件

页岩气的形成、分布及开发受众多地质因素影响，如构造背景与沉积条件、泥页岩厚度与体积、有机质类型与丰度、热历史与有机质成熟度、含气量、脆性矿物含量、孔隙度与渗透率、断裂与裂缝以及构造运动与现今埋藏深度等，它们均是影响页岩气分布并决定其是否具有工业勘探开发价值的重要因素。

7.1.1 页岩厚度

与常规油气一样，要形成工业性的页岩气藏，页岩必须达到一定的厚度，从而成为有效的烃源岩层和储集层。页岩面积和厚度是决定是否有充足的有机质及充足的储集空间的重要条件。一般在海相沉积体系中，富有机质页岩主要形成于盆地相、大陆斜坡、台地坳陷等水体相对稳定的环境；在陆相湖盆沉积体系中，富有机质页岩在深湖相、半深湖相以及部分浅湖相带中发育，这些相带一般为盆地主要沉积相带。与海相页岩相比，虽然陆相页岩存在分布范围相对较小、横向延伸距离短且不稳定、平面连续性较差等特点，但垂向页岩发育厚度要远高于海相页岩。一般来说，在有效厚度大于 15 m、有机碳含量大于 2% 以及处于生气窗以上演化阶段的页岩气藏形成基本条件的限定下，页岩厚度越大，所含总有机质含量就越大，天然气生成量与滞留量就越大，页岩气藏的含气丰度就越高。要形成优质的页岩气藏，页岩厚度一般应大于有效排烃厚度。

一个好的页岩气远景区的页岩厚度大多为 90 ~180 m。北美产气页岩的有效厚度最小为 6 m（Fayetteville），最大为 304 m（Marcellus），核心区有效页岩厚度均大于 30 m。李玉喜、乔德武、姜文利等研究指出，美国页岩气藏的有效厚度一般在 15 m 以上，TOC 低的页岩厚度一般在 30 m 以上。张金川、姜生玲、唐玄等认为，对页岩气藏来说，含气孔隙度、吸附含气量、有机质成熟度、净厚度、有机碳含量是 5 个互相补充的条件，当其他 4 个条件优越时，页岩厚度可以适当降低，随着页岩气开发技术的进步，具有商业价值的页岩气藏的有效厚度可能降低到 10 m。

7.1.2 生烃条件

沉积有机质,包括动物和植物的遗骸,经细菌和热力转化形成油或气。当有机质埋藏较浅时,经足够多的厌氧微生物为食即可产生生物甲烷气。随着埋藏深度和埋藏时间不断增加,压力、温度也不断增加,有机物在热催化作用下转化成干酪根,并在时间、温度和压力进一步增加的条件下产生油、湿气或干气。

成熟的富有机质页岩具有大量生烃的能力。页岩气藏烃源岩多为沥青质或富含有机质的暗色、黑色泥页岩和高碳泥页岩类,有机碳含量大于2%的富有机质页岩地层比例高达4%~30%。天然气的生成可来源于生物作用、热成熟作用或两者的结合,因此,R_o一般须在0.4%以上。自生自储式页岩气藏的烃源岩厚度必须超过有效排烃厚度。因此,页岩气的生成主要与富有机质页岩的地球化学特征有关,包括有机碳含量、干酪根类型、成熟度等。

1. 有机碳含量

富有机质页岩主要沉积于有机质来源充足、沉积速度快、水体相对封闭性较好的还原环境,页岩中具有较高的有机质含量。有机碳是页岩气生成的物质基础,有机碳含量越高,页岩的生烃潜力越大;储层中吸附态的天然气含量越高,气藏富集程度就越高。一方面,页岩气藏是自生自储式气藏,页岩气生成后几乎不发生运移,页岩气藏的含气面积常常与页岩的分布面积相当,有机碳含量越高则生气潜力越大,由于生成的气运移不出去,单位面积页岩的含气率就越高;另一方面,页岩有机质中存在大量的孔隙,这些有机质孔隙既增大了天然气的吸附面积,又为游离气的储集提供了空间,减少了页岩气的损失。另外,烃类气体在无定形和无结构基质沥青质体中的溶解作用也为增加气体的吸附能力做出了贡献。Boyer、Kieschnick、Suarez-Rivera 等对北美地区页岩气盆地有机碳含量进行了统计,认为页岩有机碳含量应大于2%才能实现页岩气的经济有效开发。虽然北美一些页岩气产层也存在低有机质丰度(TOC < 1.0%)的可开采实例,但其他条件必须优越。

沉积有机质丰度的高低主要受沉积环境的影响。一方面影响沉积之初生物有机质的数量,另一方面影响有机质的保存。在温度、盐度、水体深度适宜的地方,水生生物发育相对繁盛,有机质生产效率高,可以给页岩生烃提供丰富的物质基础,还原、缺氧的条件比较有利于有机质的保存。相反,高能环境、含氧浓度高的地区则不利于有机质的保存。沉积于深水环境中、富含有机质的 New Albany 褐色-黑色厚层页岩,由于环境中存在缺氧条件,大量的有机质被保存下来,使某些层段有机质高达 20%。

Jarvie、Pollastro、Hill 等通过对多个盆地的研究发现,页岩中有机碳的含量与页岩产气率之间有良好的线性关系,在相同压力下,页岩的有机碳含量越高,甲烷吸附量就越高。Ross 和 Bustin 在对加拿大大不列颠东北部侏罗系 Gordondale 页岩研究过程中发现,有机碳与甲烷的吸附能力有一定的关系,但是相关系数较低,认为在这个地区影响有机碳与吸附气量关系的还有其他因素。

2. 干酪根类型

干酪根是沉积岩中不溶于一般有机溶剂的沉积有机质。干酪根是沉积有机质的主体,约占总有机质的 80%~90%,研究认为 80% 以上的油气是由干酪根转化而成的。在不同沉积环境中,有不同来源的有机质形成的干酪根,其性质和生油气潜力差别很大。干酪根可以划分为以下三种类型。

(1) Ⅰ型干酪根(腐泥型):以含类脂化合物为主,直链烷烃很多,多环芳烃及含氧官能团很少,具高氢低氧含量,它可以是来自湖相沉积物,也可能是各种有机质被细菌改造而成,生油潜能大。

(2) Ⅱ型干酪根:氢含量较高,但较Ⅰ型干酪根略低,为高度饱和多环碳骨架,含中等长度直链烷烃和环烷烃较多,也含多环芳烃及杂原子官能团,来源于海相浮游生物和微生物,以生油为主。

(3) Ⅲ型干酪根(腐殖型):具低氢高氧含量,以含多环芳烃及含氧官能团为主,饱和烃很少,来源于陆地高等植物,对生油不利,但可成为有利的生气来源。

Chalmers 和 Bustin 利用加拿大哥伦比亚省下白垩统 Bucking Horse 页岩中不同类型的有机质,在 6 MPa 条件下进行甲烷吸附能力及相关特性模拟实验,实验结果表明,页岩有机碳含量与甲烷吸附量呈正相关关系,但相关性并不高。Chalmers 的研究还进一步说明,不同类型、不同演化程度和不同有机质含量的页岩的等温吸附能力也存在差异。Ⅰ型干酪根(有机碳含量为 10.2%)页岩甲烷最大吸附量为 2.0 cm^3/g;Ⅱ型干酪根(有机碳含量为 6.1%)页岩甲烷最大吸附量为 1.5 cm^3/g;Ⅱ/Ⅲ型干酪根(有机碳含量为 7.2%)页岩甲烷最大吸附量为 1.25 cm^3/g;Ⅲ型干酪根(有机碳含量为 2.3%)页岩甲烷最大吸附量为 1.0 cm^3/g。

据北美含页岩气盆地统计,页岩气主要来源于Ⅱ型与Ⅲ型干酪根。实际上,上述干酪根类型划分中已明确指出,有些干酪根以生油为主,有些以生气为主。干酪根的类型不但对岩石的生烃能力有一定的影响作用,而且还影响天然气吸附率和扩散率。一般来说,在湖沼沉积环境形成的煤系地层的泥页岩中富含有机质,并以腐殖型的Ⅲ型干酪根为主,有利于天然气的形成和吸附富集。在半深湖-深湖相、海相沉积的泥页岩中,Ⅰ型干酪根的生烃能力和吸附能力一般高于Ⅱ型或Ⅲ型干酪根。

3. 有机质成熟度

从成因上来看,页岩气分为热成因、生物成因和两者的混合成因。热成因的页岩气在形成过程中有机物转化为碳氢化合物需要时间和温度两个要素。在几百万年的地质时间里,有机化合物在不断加大的沉积物负荷下越埋越深,从而使温度增加,埋藏过程中不断加大的压力和温度致使有机物释放出油和气,而且有机物中存在的可以促进化学作用的矿物也可能加快该过程的发生。生物成因的页岩气中,微生物的生化作用也只能将一部分有机物转化成甲烷,而剩余的有机物则在埋藏和加热条件下转化成干酪根,进一步的埋藏和加热使干酪根转化成沥青,然后又转化成液态碳氢化合物,最后成为热成因气。页岩中有机质成熟度不仅可以用来预测页岩的生烃潜力,还能用来评价高变质地区页岩储层的潜能,是页岩气聚集形成的重要指标。

Tissot 模型是干酪根生成油气的经典方案。按照 Tissot 划分方案如下: $R_o<0.5\%$ 为成岩作用阶段,生油岩处于未成熟或低成熟阶段;R_o 介于 0.5%~1.3% 时为深成热解阶段,处于生油窗内;R_o 介于 1.3%~2.0% 时为深成热解作用阶段的湿气和凝析油带;$R_o>2.0\%$ 为后成作用阶段,处于干气带。当然不同干酪根类型进入生气窗的界限有一定的差异,一般为 R_o 处于 1.2%~1.4%,如福特沃斯盆地 Barnett 页岩开发区位于 R_o 高于 1.1% 的生气窗内。这些地区的气油比高,有利于页岩气扩散和渗流。因此对于热成因含气页岩,进入生气窗是页岩气富集的必要条件,勘探开发目标应首选气油比高值区。

页岩的生气特征与有机质类型和成熟度密切相关。对于同一类型的有机质来说,随着页岩的埋深增加和地温增高,在不同热演化阶段的生气特征不同;对不同的有机质类型来说,在同一热演化阶段的生气特征也有很大差别。在实验条件下,不同升温速率的有机质的成气转化基本一致,但主生气期(天然气的生成量占总生气量的70%~80%)对应的 R_o 值不同。Ⅰ型干酪根为 1.2%~2.3%,Ⅱ型干酪根为 1.1%~2.6%,Ⅲ型干酪根为 0.7%~2.0%,海相石油为 1.5%~3.5%。因此页岩气可以在不同有机质类型的源岩中产出,有机质的总量和成熟度是决定源岩产气能力的重要因素。

美国主要产页岩气盆地的页岩成熟度变化较大,从未成熟到成熟均有发育。根据页岩成熟度可将页岩气藏分为三类:高成熟度页岩气藏、低成熟度页岩气藏及高低成熟度混合页岩气藏。

圣胡安盆地 Lewis 页岩气藏和福特沃斯盆地中 Barnett 页岩气藏中天然气主要来源于热成熟作用,为高成熟度的页岩气藏。福特沃斯盆地 Barnett 页岩气藏的天然气是由高成熟度($R_o \geq 1.1\%$)条件下原油裂解形成的,Barnett 页岩气藏产气区的成熟度为 1.0%~1.3%,实际上产气区西部为 1.3%,东部为 2.1%,平均为 1.7%。

阿巴拉契亚盆地页岩成熟度为 0.5%~4.0%,产气区的弗吉尼亚州和肯塔基州为 0.6%~1.5%,宾夕法尼亚州西部为 2.0%,在西弗吉尼亚州南部最高可达 4.0%,且只有在成熟度较高的区域才有页岩气产出。总之,成熟度高低不是制约页岩气成藏的主要因素,在热成熟度高的地区也可能形成页岩气藏,但当页岩热成熟度超过一定界限后,单井产能会有所下降。

Gilman 等通过对阿科马盆地 Woodford 页岩中的 800 口水平井的 R_o 和单井最终储量统计分析得出,研究区页岩气井的单井最终储量开始减少,当 R_o 超过 3.0% 时,单个压裂层段的平均最终储量低于每增加一个压裂层段所增加的最终储量。Gilman 等认为研究区最有利的 R_o 值为 1.75%~3.0%。另外,需要指出的是,初始有机质丰度较高的烃源岩随有机质成熟度的增加,生烃量增加,残余有机碳丰度、氢指数、有机质类型呈现降低、变差趋势,如 Barnett 页岩演化至 T_{max} 为 470℃、等效 R_o 值为 1.3% 时,TOC 数值可降低 36%,对于高成熟或过成熟烃源岩,负面影响则更大。

中国南方地区沉积厚度巨大,并经历了多期次构造运动,后期改造、抬升剥蚀作用强烈。地史时期内的埋深作用导致古生界海相源岩热演化程度高,例如下寒武统烃源岩 R_o 自大部分地区都大于 3.0%,局部地区高达 7.0%;下志留统 R_o 集中在 2.0%~3.0%,个别地区高达 6.0%;二叠系有机质 R_o 集中在 1.0%~2.0%,局部地区可达 3.3%。宏观上,中国产气页岩具有典型的高有机质丰度、高热演化程度及高后期变动程度的“三高”特点。

7.1.3 矿物组成

页岩的矿物组成一般以石英或黏土矿物为主，黏土矿物包括高岭石、伊利石、绿泥石、伊/蒙混层等，含少量蒙脱石或不含蒙脱石。石英与黏土矿物一起，组成了页岩的绝大部分，除此之外，还包括方解石、白云石等碳酸盐岩矿物以及长石、黄铁矿和少量的石膏等矿物。

石英是页岩中主要的脆性矿物，当页岩中石英等脆性矿物含量多时，页岩脆性较强，容易在外力作用下形成天然裂缝和诱导裂缝。除石英外，长石和白云石也是黑色页岩段中的易脆组分。李新景、吕宗刚、董大忠等认为，并不是所有优质烃源岩都具有经济开采价值，只有那些低泊松比、高弹性模量、富含有机质的脆性页岩才是页岩气勘探的主要目标。黏土矿物是页岩储层改造中不稳定的因素，特别是当水敏性黏土矿物含量较高时，黏土矿物溶解易导致页岩产气的裂缝通道堵塞，影响页岩气产出，从这个角度上来讲，页岩储层黏土矿物含量越高，越不利于储层改造。

美国 Bossier 页岩中的石英、长石和黄铁矿含量多低于 40%，碳酸盐岩矿物含量大于 25%，黏土矿物含量小于 50%；Ohio、Woodford 及 Barnett 页岩中的碳酸盐岩矿物含量低于 25%，石英、长石和黄铁矿含量为 20%~80%，黏土矿物含量为 20%~80%。其中 Barnett 硅质页岩黏土矿物含量通常小于 50%，石英含量超过 40%；阿科马盆地 Woodford 页岩与其相近，即页岩膨胀性黏土矿物含量较少，硅质、碳酸盐岩等矿物较多时（福特沃斯盆地 Barnett 页岩典型值为 40%~60%），岩石脆性与造缝能力强，裂缝网络容易产生。尽管美国丹佛盆地 Niobrara 页岩石英含量低，但碳酸盐岩矿物含量高，压裂后也容易产生复杂的网络裂缝。

通过对渝页 1 井龙马溪组 21 个井下样品进行全岩定量分析测试，结果显示龙马溪组页岩矿物成分以石英为主，最高为 53.0%，最低为 12.2%，平均含量 39.4%；其次为黏土矿物，最高为 53.2%，最低为 17.4%，平均含量 33.1%；再次是斜长石，最高为 17.1%，最低为 3.0%，平均含量 11.3%；黄铁矿平均含量为 7.2%。由渝页 1 井井下样品 X 射线衍射分析结果可知,渝页 1 井龙马溪组页岩黏土矿物中伊利石含量较高,最大为 91% ,最小为 75% ,平均 84% ,伊利石中包含一定量未被识别的伊/蒙混层(约 20%),样品中含少量的绿泥石及高岭石,不含蒙脱石,有利于压裂。

7.1.4 孔隙与裂缝

页岩储层的孔隙度和渗透率极低、非均质性极强,页岩气藏中的游离气主要储集在页岩基质孔隙和裂缝等空间中。由于页岩中矿物组成、富有机质等独特因素的存在,页岩除基质孔隙外,天然裂缝的发育、有机质经生烃演化后的消耗而增加的大量孔隙空间以及页岩层中的粉、细砂岩夹层等,均可极大地增加页岩的实际储集空间,从而提高页岩的储气能力。页岩气的早期产出更大程度上会受产出通道的影响,产气速率取决于有机质孔隙度、渗透率、裂缝几何形态、有机质碎屑以及有机质与天然裂缝和水力压裂诱导裂缝的沟通方式。

页岩主要由黏土矿物、石英、黄铁矿以及有机质组成,基质与有机质中的孔隙有纳米级孔隙和微米级孔隙两种。纳米级孔隙最初在有机质和富含黏土的泥岩中被发现,微米级孔隙多在富含硅质的泥岩中被发现。Davies、Bryant、Vessell 等在研究 Dovenian 页岩时发现页岩的粒间孔直径随着碎屑颗粒尺寸的增加而增加。Reed、John 和 Katherine 发现,Barnett 页岩中大多数孔隙在有机质中发育或者与黄铁矿有关。有机质碎屑是页岩中的一种独特的孔隙介质,有机质中的孔隙空间形成于油气生成的时期,孔隙大小为 5 ~1 000 nm,有机质孔隙度最大能够达到基质孔隙度的 5 倍。有机质孔隙能够吸附甲烷(分子直径为 0. 38 nm)和存储游离气。Reed、John 和 Katherine 估计页岩有机质中的孔隙最大的能达到 2% 。

泥页岩渗透率极低,级别处于亚纳达西到微达西之间,受页岩类型、样品种类、孔隙度、围压和孔隙压力等因素影响。泥页岩的有机质含量较低,埋藏较深的页岩渗透率不超过 0. 1 nD①,富含有机质页岩的渗透率值介于亚纳达西和数十微达西之间。

---

① 1 D(达西) = 1 μm^2(平方微米)。

页岩是裂缝性储层系统，裂缝发育是裂缝性储层的特征。页岩中的裂缝根据形态特征可以分为开启裂缝和充填裂缝两种；根据成因类型可划分为构造裂缝和非构造裂缝两种。裂缝能改变泥页岩的渗透能力，对页岩储层来说，裂缝既是天然气的储集空间，也是解吸气流出的通道，是页岩气从基质孔隙流入井底的必要途径。页岩气可采储量最终取决于储层内裂缝的组合特征、产状、密度和张开程度等特征。目前，国外成功开发的页岩多是裂缝系统发育的储层，如密歇根盆地北部 Antrim 组页岩主要发育北东向和北西向两组近乎垂直的裂缝系统。Bowker 通过对 Barnett 页岩天然裂缝的研究认为，充填的天然气裂缝是力学上的薄弱环节，能够增强压裂作业的效果，开启的天然裂缝对页岩气产能并不重要。尽管大多数小型裂缝都是封闭的，储存能力较低，但是由于在距离相对较远的裂缝群中存在大量开启的裂缝，因此也可以提高局部的渗透率。Barnett 页岩不是裂缝性页岩层带，但由于其天然的裂缝系统发育，使其成为一个可以被压裂的页岩层带。

在相同的力学背景下，储层的岩性以及岩石的矿物成分是控制裂缝发育程度的主要因素。当页岩中有机质和石英含量较高时，页岩脆性较强，在构造运动中容易破裂，形成天然裂缝，在水力压裂过程中也容易形成诱导裂缝。因此，有机碳含量、石英含量等是影响裂缝发育的重要因素。阿巴拉契亚盆地的钻井表明，富含有机质的黑色页岩中多发于滑脱及其相关的伸展和收缩裂缝带，黑色页岩比其附近灰色页岩的裂缝发育程度要高，裂缝频率较高，间距较小。因此，在相同的构造背景下，准确分析页岩的岩性、颜色、厚度以及矿物成分有助于准确判断裂缝的发育程度。

美国正在进行商业开采的页岩气盆地一般都经历了区域地质构造运动，在岩石表面形成了褶皱、裂缝，并且经历了多次的海平面变化，在地层中形成有效的不整合。这些裂缝和不整合面为页岩气提供了聚集空间，也为页岩气的生产提供了运移通道。由于页岩中极低的基岩渗透率，开启的、相互垂直的天然裂缝能增加页岩气储层的产量。

导致产能系数和渗透率升高的裂缝可能是由于干酪根向烃类转化时的热成熟作用（内因）、构造作用力（外因）或者是两者产生的压力引起的。此外，这些事件可能发生在截然不同的地质历史时期。对于任何一次事件来说，页岩内的烃类运移的距离均相对较短。阿巴拉契亚盆地产气量高的井都处在裂缝发育带内，而裂缝不发育地区的井则产量较低或不产气，这说明天然气生产与裂缝密切相关。储层中压力的大小决定裂缝的几何尺寸，通常会集中形成裂缝群。目前在很多页岩气盆地中认为控制页岩气产能的主要地质因素为裂缝的密度及其走向的分散性。但 Barnett 页岩大部分裂缝都被方解石充填，天然裂缝不能提供游离气的储集空间，而且该页岩由于水平地应力差值较小，压裂后很容易形成复杂的缝网。因此充填后的天然裂缝对储量和产量并没有多大贡献。这点在以后章节会详细介绍。

7.1.5 盖层与保存条件

含气页岩储层段上下若有致密岩石作隔挡层，一方面可以较大限度地阻止页岩气（特别是其中的游离气）的运移与散失，使更多的页岩气保存下来；另一方面，在加砂压裂过程中，可以起压裂阻隔层作用，使人工裂缝集中产生在含气页岩储层中，从而防止将下伏可能存在的水层与页岩气层沟通，避免水层对页岩气生产造成影响。

尽管页岩气层具有生、储、盖、运、聚、保自成一体的含油气系统特征，但保存条件仍是页岩气能否富集或者影响页岩气规模的一个关键因素，特别是在构造挤压变形强烈、逆冲断层发育的南方海相页岩气选区中，更应重视页岩气的保存问题。在断裂发育区，页岩气水平井的压裂效果往往不佳，因为即使是存在小断层，也会转移、分流大量的压裂能量。断裂越发育，潜在的泄漏带就越多，压裂的效果也就越差。

我国南方油气勘探实践证明，经历了加里东、印支和燕山等多期多阶段强烈的构造活动改造之后，其中包括隆升剥蚀、褶皱变形、断裂切割、地表水下渗以及压力体系的破坏等，几乎已使南方海相地层中的大量油气散失殆尽。油气保存条件已成为制约南方油气勘探的一个关键因素。这些构造不稳定区的地面构造特征多表现为背斜宽缓、向斜窄陡、断裂发育，页岩岩系多出露地表，页岩气保存条件无疑较差。即使是在一些未遭到完全破坏的凹陷区仍然残留一些页岩气，但页岩气的规模必定受限，页岩气勘探的经济风险较大。

因此，在页岩气开发中，应尽可能远离发育深大断裂和上冲断块的构造复杂区，选择已有油气田发现、页岩气资源禀赋高的含油气盆地开展页岩气勘探评价工作，才能最大限度地减少潜在的地质、工程与经济风险。

7.2 页岩气开发经济有效性评价

页岩气储层一般呈低孔隙度、低渗透率的物性特征,气流的阻力比常规天然气大,具有开采成本高、钻采工程工艺技术复杂、生产过程产量递减快、最终产量不易准确预测等特点,几乎所有的水平井都需要实施储层压裂改造才能开采出来。根据美国经验,水平井的日均产气量及最终产气量是垂直井的 3 ~5 倍,产气速率高 10 倍,而水平井的成本则为垂直井的 2 ~4 倍。因此,虽然单井成本较垂直井高,但水平井加速了页岩气的开发进程。此外,由于页岩储层发育规模较大、单井的控制可采储量高(可达 $0.6\times10^{8}\ m^{3}$)、产量递减率低,容易实现 30 ~50 年的稳产时间。因此,水平井钻井和压裂技术能实现相对高产的经济价值。尽管北美页岩当前的开发技术是非常经济的开采技术,但在某些地区由于当前气价低迷,其开发经济性也在下降。

中国页岩气目前最大的瓶颈是复杂的地质条件和居高不下的勘探开发成本,使得页岩气资源开发风险大,科学决策更加不易。因此,页岩气开发过程中的经济有效性评价不仅可以为投资决策提供科学合理的依据,在项目或方案比选中起到重要作用,而且还可以促进产业政策的实现、促使产业结构与规模结构合理化,从社会范围内实现人、财、物等资源的优化配置,意义十分重大。

7.2.1 北美页岩气的经济开采技术

由于页岩储层渗透率极低,气藏中流体流动过程中克服的流动阻力过大,必须进行水力压裂改造才能够实现经济性开采。Barnett 页岩钻井资料表明,经水平井压裂后的 Barnett 页岩形成的缝网系统被上、下致密石灰岩层所限制,避免了串到 Ellenburger 组白云岩层而造成水侵,降低了压裂风险,且增产效果十分明显。尽管水平井成本为直井的 1.5 ~2.5 倍，但初始开采速度、控制储量和最终评价可采储量却是直井的 3 ~4 倍。2006 年上半年，Barnett 页岩气直井的累计产量为 991.10 × 10^3 m^3/d，而同期水平井的产量为 283.17 × 10^4 m^3/d，为直井产量的 3 倍左右。

水力压裂技术以清水为压裂液，支撑剂较凝胶压裂少 90%，并且不需要黏土稳定剂与表面活性剂，大部分地区完全可以不用泵增压，较之美国 20 世纪 90 年代实施的凝胶压裂技术可以节约 50%~60% 的成本，并能提高最终采收率。在水平井段采用分段压裂，能有效产生裂缝网络，极大地延伸页岩气在横向与纵向上的开采范围，不但提高最终采收率，而且节约了成本。Barnett 页岩水平井分段大规模清水压裂技术迅速被借鉴至 Haynesville、Fayetteville、Marcellus、EagleFord 等页岩气藏的开发中。由于不同区域页岩储层性质差别大，储层改造的适应性存在差异，因此各公司根据储层特征（特别是脆性）形成的针对性储层改造技术不尽相同。但有一点趋势相同，即"长水平井段 + 分段多簇压裂改造"以及"工厂化"作业模式。因此，水平井清水（滑溜水）多级（多段）工厂化压裂已成为美国目前页岩气井最主要的增产措施，也是最经济有效的开发措施。

7.2.2 施工技术和参数对页岩气开发经济性影响

虽然目前页岩气开发广泛使用水平井多级压裂技术，但不同的页岩气藏具有不同的地质、岩石物理、矿物、岩石力学等参数，这些参数会影响页岩气的开发方式与经济性。例如，压裂缝簇之间的距离、压裂的段数（级数）、水平井分支数及不同水平井的排列方式等。以某页岩气藏为例，每段射孔簇为 3 簇，假设缝高在有效页岩厚度内得到支撑，从 1 400 天累计产量模拟可以看出，当分段数超过 12，产能增加的幅度变小（图 7 - 1）。如果以 50 m 裂缝簇距离来模拟，产量随裂缝高（裂缝半长）增加而增加，但当裂缝长度大于 250 m 以后，累计产量递增缓慢（图 7 - 2），而且由于压裂缝簇距离越小、裂缝越高和井间距越小时，施工的难度和成本也大大增加，从经济有效性角度来看，这种方法不一定是最优的。只有达到一定的压裂缝簇距离、裂缝高和井间距才是最经济有效的开发方式（图 7 - 3）。此外，以加拿大 Horn River 盆地某区块页岩气为例，页岩气井产量并不是随着压裂级数的增加而大量增加，当压裂级数达到 15 级以后，

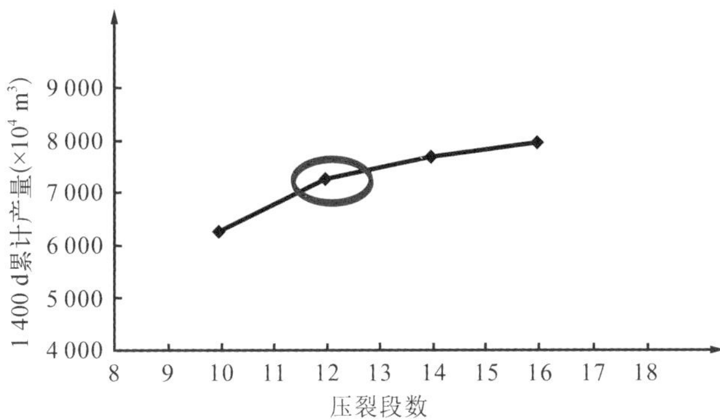

图7-1 页岩气产量与压裂段数的关系

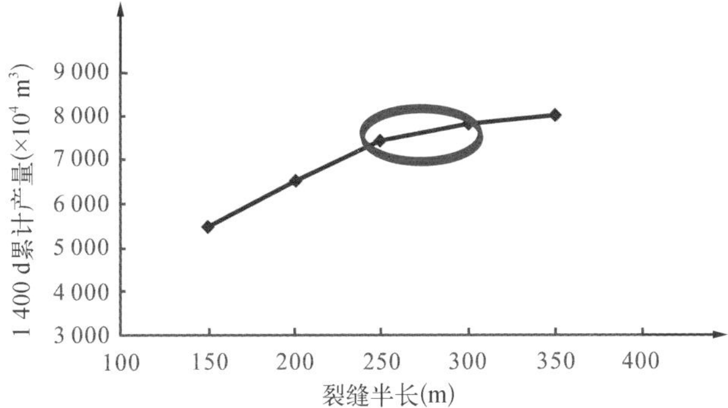

图7-2 页岩气产量与裂缝半长的关系

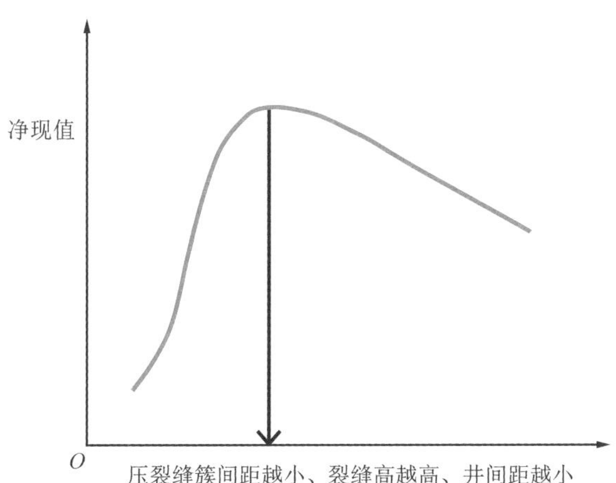

图7-3 净现值和一定的压裂缝簇距离、裂缝高和井间距的关系

页岩气产量增加有限(图 7 -4),因此 Horn River 盆地该区块页岩气井的最优压裂级数为 15 左右。以美国马塞勒斯(Marcellus)页岩气勘探实践为例,12 段以上产量增加非常有限,即使采用 25 段压裂,产量也并不比 12 级有显著的增加,反而开发成本却提高不少,因此 12 段压裂为推荐的最优段数。

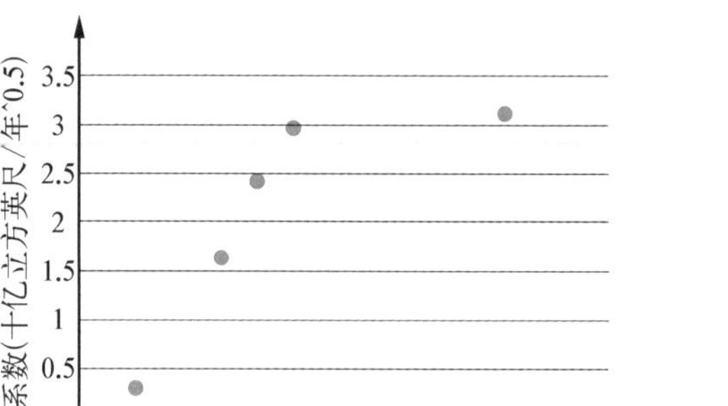

图 7 - 4 加拿大 Horn River 盆地页岩产量和压裂级数之间的关系

近年来,单一水平井开采逐渐不能满足页岩气的开发,工厂式的多分支水平井逐渐被广泛用于页岩气开发。尽管多分支水平井相对单一水平井与页岩气藏的接触面积大大增加,产气量也会跟着增加,但同时需要注意的是,页岩气产量还受分支井长度、分支井和主井夹角等因素影响(图 7 -5、图 7 -6),相应的成本也会比单一

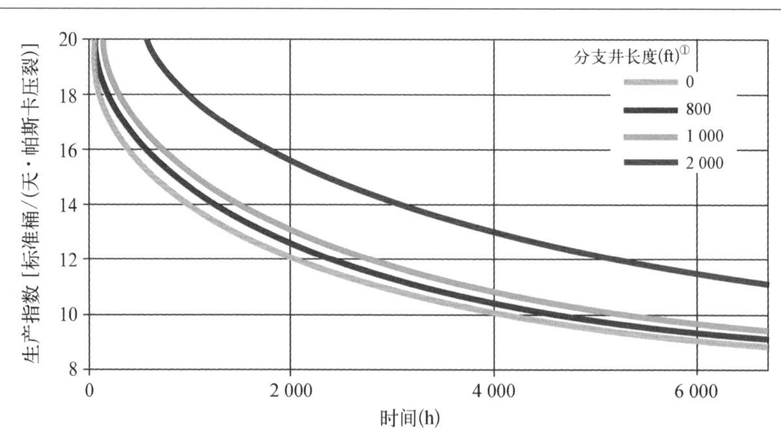

图7-5 分支井长度对页岩气产量的影响

① 1 英尺(ft) =0.304 8 米(m)。

图7-6　分支井和主水平井夹角对页岩气产量的影响

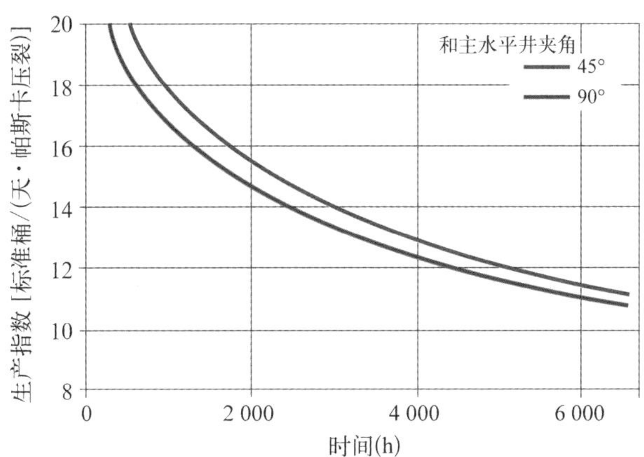

水平井和较短分支水平井有所增加(图7-7)。因此,在实际的页岩气开发过程中,需要考虑压裂段数、分支井数量、水平段长度、分支井和主水平井之间夹角和完井方式等因素,来衡量产气量的增加和成本增加的关系,以期达到经济有效开发的目的。

图7-7　页岩气开发不同技术的成本

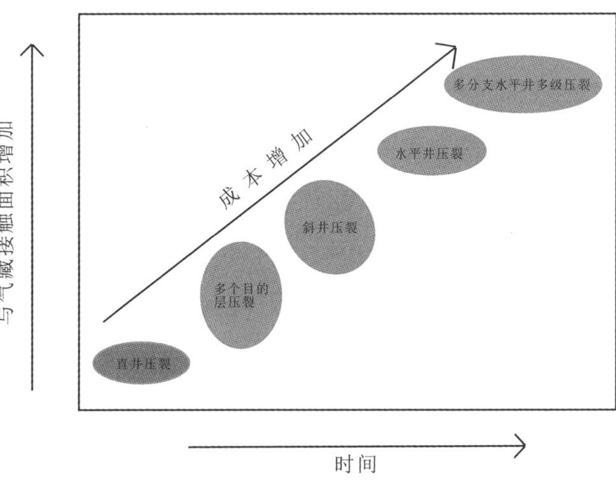

以加拿大蒙特尼(Montney)页岩为例,该区页岩气水平井采用 20 段压裂,投产后经 73 个月才开始实现盈利,净现值为 160 万美元,内部收益率只有 19%。如果采用 40 段压裂,42 个月就开始实现盈利,净现值为 230 万美元,内部收益率高达 26%。但如果采用 50 段压裂,46 个月开始实现盈利,净现值为 180 万美元,收益率为 23%。由此可见,这三种作业方式相比,水平井 40 段压裂为蒙特尼页岩气开采的最佳作业方式(图 7-8)。

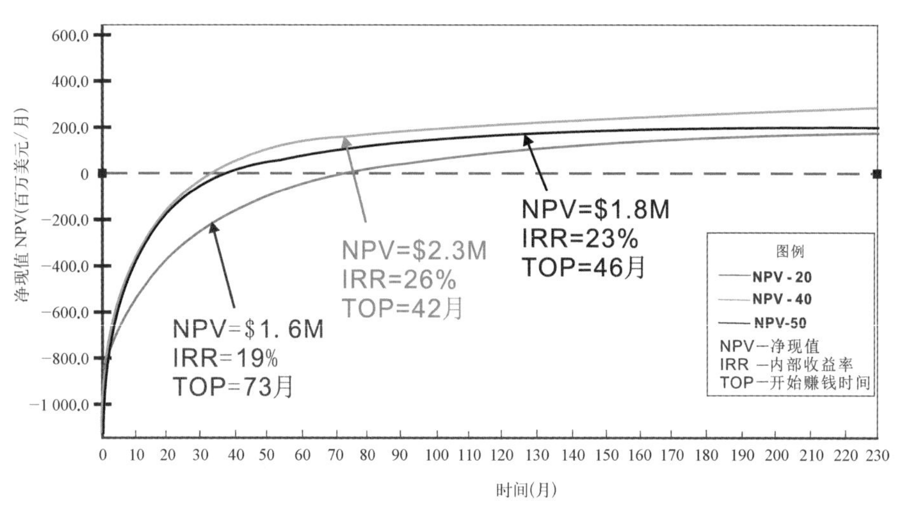

图 7-8 不同压裂段数下净现值随时间变化(据 NCS Multistage 的 David Anderson,2015)

不同完井方式对页岩气产量的影响也不同。以巴内特(Barnett)页岩气为例,裸眼完井多级压裂比固井衬管完井产量在前 3 个月增加 79%,6 个月时产量增加 45%,21 个月时产量增加 30%(图 7-9)。而且对于同一套地层的页岩,由于在不同地方页岩地质发育条件可能不同,导致即使用相同的技术页岩气的产量增加也不一样。在得克萨斯地区,分支井长度多为 1 500 ~2 000 m,单井最终估计产量为 $(1.0 \sim 1.5) \times 10^8$ m^3;Shelby Trough 区带部分分支井长达 2 000 m,单井最终估计产量为 5×10^8 m^3。在路易斯安那地区,分支井长度多为 1 200 ~1 500 m,单井估算最终产量为 $(0.5 \sim 2) \times 10^8$ m^3,最高产量井位于 Caspiana Core 地区,单井估算产气量可达 6×10^8 m^3。

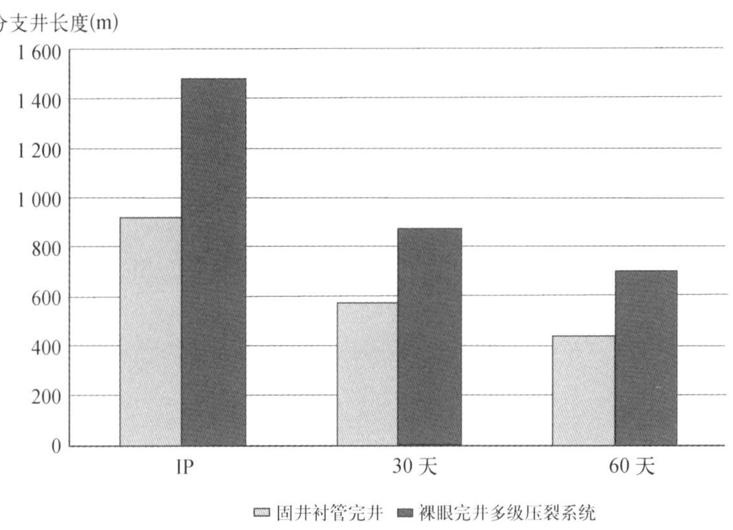

图7－9 Barnett页岩固井衬管完井和裸眼完井多级压裂产量的对比

7.2.3 地质对页岩气开发经济性影响

在页岩气开发的早期,地质因素被认为并不重要,而水平井和压裂被认为是最重要的。但近年来,随着勘探开发程度的提高,发现不同页岩具有不同的属性,同一页岩非均质性也非常强,页岩气在垂向和平面上富集并不均匀,无论对于不同页岩油气藏还是同一页岩油气藏不同地方,产量也是有的高产、有的低产。如Haynesville产量最高,而Barnett及Colony Wash页岩气产量相对较低[图7－10(a)]。对Fayetteville页岩气而言,高产井主要来自富含石英的储层,而富含黏土的储层产量较低[图7－10(b)]。

从美国Barnett、Marcellus、Heynesville、Fayetteville、EagleFord和中国南方志留系龙马溪组页岩的压力和日产量关系图可以看出,地层压力系数越高产量越高。通过对中国南方扬子板块盆地内和盆地外构造分析表明,四川盆地内部属于稳定的构造区,页岩气藏被构造活动破坏小、压力高、产量高。盆地外构造改造区页岩和页岩油气藏被构造活动破坏,造成保存条件差和页岩气漏失,导致页岩气藏压力低和产量低。

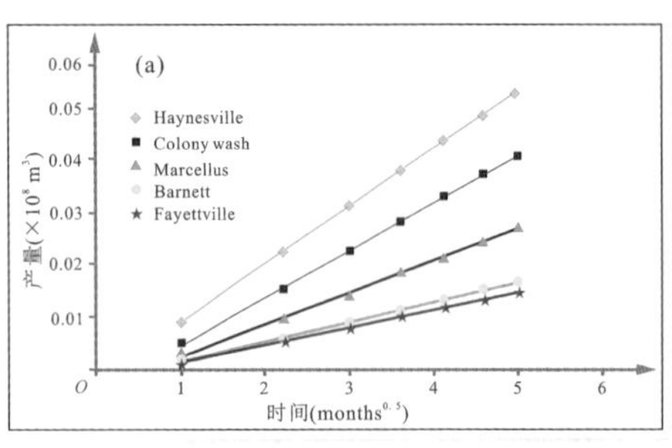

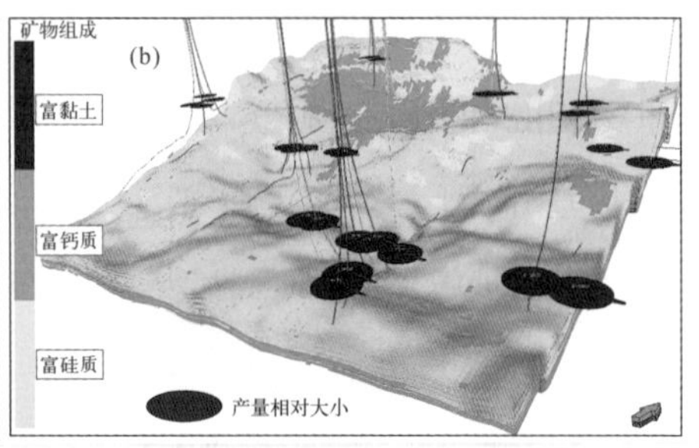

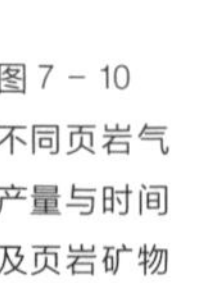
图 7 - 10 不同页岩气产量与时间及页岩矿物组成的关系

7.2.4 经济适用的技术才是页岩气开发的最佳技术

不同页岩储层之间的差异性非常显著，美国海相页岩气开发过程中总结出的成功经验可以借鉴，但是不能完全复制到我国页岩气的勘探开发过程中来，需要结合中国页岩气实际发育地质条件，通过引进、消化、吸收、再创新的过程，形成具有中国特色的页岩气勘探开发技术体系。

目前页岩气开发的核心技术基本都掌握在国外的石油服务公司手里，国内页岩气勘探开发刚刚起步，各项关键技术尚处于研发阶段，必然存在因引进高新技术而造成成本过高的问题。因此，必须集中力量组织技术攻关，加快核心技术的研发与试验，选择经济适用的工程技术，以实现中国页岩气的经济有效开发。注重传统技术与高新技术的集成应用，实现技术经济的最优化，形成经济适用的页岩气开采技术，是降低页岩气建设和操作成本的关键所在。

7.3 页岩气发展扶持政策

自 20 世纪 80 年代以来，美国先后推出众多政策法案来促进页岩气开发，包括废除页岩气价格控制、采取市场定价机制、实行税收减免、进行开发补贴等。这些政策的实施对提升页岩气投资主体兴趣、增加油气勘探公司信心、促进美国页岩气开发具有重要作用。我国页岩气储量丰富,随着开采技术的日益提升,我国政府对页岩气的开发十分重视,在"十二五"规划纲要中明确提出要推进页岩气等非常规油气资源的开发利用,相继推出《页岩气发展规划(2011—2015 年)》《页岩气发展规划(2016—2020年)》等,以期推动我国页岩气产业的大力发展。

7.3.1 国外页岩气勘探开发扶持政策

为促进页岩气的产业化发展,美国先后推出众多政策法案来促进页岩气开发,如提供资金资助科研机构开展技术研发、在页岩气勘探开发前期对页岩气勘探和开发实行税收减免及财政补贴,同时开放投资市场,打造多元化的市场环境,调动民间资本。此外,加拿大专门设立了支持基金来支持页岩气开发技术的研发,并制定了页岩气产业发展的税收减免政策,出台论文联合政府《矿业法》与《页岩气开发水力压裂技术指导条例》等法律、法规,共同构筑健全的法律体系。欧洲国家出于对环境保护的考虑,对页岩气的态度一直十分谨慎。英国能源和气候变化部发言人表明:"我们鼓励业界全力开发新能源,如页岩气,但前提是经证实这些开发必须是经济允许、市场接受、环境可行的。所有的海岸石油及汽油工程,包括页岩气开发和发展都需要接受一系列的检验。"

并非所有欧洲国家都对页岩气开发保持怀疑态度。波兰页岩气储量巨大,可供波兰本国 300 年的天然气消费量,这可使其摆脱对俄罗斯的能源依赖。因此,波兰政府积极地推动本国页岩气产业的发展,并游说欧盟不要设置限制页岩气开采发展的能源政策。时任波兰总理图斯克在首都华沙的一次会议上说:"我们决定把页岩气勘探开发从计划变成事实。作为总理,我个人承诺,将为勘探、科研和(实现)页岩气利用经济框架创造最佳条件。如果可能,我们应开采出每一立方厘米的页岩气。"总的来看,除了开发经验、政策都比较成熟的美国和加拿大以外,多数国家仍处于探索阶段。

1. 美国页岩气财政优惠政策

美国页岩油气经过 100 多年的历史,在近 30 年迅速发展起来。美国页岩气之所以能得到快速发展和其政策的大力扶持密切相关,其政策体系也就成为各个国家页岩气开发利用的基本参照(表7-1)。早在几十年前,美国政府在没有形成商业化规模前就已经意识到页岩油气开发的重要性。通过32项扶持政策、15年的补贴政策,吸引了大量的社会资本为美国页岩气的勘探开发提供重要的资金支持,为页岩气的快速发展提供了强劲的动力。同时,美国政府也建立了全方位的监管体系,形成了多部门的合作分工机制,对页岩气产业开发进行全程精细化管理。政府的政策支持主要体现在:明确土地产权与矿业权;取消价格管制、引入市场机制;实施财政补贴与减税政策;注重基础投入与科技攻关等。

表7-1 美联邦政府有关页岩气财政及其他产业政策

年份(年)	公布法案及相关政策	有关页岩气开发政策的具体内容
1978	《能源税收法案》	出台替代能源生产的"税收津贴条款"
1978	《天然气政策法案》	将致密气、煤层气和页岩气统一划归为非常规天然气,通过立法保证其开发税收和补贴政策
1980	《原油暴利税法》	对本土1980—1992年钻探的页岩气可享受3.5美分/米^{3}的补贴
1990	《税收分配的综合协调法案》	扩大了非常规能源的补贴范围
1992	第29条"非常规能源生产税收减免及财政补贴政策"修正案	设立能源生产税收津贴,持续非常规补贴政策
1992	《能源政策法案》	扩展了非常规能源的补贴范围
1997	《纳税人减负法案》	延续了对非常规能源的税收补贴政策
2004	《美国能源法案》	10年内投资4 500万美元/年用于支持非常规天然气生产的研发
2005	《能源政策法案》	在2006年生产非常规油气的钻井,可享受22.05美元/吨的补贴
2009	《清洁能源安全法案》	限制碳排放量,突出非常规能源战略地位
2011	成立能源资源局	投资1 240万美元研究非常规油气项目,使美国能源结构向更清洁的方向转变

从1918年到1970年的油气行业大发展时期,联邦对天然气的价格管制导致20世纪70年代天然气的短缺和能源危机。该时期,美国联邦政府的税收政策聚焦于增加国内油气的储备和生产,而对于能源的节约保护以及可替代燃料方面是没有税收方面的激励措施的。面对天然气生产下降,联邦政府投入大量资金来寻找替代品,包括1976年设置的东部页岩气项目以及天然气研究所(Gas Research Institute, GRI)的研

究预算。在能源危机时期,美国国会通过了《1978 天然气政策法》,法案的第 107 条直接取消了对页岩气、煤层气等的井口价格管制;第 102 条提高了致密气井口价格限价。1978 年出台针对非传统油气资源开发的优惠政策后,对煤层气、页岩气等开发实施了长达 15 年的补贴政策,这一政策给早期页岩气勘探企业的生存提供了极大的支持。同时,州政府也出台相应的税收减免政策。联邦政府还在 1980 年能源法案中提供了有利于该行业的税收抵免和规则。

1980 年《原油暴利税法》明确作出以下规定: 从 1980 年开始,美国自己开采出来的非常规天然气可以收到 3.5 美分/米^{3}的财政补贴;同年,美国政府颁布的《能源意外获利法》第 29 条规定: 1980—1992 年钻探的非常规天然气(包括页岩气)可享受税收优惠政策,包括致密气在内的非常规天然气实行税收豁免。这一法案对激励市场开展非常规油气勘探开发非常有利,效果也十分显著。十年间,美国非常规天然气井数量急剧增长,占每年新增矿井数量的 78%。1989 年,美国国会通过《1989 天然气井口价格解除管制法》,要求在 1993 年 1 月 1 日前解除所有天然气价格管制,全部实行市场定价。1992 年,美国国会又一次对法案中的第 29 条文件进行完善,提出减免 1979—1999 年近二十年的税收,幅度达到 0.02 美元/米^3,1989 年美国天然气价格也就 0.07 美元/米^3。

为推动美国国内石油和天然气勘探,《1992 年能源法》要求自 1993 年 1 月起,对独立石油天然气生产商实行百分率折耗的比例。法案规定,对价格受管制的天然气和按固定合同销售的天然气,或者是从高压水层中提取的天然气都可以采取百分率折耗。1997 年,美国颁布《纳税人减负法案》,继续实行减免税收的政策并推后 23 年。虽然天然气研究所和东部页岩气项目工作在阿巴拉契亚盆地南部和密西根盆地生产了天然气,但在 20 世纪 90 年代末期页岩气仍被大众认为是不经济的。不过,这些补贴政策的存在使得油气开发者保持了对页岩气开发的动力。

21 世纪,美国政府在积极推动页岩气开发的同时,鼓励石油天然气提高采收率和煤炭清洁利用,充分利用边际资源、可再生能源、非常规油气资源。美国总统公布的 2004 年财政年度预算中,提出了数量有限的能源税收激励措施——既包含新的激励措施,也包括对既有能源税收补贴扩大的措施。2004 年,美国能源法案规定 10 年内每年投资 4 500 万美元用于包括页岩气在内的非常规天然气研究。2005 年 8 月 8 日,时任布什总统签发了《能源政策法》，补充修订了包括《矿产租赁法》《天然气法》《1977 年能源重组法》等多个法律，法案延续了对非常规能源的财税优惠政策。《能源政策法》规定页岩气开采中关键的水力压裂法不受美国《安全饮用水法案》限制，反映了美国政府对页岩气开采和利用的坚定决心。该法案同时制定了联邦节能方案以及各州节能方案，目标是 2012 年的能源利用效率比 1990 年提高 25% 或更高，提供资金援助各州开展非常规天然气能源。

此外，能源部修改了《矿产租赁法》，为符合条件的页岩气资源的生产租赁方减免矿区使用费；采取其他生产激励条款或技术、资金的支持，进一步为阿拉斯加联邦土地外大陆架的页岩气的生产提供机会；进行外大陆架页岩气的综合评价等。《能源政策法》的重点是能源需求管理和能源供应多元化，突出政策激励和技术保障，加强研究和示范，并加强节约能源供应多元化，突出政策激励和技术保障，加强研究和示范。

《能源税激励法 2005 年版》修订了 1986 年《国内税收法》的相关内容，鼓励和促进包括页岩气在内的非常规能源的发展。《能源税激励法 2005 年版》表明了政府鼓励和促进新能源的运用，对包括页岩气在内的非常规能源运用到实际生产生活中去设置了多角度、多层面的税收优惠和扶持条款，使得相关的税收减免得到法律的确认。2006 年美国政府推出一个新的能源产业政策规定，2006 年投入使用的并用于生产非常规能源的油气井可以在 2006 年到 2010 年期间获得 22.05 美元/吨油的补贴。这项政策对美国非常规气探井数量的提升有较大的刺激作用，天然气的储量和产量也出现了大幅度的增加。

美国于 2009 年推出《清洁能源安全法案》。这是一部包括气候和能源的立法，试图通过多种能源的有效利用来帮助美国减少常规能源的使用，其中要求到 2020 年，新能源及与传统能源相结合的混合型能源在能源利用总量中的比例要占到 20%。该法案最大的特点就是着重新能源和清洁能源的开发利用，以及提高能源的利用效率减少碳排放。法案要求减少煤炭、石油等能源的使用，而目前能够替代此类能源的就是页岩气。

美国的采矿权分为优先租借权和采矿权两部分，优先租借权保证了探矿人在探矿地能够优先进行采矿。在矿业权的取得上，1982 年美国《通用采矿法》规定采用可标定法出让矿权，后又根据矿产供应状况和生产特点，将矿种分为可标定矿产、可租让矿产和建筑材料矿产三种，其中煤、石油、天然气等属于可租让矿产，实行矿产租约制度。美国页岩气资源开采主要执行1920年《矿产租约法》可出让矿产的出让方式，主要通过招标出让。在1954—1992年，美联邦土地矿产租约的出让标金高达570亿美元。美国对页岩气开发有明确的生产流程和严格细致的规定，联邦政府及州政府的政策优惠也覆盖页岩气开发的整个生产链。

在与联邦政府的政策不冲突的情况下，美国部分页岩气资源储量丰富的州，如得克萨斯州、宾夕法尼亚州、俄亥俄州等也出台了一系列产业政策支持页岩气的开发，提出州内非常规油气开发减免开采税、资产税和矿权费等。例如得克萨斯州自1992年以来实施超强度的优惠财税政策支持鼓励页岩气开发，平均对页岩气开发企业税费减免加生产补贴可占税收额的7.5%，对页岩气开发免征生产税，补贴3.5美分/米^3。这些政策不仅成功解除了开采页岩气矿藏的管制、实施稳定且具有高透明度监管流程和积极适当的税收补贴政策，政府持续的财政补贴还大大加快了区域内页岩气产业化的进程，鼓励了企业对页岩气资源的勘探开发。

2. 其他国家页岩气开发财税政策支持

与美国页岩气产业处于成熟高产阶段相比，大部分国家的页岩气产业仍属于初期阶段。有些国家也已经针对本国页岩气开发提出相应的支持性政策，对于我国产业政策的制定也有着重要的借鉴价值。

（1）加拿大

加政府在制定产业扶持政策时，重点参考了美国的相关政策，包括对生产商的税费优惠政策以及科研经费和环境处理方面的政策等。加拿大将页岩气的勘探开发划入高风险的矿产行业，投入当年的税率减免为100%，到了生产期后对于高风险、低收益的项目还有最高可达30%的税额减免。此外，加政府致力于自主开发页岩气技术，召集私人石油公司或高校、研究机构联合成立产业内技术研发项目，研发期长达23年左右，项目知识产权一般为政府所有。

（2）英国

2013年7月，英国针对页岩气开发推出30%的优惠开采税，远低于美国的62%，并且每口井可得到10万英镑的社区福利基金，这些支持性的政策使其成为世界上开发页岩气最“便宜”的国家。投入生产后，地方政府在气井收入中获得 1% 的分红，以便进一步投入页岩气的技术研发或处理页岩气生产带来的负面效应。此外，英国气井所在地社区平均每年可获得 10 亿英镑的收入。英政府积极推出页岩气产业政策推进了英国及欧洲页岩气开发进程，但却由于开发过程中引发地震和环境破坏等问题而不得不暂停。

3. 国外页岩气开发财税政策方面的启示

(1) 前期勘探费用补贴

在页岩气商业化开发的初期阶段，美、加政府对于页岩气矿产勘探费用实行暂时减免，并于投入生产后从所得税中扣除的政策。页岩气勘探开发阶段资金投入较大，且对于技术精细度要求高，因此投资具有较高的风险。美国对于页岩气财税支持的规划非常全面，堪称“从摇篮到坟墓”。政府的前期投入使企业在勘探、钻井阶段面临较小的资金压力，而进入生产阶段后当企业资金周转顺利时，再从所得税中扣除。

(2) 税收先征后返模式为开发提供了动力

美国页岩气开发税收方面的优惠除了税费的免除，主要还有增值税的先征后返政策，即由税务部门按规定先将税款征收入库，然后再定期由税务部门按规定将全部或部分已征税款返还给企业。美国的税收返还与补贴额高达页岩气售价的 51%~52%，推动了企业开发页岩气的积极性，激发了企业的投资热情。

(3) 资助技术研发、补贴技术型生产商

在 20 世纪 70 年代中晚期，天然气出现了严重的供需矛盾。美政府开展了非常规天然气的资源评估研究和开发技术研究项目，将页岩气、煤层气等资源评估报告和勘探开发技术成果向企业无偿转让，大大减少了企业页岩气开发的风险，促进了页岩气开发的热情和积极性。美国具有页岩气探采矿权的企业中有 85% 是中小企业，美政府鼓励具有研究性的小企业投入页岩气开发生产中，对小生产商具有特殊补贴和融资政策，使得中小企业在页岩气技术革新方面始终领先于大型企业。因此，美国的页岩气产业由小生产商率先取得技术和产业突破，然后由资金雄厚的大企业通过收购和兼并中小公司的方式介入生产开发，从而实现页岩气的立体化发展。

(4) 政策适时有度地调整有利于页岩气持续发展

在美国页岩气发展的不同阶段，美国政府的财税政策一直进行着适度的调整。如美国政府根据页岩气的开发规模、成本的变化，将从1980年的3.5美分/米^{3}的财政补贴改到1992年以后的1.5美分/米^3，以此来保证政府和企业双方效益的最大化。另外，美政府鼓励地方政府对页岩气开发进行财税支持，给地方政府较充分的自主空间，充分调动资源促进页岩气开发的发展。如得克萨斯州政府自1992年以来对页岩气开发免征生产税，使其在美国页岩气开发的激烈竞争中取得了极大优势。

7.3.2 我国页岩气勘探开发扶持政策

近年来，我国高度重视非常规能源产业的发展，开展了一系列的工作，为我国页岩气产业的有序发展提供了坚实的基础。但由于起步晚，我国的页岩气产业发展需要多方面借鉴北美国家的先进技术和政策。就目前来看，政府对页岩气产业的大力扶持，有力地推动了我国页岩气的勘探开发。

1. 我国页岩气产业政策现状

(1) 为推动我国页岩气产业的发展，政府相关部门制定了一系列政策

我国页岩气产业处于导入期，对资金、技术等多方面投入有着较高的要求，成本和风险也是常规能源勘探开发所不能相比的。为推动产业发展，政府在近几年连续推出了页岩气开发的相关政策，改善页岩气开发的政策环境，明确产业的未来规划发展方向。《页岩气发展规划(2011—2015年)》明确了我国页岩气产业发展的目标、任务和政策措施;《国土资源"十二五"规划纲要》，对页岩气资源的勘探开发作出了明确部署;《页岩气产业政策》将页岩气开发纳入了国家战略性新兴产业;《能源发展战略行动计划》提出了加快构建清洁、高效、安全、可持续的现代能源体系，重点实施"节约优先、立足国内、绿色低碳、技术创新"4大战略，同时要求重点突破页岩气开发，在地质调查、技术研发和应用、商业模式探索等方面提出了要求。

在稳步推进我国页岩气产业规划发展的同时，政府部门制定了一系列税收、扶持、补贴政策：2012年，国家出台了页岩气开发利用补贴政策，并于2015年发文提出，"十三五"期间继续实施页岩气政策补贴，并将补贴政策延长至2020年;2011年，页岩气被纳入外商投资产业目录;2013年，《页岩气产业政策》提出了减免相关费用、出台税收

激励政策、鼓励进口等一系列优惠政策。2014 年,国家能源局印发《油气管网设施公平开放监管办法》,提出了对我国的油气管网设施一视同仁的政策,以提高我国管网的使用效率,这样就避免了垂直垄断的出现,为页岩气顺利进入市场创造了条件。

(2) 加快勘探工作的推进

2011 年 12 月,国务院将页岩气列为我国第 172 个独立矿种。这项政策出台后,页岩气产业发展的市场机制将更为灵活。除了中国石油、中国石化、中国海油以及延长石油集团外,无论是民营的、地方的还是其他能源企业都可以进入这个领域。2012 年,国家提出以机制创新为主线、以开放市场为核心,加快推进和规范管理页岩气勘查、开采活动。同时,在第二轮探矿权招标中,国土资源部鼓励社会各类投资主体进入页岩气勘查开采领域,以合资、合作等不同形式参与,加强了页岩气勘查开发与管理。设立重庆涪陵页岩气勘查开发示范基地,以产、学、研、用相结合的方式,开展页岩气技术理论研究、技术攻关、技术规范和标准研制等工作,促进产能建设和生态环境保护。同时,与贵州省人民政府联合设立黔北页岩气综合勘查试验区,以加快推进贵州省页岩气勘查开发工作。加强页岩气调查评价:国土资源部中国地质调查局依托地质矿产调查评价和全国油气资源战略选区调查与评价两个专项,加大页岩气资源调查力度,全面开展页岩气资源评价,引导全国页岩气勘查开发工作。

(3) 全面制定产业标准

2013 年 11 月,《页岩含气量测定方法(SY/T 6940—2013)》公布。2014 年 4 月,《页岩气资源/储量计算与评价技术规范(DZ/T 0254—2014)》公布。2015 年 1 月,国家能源局发布了第二批能源领域行业标准制修订计划,涉及页岩气相关的标准共 10 项①。同时,各石油开发企业在页岩气开发实践中,在借鉴已有的国家标准、行业标准、企业标准基础上,形成了钻井工程、采气工程、地面工程、健康安全环保等百余项技术规范和标准。

(4) 天然气价格改革全面破冰

2015 年 4 月 1 日,国家发改委发布《关于理顺非居民用天然气价格的通知》,各省增量气门站价格与存量气门站价格实现了价格并轨。并轨后,国内天然气不存有增量

① 中国电力企业联合会网站,2015。

气、存量气价格之差,基本理顺了非居民用气价格,天然气价格改革完成破冰。预计未来天然气价格将形成市场化的定价规律,政府会逐步放开价格管控权。

2. 我国页岩气产业发展规划政策

(1)《美国国务院和中国国家能源局关于中美页岩气资源工作行动计划》

鉴于世界范围内的能源紧缺以及能源互相依赖程度加强的大背景,中美双方于2010年5月24日至25日期间,制订并签署了《美国国务院和中国国家能源局关于中美页岩气资源工作行动计划》,计划运用美方在开发页岩气方面的经验,结合中国已勘探得到的页岩气藏的实际情况,就页岩气资源评价、勘探开发技术及相关政策等方面开展交流合作,将其在这些方面的经验进行分享介绍,以促进中国页岩气资源开发。该计划将运用美方在开发非常规天然气方面的经验,为中国开发利用页岩气提供技术支持和管理经验介绍,帮助推动中国页岩气资源开发事业的快速发展。同时,美国将以较为优惠的价格取得部分合作开发出的页岩气资源,此合作将会成为双方互利双赢的举措。页岩气资源勘探开采是目前中美两国合作的新方向。

(2)《页岩气发展规划(2011—2015年)》

2012年3月,国家能源局发布了《页岩气发展规划(2011—2015年)》(简称《规划》),完善和明确了"十二五"期间政府对页岩气产业发展的目标和计划。《规划》提出,到2015年,我国对全国页岩气资源潜力的调查与评价将基本完成,建成一批页岩气勘探开发区,初步实现规模化生产,对2015年页岩气开发的具体目标是探明页岩气地质储量$6\,000 \times 10^8$ m^3,可采储量$2\,000 \times 10^8$ m^3,页岩气年产量达到65×10^8 m^3,并争取到2020年页岩气产量达到$(600 \sim 1\,000) \times 10^8$ m^3。《规划》提出在"十二五"期间的重点任务,一是页岩气资源潜力调查评价;二是页岩气开发重要的八个科技攻关任务,掌握关键技术;三是提出在全国布局四川、重庆、贵州、湖南、湖北、云南、江西、安徽、江苏、陕西、河南、辽宁、新疆等13个省份在内的19个页岩气重点勘探开发区。

此外,《规划》对目标实施的保障措施提出策略,并提出将要建立针对页岩气开发的财税优惠政策,拟对依法取得页岩气探、采矿权的矿业权人或申请人可申请减免页岩气探矿权和采矿权使用费,对页岩气勘探开发等鼓励类项目进口国内不能生产的自用设备按有关规定免征关税,页岩气出厂价格实行市场定价,优先用地审批等。虽然提出的相关财税政策在发布后的实施过程中存在一定问题,但《规划》为我国页岩气产业政策颁布绘制了蓝图。

(3)《关于加强页岩气资源勘查开采和监督管理有关工作的通知》《关于出台页岩气开发利用补贴政策的通知》

2012 年 11 月 22 日,国土资源部发布了《关于加强页岩气资源勘查开采和监督管理有关工作的通知》(简称《通知》),其中包括积极稳妥推进页岩气勘查开采、全面开展页岩气资源调查评价、加强页岩气勘查开采科技攻关、开展页岩气勘查开采示范、合理设置页岩气探矿权、规范页岩气矿业权管理、鼓励开展石油天然气区块内的页岩气勘查开采等有关页岩气开发的 19 条事项。

《通知》还对统筹协调页岩气与其他矿产资源勘查开采、页岩气勘查开采的环境保护和安全生产、促进资源地经济社会发展、矿业权使用费和矿产资源补偿费减免、保障用地需求、加强监督管理等事项作出了规定。其中有关财税政策方面的事项,继国家能源局《页岩气发展规划(2011—2015 年)》提出依法减免页岩气探矿权和采矿权使用费、设备进口关税后,又提出页岩气矿业权人可按国家有关规定申请减免矿产资源补偿费等。

该文件旨在积极稳妥推进页岩气勘查开采,充分发挥市场配置资源的基础性作用,坚持"开放市场、有序竞争,加强调查、科技引领,政策支持、规范管理,创新机制、协调联动"的原则,正确引导和充分调动社会各类投资主体、勘查单位和资源所在地的积极性,加快推进、规范管理页岩气勘查、开采活动,促进我国页岩气勘查开发快速、有序、健康发展。根据该文件,页岩气矿业权人可按国家有关规定申请减免探矿权使用费、采矿权使用费和矿产资源补偿费。

2012 年 11 月 1 日,财政部、国家能源局发布《关于出台页岩气开发利用补贴政策的通知》。该政策规定 2012—2015 年中央财政对页岩气开采企业开发利用页岩气补贴 0.4 元/米^3。根据剑桥能源的测算,中国目前页岩气开采成本预计在 1.86 元/米^3,而国内天然气井口价格在 1.0~1.5 元/米^3,国家补贴 0.4 元/米^3,从而使页岩气开采实现盈利成为可能。相比之下,煤层气的政策补贴是 0.2 元/米^3,应该说,对开采页岩气的补贴力度是很大的。2012 年国家能源局和国土资源部相继发布的《规划》与《通知》明确了发展目标和重点发展领域,是页岩气产业发展的系统和指导性文件,具有政策导向功能,对于今后页岩气产业的发展具有重要战略指导意义。

（4）《科学发展的2030年国家能源战略》

目前，中国页岩气资源的勘探开采已经纳入国家战略规划中，在非常规天然气的发展写入“十二五”规划的同时，国家已将页岩气资源纳入能源战略视野。正在制定的《科学发展的2030年国家能源战略》将页岩气摆到了重要位置，要将页岩气从非常规天然气中挑出来，单独立项，重点发展。关于加快页岩气开发的相关鼓励政策也正在起草当中。国务院领导多次作出重要批示，要求各地政府及主管部门将开发页岩气作为主推能源工作的方向之一。发改委、能源局等各部门也积极推进页岩气开发的各项配套措施及政策的落实。国土资源部提出的战略目标是：2020年前在全国优选出50~80个页岩气有利目标区和20~30个勘探开发区，使得中国页岩气可采储量从无到有，稳定增长到$1\times10^{12}\ m^3$，产量达到常规天然气产量的8%~12%。

（5）《页岩气产业政策》

2013年10月31日，国家能源局发布我国第一个《页岩气产业政策》，明确把页岩气开发纳入国家战略性新兴产业中，国家将加大对页岩气勘探开发等的财政扶持力度，明确鼓励各种投资主体进入页岩气销售市场；页岩气勘探开发利用必须依法开展环境影响评价等。鼓励各种投资主体进入页岩气销售市场，以期逐步形成以页岩气开采企业、销售企业及城镇燃气经营企业等多种主体并存的市场格局；将页岩气出厂价格实行市场定价扩大到全国范围。国家将制定公平交易规则，鼓励供、运、需三方建立合作关系，引导合理生产、运输和消费等多个环节。

该政策中明确提出，国家将按页岩气开发利用量对页岩气生产企业直接进行补贴。对申请国家财政补贴的页岩气生产企业，将实行年度报告审核制度和公示制度。对于那些存在弄虚作假行为的企业，国家将收回补贴并依法予以处置。国家还鼓励地方财政根据情况对页岩气生产企业进行补贴，补贴额度由地方财政自行确定。除了国家直接的财政补贴支持之外，页岩气开采企业还可享有减免矿产资源补偿费、矿权使用费等优惠政策。下一步，国家还将研究出台资源税、增值税、所得税等税收激励政策。页岩气勘探开发等鼓励类项目下进口的国内不能生产的自用设备（包括随设备进口的技术），可以按现行有关规定免征关税。

此外，政策还鼓励页岩气就近利用和接入管网，以促进页岩气开发利用。国家将鼓励企业在基础设施缺乏地区投资建设天然气输送管道、压缩天然气（Compressed

Natural Gas，CNG）与小型液化天然气（Liquefied Natural Gas，LNG）等基础设施。其中明确指出，天然气基础设施对页岩气生产销售企业实行非歧视性准入。

在页岩气技术引进方面，该政策提出加强节能和能效管理，明确规定引进技术、设备等应达到国际先进水平，坚持页岩气勘探开发与周边地区生态保护并重的原则，规定钻井液、压裂液等应做到循环利用，开采过程逸散气体禁止直接排放；钻井、压裂、气体集输处理等作业过程必须采取各项对地下水和土壤的保护措施，防止页岩气开发对地下水和土壤的污染；钻井、井下作业产生的各类固体废物必须得到有效处置，防止二次污染。

（6）《页岩气资源/储量计算与评价技术规范（DZ/T 0254—2014）》

2014 年 4 月 17 日，国土资源部以公告形式，批准发布了由全国国土资源标准化技术委员会审查通过的《页岩气资源/储量计算与评价技术规范（DZ/T 0254—2014）》（简称《规范》），并于 2014 年 6 月 1 日实施。这是中国第一份行业页岩气标准，是规范和指导我国页岩气勘探开发的重要技术规范，是加快推进页岩气勘探开发的一项重大举措。《规范》借鉴国外成功经验，根据我国页岩气勘探开发时间，尊重地质工作规律和市场经济规律，参考相关技术标准规范，实现了不同矿种间规范标准的衔接。同时，鼓励采用科学使用的勘查技术手段，注重勘查程度和经济性评价，适应了我国页岩气勘探开发投资体制的改革，比较切合我国页岩气勘探开发的实际，体现了页岩气作为独立矿种和市场经济的要求，必将对按照油气勘探规律和程序作业、提高勘探投资效益、避免和减少页岩气勘探资金的浪费、促进页岩气勘探开发起到重要的指导作用和促进作用。

《规范》是页岩气储量计算、资源预测和国家登记统计和管理的统一标准和依据，有利于国家对页岩气资源的统一管理、统一定量评价，更准确地掌握页岩气资源家底，制定合理的页岩气资源管理政策，促进页岩气资源的合理开发和利用。《规范》也是企业投资、产能建设和开发以及矿业权流转中资源/储量评价的依据，有利于企业自主行使决策权，确定勘探手段、进度安排以及进一步勘探的部署，以减少勘探开发投资风险，提高资源效益，有利于企业按照统一标准估算页岩气储量，并向国家提交页岩气储量，进而确定开发投资和产能规模，为产权转让提供统一尺度，满足市场经济条件下的页岩气勘探开发投资体制运行和页岩气产业经济发展的需要。

(7)《页岩气发展规划(2016—2020年)》

2016年9月14日,国家能源局公布《页岩气发展规划(2016—2020年)》(简称《规划》)。《规划》指出,“十三五”期间,我国经济发展新常态将推动能源结构不断优化调整,天然气等清洁能源需求持续加大,为页岩气大规模开发提供了宝贵的战略机遇。同时,我国页岩气产业发展仍处于起步阶段,不确定性因素和挑战也较多。2015年天然气占我国一次能源消费比重5.9%,与世界24%的平均水平差距仍然较大。随着我国不断强化大气污染治理,大力推行清洁低碳发展战略和积极推进新型城镇化建设,天然气必将在调整和优化能源结构中发挥更大作用。

国务院办公厅发布的《能源发展战略行动计划(2014—2020年)》明确提出,到2020年天然气占我国一次能源消费比重将达到10%以上,大力开发页岩气符合我国能源发展大趋势。《规划》贯彻落实国家能源发展战略,创新体制机制,吸引社会各类资本,扩大页岩气投资。以中上扬子地区海相页岩气为重点,通过技术攻关、政策扶持和市场竞争,发展完善适合我国特点的页岩气安全、环保、经济开发技术和管理模式,大幅度提高页岩气产量,把页岩气打造成我国天然气供应的重要组成部分。

本次规划的重点体现在:大力推进科技攻关;分层次布局勘探开发;加强国家级页岩气示范区建设;完善基础设施及市场。并制定了短期发展目标,在2020年前完善成熟3 500 m以浅海相页岩气勘探开发技术,突破3 500 m以深海相页岩气、陆相和海陆过渡相页岩气勘探开发技术;在政策支持到位和市场开拓顺利情况下,2020年力争实现页岩气产量$300\times10^{8}\ m^{3}$。“十四五”及“十五五”期间,我国页岩气产业加快发展,海相、陆相及海陆过渡相页岩气开发均获得突破,新发现一批大型页岩气田,并实现规模有效开发,2030年实现页岩气产量$(800\sim1\ 000)\times10^{8}\ m^{3}$。

为了保证《规划》的顺利实施,政府的保障措施主要体现在以下几方面。

① 加强资源调查评价。进一步加强页岩气资源调查评价工作,落实页岩气经济可采资源量,掌握“甜点区”分布,提高页岩气资源探明程度。同时,积极推进页岩气勘查评价数据库的建立,实现页岩气地质评价、钻完井等基础资料共享,减少不必要的勘探评价成本。

② 强化关键技术攻关。通过国家科技计划(专项、基金等)加强支持页岩气技术攻关,紧密结合页岩气生产实践中的技术难题,开展全产业链关键技术攻关和核心装

备研发，同时，加强页岩气勘探开发前瞻性技术的研究和储备。通过不断提高技术水平推动页岩气开发成本持续下降，保障页岩气效益和可持续开发。

③ 推动体制机制创新。竞争出让页岩气区块，并完善页岩气区块退出机制，放开市场，引入各类投资主体，构建页岩气行业有效竞争的市场结构和市场体系，充分发挥市场对资源的配置作用，增加页岩气投资，降低开发成本。鼓励合资合作和对外合作，加快现有优质区块的勘探开发进度。积极培育页岩气技术服务和装备研发制造等市场主体。建立页岩气技术交流合作机制，完善页岩气市场监管和环境监管机制。

④ 加大政策扶持力度。落实好页岩气开发利用财政补贴政策，研究建立与页岩气滚动勘探开发相适应的矿权管理制度、制定支持页岩气就地利用政策、简化页岩气对外合作项目总体开发方案审批等，充分调动企业积极性。各级地方政府要在土地征用、城乡规划、环评安评、社会环境等方面给予页岩气企业积极支持，为页岩气产业发展创造良好的外部环境。

⑤ 建立滚动调整机制。本规划实施过程中，根据国内天然气需求、页岩气技术发展水平、成本效益和具体勘探开发总体工作进度，实施滚动调整机制，及时合理调整页岩气规划目标和任务部署，以适应行业发展需求，保障页岩气行业持续健康发展。

3. 我国页岩气开发利用优惠补贴政策

参照美国页岩气产业的发展经验，我国政府推出了一系列积极有效的政策支撑，推进我国页岩气产业的发展。页岩气这一项新兴产业在发展初期不可避免地会产生巨大的投融资需求，需要政府制定优惠的投融资政策给予扶持。当前我国拟建立页岩气开发新机制，以加快引入有实力企业参与页岩气开发的步伐，推进投资主体多元化。由于页岩气开发的特殊性，无论是原先的石油公司还是新加入的开发企业，都有可能会遇到投融资困难。所以，可以通过政府直接拨款、提供贷款（担保）、鼓励民间资本进入等方式为页岩气开发利用提供投融资优惠，以加快我国页岩气资源的开发步伐。

我国第二轮页岩气招标结束后，页岩气投资热出现减退趋势，部分业内人士认为当前阶段页岩气投标出现炒作，开发难以盈利，部分中标企业对于勘探开发工作表示担心，出现企业对于所中标区块圈而不探的消极现象。为加强对页岩气开发支持，进一步调整能源结构促进节能减排，2012 年 11 月财政部、国家能源局出台页岩气开发利用补贴政策，并对各省、自治区、直辖市、计划单列市财政厅、发展改革委下发了《关于出台页岩气开发利用补贴政策的通知》，提出对于2012—2015年页岩气开采企业进行0.4元/米^{3}的财政补贴，并提出地方政府可额外对当地页岩气开发给予补贴和鼓励政策，具体标准和补贴办法由地方根据当地实际情况研究确定。补贴政策的出台一定程度上促进了企业页岩气开发的积极性。2013年我国页岩气发展展现了良好的前景，有的地区勘探开发情况好于预期，页岩气产量已超过$200\times10^4\ m^3/d$。

2013年10月30日，国家能源局发布了我国首个《页岩气产业政策》（简称《产业政策》），其中第30~34条为页岩气开发的财税支持政策，重申了《页岩气开发利用补贴政策》中的条款，表示国家将按页岩气开发利用量对页岩气生产企业直接进行补贴。对申请国家财政补贴的页岩气生产企业，将实行年度报告审核制度和公示制度，对于存在弄虚作假行为的企业，国家将收回补贴并依法予以处置。国家还鼓励地方财政根据情况对页岩气生产企业进行补贴，补贴额度由地方财政自行确定。除财政补贴支持外，页岩气开采企业还可享有减免矿产资源补偿费、矿权使用费，免设备进口关税等政策。

《产业政策》提出国家将研究出台资源税、增值税、所得税等税收激励政策。《产业政策》鼓励不同的投资主体进入页岩气销售市场，以期逐步形成以页岩气开采企业、销售企业及城镇燃气经营企业等多种主体并存的市场格局，将页岩气出厂价格实行市场定价扩大到全国范围，鼓励供、运、需三方建立合作关系，引导合理生产、运输和消费。

《产业政策》高度重视页岩气的环保开发和节约利用，制定专门规定7条，是条数最多的章节。在页岩气技术引进方面，《产业政策》提出加强节能和能效管理，明确规定引进技术、设备等应达到国际先进水平。《产业政策》坚持页岩气勘探开发与生态保护并重的原则，规定钻井液、压裂液等应做到循环利用，开采过程逸散气体禁止直接排放；钻井、压裂、气体集输处理等作业过程必须采取各项对地下水和土壤的保护措施，防止页岩气开发对地下水和土壤的污染，井、井下作业产生的各类固体废物必须得到有效处置，防止二次污染。

财政部2015年4月29日发布消息，"十三五"期间，中央财政将继续实施页岩气财政补贴政策，从而进一步加快推动我国页岩气产业发展，提升我国能源安全保障能力，调整能源结构，促进节能减排。根据财政部联合国家能源局最新发布的《关于页岩气开发利用财政补贴政策的通知》，2016—2020年，中央财政对页岩气开采企业继续给予补贴。其中,2016—2018 年的补贴标准为0.3 元/米^3,2019—2020 年补贴标准为0.2 元/米^3。通知明确,财政部、国家能源局将根据产业发展、技术进步、成本变化等因素适时调整补贴政策。2012 年下半年,中央财政首次设立专项资金支持页岩气的开发利用。2013 年国家能源局发布的《页岩气产业政策》中明确将页岩气开发纳入国家战略性新兴产业,并提出加大对页岩气勘探开发等的财政扶持力度。

4. 我国煤层气和页岩气开发与优惠政策对比

从 20 世纪 70 年代末开始,我国开始煤层气开采,至今已有 30 多年的历史。当时是受到美国煤层气成功开发的启示,首先在煤层气目标区开展前期资源评价工作,至 2006 年才逐步实现煤层气规模化开发。与页岩气相比,煤层气的开发利用起步较早,在我国已经有相对成熟的勘探开发配套技术。2007 年以后我国煤层气产业开始进入快速发展阶段,这与我国出台的一系列扶持煤层气产业发展的财税优惠政策密不可分(表 7 - 2)。

表 7 - 2 我国煤层气产业税收优惠政策

时间	政策类型	政策内容
2007 年	价格补贴政策	在煤层气开采阶段,中央财政按 0.2 元/米^{3}的标准给予企业价格补贴,补贴额度 =(销售量 + 自用量 - 用于发电量)× 补贴标准
2016 年		“十三五”期间价格补贴标准上升到 0.3 元/米^3
2007 年	发电补贴政策	对于企业开采煤层气用于发电的部分享受 0.25 元/(千瓦·时)的电价补贴
	增值税优惠政策	从 2007 年 1 月 1 日开始,煤层气抽采企业销售煤层气可以享受增值税先征后退的优惠政策
	资源税优惠政策	对于企业进口国内不能生产的直接用于煤层气产业开发的相关设备,免征进口税和进口环节增值税
	企业所得税优惠政策	企业将先征后退的增值税税款专项用于煤层气开采技术的研究和企业扩大再生产的部分免征企业所得税
		统一采用加速折旧的方式对购进的专用设备进行折旧
		企业通过向银行贷款或自筹资金从事技术改造项目国产设备投资,其项目所需国产设备投资的 40%可从企业技术改造项目设备购置当年比前一年新增的企业所得税中抵除
		企业用于技术研究开发的费用允许在所得税前再按 50%的比例加计扣除

从政策对比可以看出,煤层气的补贴政策相比于页岩气要更加全面,支持力度更大,而页岩气的补贴政策相对较少,具体开发政策细节还有待细化。主要体现在以下

三个方面。

（1）页岩气的相关政策还不够全面，还未形成完整的政策体系，尤其是税费优惠方面的政策更少，而煤层气在增值税方面先征后退、购买专用设备实行加速折旧、设备购置所得税抵免以及所得税和增值税等方面都设立了优惠政策，但关于页岩气还没有相关政策出台，而目前页岩气的开发正处于初步发展阶段，生产设备购置和技术研发也在上升期，亟待相关鼓励政策出台，为页岩气的快速发展提供保障。

（2）页岩气作为一个新兴矿种，在基础地质条件尚未彻底查明、专业水平相对较低、缺乏油气勘探开发经验的情况下，企业在页岩气区块的勘探开发过程中背负巨大的勘探风险，国家政府在该过程中应予以大力扶持，但明显补偿机制尚不完善，主要表现在目前页岩气的勘探开发的资金补偿阶段主要体现在页岩气的生产阶段，即重视结果；而在风险极大的勘探开发过程中却并没有相应的国家资金补贴政策。虽然国家已经出台了页岩气的优惠和税费减免政策，提出补贴0.4元/米^{3}的政策，但页岩气从勘探、试产到规模化综合利用一般需要较长时间，且生产成本较高、投资回报周期较长、盈亏平衡点较高，而我国目前还处于页岩气勘探开发初级阶段，除中石油、中石化和延长石油区块以外，大多区块还尚未进入生产阶段，勘查企业在真正进入开发阶段时却无法享受政府补贴，使得原有的扶持政策作用大打折扣，导致页岩气开发企业积极性不高，极大地制约了页岩气开发的发展。此外，在补贴途径上，国外页岩气勘探开发的补贴是直接以减免税收的途径进行，而国内是国家财政直接出资补贴，两者存在差异性。

整体来看，我国在页岩气勘探开发的政策扶持方面尚存在较多问题，导致出现政策的不适应问题，打击了区块勘探投资企业对未来勘探的信心，也严重阻碍了未来我国页岩气的勘探开发进程。

（3）优惠政策体制有待完善。煤层气和页岩气都是矿产资源，都需要开发企业投入成本开采，但是煤层气开采也是煤矿降低瓦斯事故、保障煤矿安全生产的一个重要手段，国家重视煤矿的安全生产，建立了完善的补贴机制，并且保障措施也落实到位，部分煤炭生产企业甚至出资参与煤层气开发，而页岩气开发则不具备这种优势，作为成长初期的页岩气开发更加需要体制的保障，更加期待有效的落实手段。

第8章 页岩气产业发展模式

近些年,美国通过页岩气和页岩油(致密油)爆发式增长成为全球能源新秩序的最大受益者,不仅帮助美国逐渐实现了"能源独立"的战略,而且向全球成功输出了页岩油气勘探开发技术。随着美国对页岩油气地质认识程度的提高和钻完井及压裂等技术的进步,2009 年,美国借助页岩气成为世界最大的天然气生产国,同时页岩油开始大量生产。2015 年美国页岩气产量是 2000 年的 20 倍。美国页岩油气在全球石油出口市场扮演的角色越来越重要,目前至少美国在天然气能源产量上可以做到自给自足,甚至还有剩余产量出口。2017 年 2 月初美国页岩油气生产商平均每日向世界市场出口原油 14×10^4 t。

中国作为世界页岩气开发的后来者,对页岩气地质和资源情况、理论研究、技术开发应用等尚处于初步阶段,需要根据美国页岩气成功开发的模式借鉴经验,并依据地质实际情况采用对应的新技术。由于信息不对称性和对国外地质情况不了解,中国很多地质学家和工程师们对美国页岩气的地质和勘探开发模式的了解不全、理解还不深入。加上中国页岩气基础地质条件复杂、管理方式的不同,中国在勘探开发页岩气的学习过程中不能盲目复制美国技术和模式,而应该建立符合中国地质和国情的页岩气产业发展模式,采取循序渐进的方式,在提高核心技术的同时改革石油天然气管理等障碍,稳步推进中国页岩气的勘探和开发。

8.1 美国页岩气产业发展模式

8.1.1 政府支持下的早期页岩气探索

美国页岩气商业开采可以追溯到 1821 年,但由于技术的限制和微薄的利润,美国页岩气开发一直未获突破。到了 1970 年,美国国内的石油产量达到峰值,而恰逢 70 年代又爆发了两次世界石油危机,这使能源问题瞬间成为美国国家安全事务的核心问题。增加能源本土供给、减少能源对外依赖、优化能源结构成为美国能源战略的核心目标。正是在此背景下,美国政府开始高度重视页岩气开发,牵头组织技术、地质与天然气勘探研究。

美国政府在促进页岩气产业发展的初期发挥了重要的推动作用。一方面是对页岩气技术研发提供资助和扶持,启动了东部页岩气工程,邀请多所高校、研究机构和私营石油公司联合攻关,重点研究和开发页岩气增产措施技术。

据估计,从 20 世纪 70 年代到页岩气成功开发的近 30 年中,美国政府先后投入了 60 多亿美元进行非常规天然气勘探开发活动,用于培训和研究的费用达 10 多亿美元,包括拨款、贷款和担保、培训资助、科研资助和勘探直接投入。2005 年能源法案中还规定 10 年内每年投资 4 500 万美元用于非常规天然气研究。此外,美国还专门设立了非常规油气资源研究基金会,为美国企业在全球范围内开展页岩气开发与合作提供必要的技术支持。另一方面,从 20 世纪 70 年代开始,美国政府针对包括页岩气在内的非常规资源实施了一系列税收优惠或补贴政策,确保页岩气产业规划的顺利实施。这些政策包括了税收优惠政策、行业监管政策、土地地表权和矿产权、天然气生产与运输政策、投融资优惠政策以及政府和公司合作科研等支持政策,这些政策的实施对确保安全有效开发页岩气起到至关重要的保障作用。如 1978 年美政府颁布的《能源税收法》,1980 年颁布的《能源意外获利法》和《原油暴力税法》,这些法规均对非常规天然气井的产出给予税收政策补贴,而得克萨斯州对页岩气开发则免收生产税。

这些政策法规的提出,促进了美国页岩气不同领域产业链的无缝对接。美国页岩气开发一直沿用常规天然气的监管框架,重点监管环境污染与水资源利用,沿用常规油气监管的法律法规,如《美国清洁水法案》《美国安全饮用水法》《联邦空气清洁法案》《美国国家环境政策法(NEPA)》等,所以页岩气开发商没有额外约束。很明显,在能源供给安全和环境安全中,美国将能源供给安全放在了第一位。

美国政府对页岩气开发的重视和支持为页岩气发展提供了强劲动力,带来了技术进步与突破,使得页岩气产业迅速获得长足发展,产量持续上升。美国能源信息署(EIA)数据显示,2000—2005 年美国页岩气年均增长 9.9%,2005—2010 年年均增长 47.7%,占天然气总产量的比重由 2000 年的 2.2% 提高到 2010 年的 23.3%。页岩气从 2000 年占天然气比例的 1% 提高到 2011 年的 30% 以及 2014 年的超过 50% 的比例。页岩气从发现到占总天然气量的 1% 花了 179 年,而从 1% 到 10% 用了 5 年,从 10% 到近50%仅用了5年。由此可见美国页岩气的成功是一个漫长探索和厚积薄发的过程,若没有早期政府的大力支持,就没有后面的美国页岩气革命性的突飞猛进。

8.1.2 产权清晰的页岩气勘探开发区块与宽松的市场准入

不管页岩勘探开发区块位于联邦土地或者私人土地,土地地表权、矿权拥有方,负责投资、管理和有经验的勘探开发作业方,只拥有部分权益的投资者,天然气管道拥有方、销售方和购买方等都有清晰的权利和责任,有利于资源矿权的自主经营、合作及市场交易,竞争与合作的成本低,运营效率高。在美国,联邦政府仅拥有11%左右的土地,其他大部分土地均为私人所有。联邦法律规定对公有土地的使用实行规划制度,每10年审核一次,公众参与听证下,私营公司可竞标获取在公有土地上的钻探权,只需要支付给政府相应的租金、费用及矿区使用费。在私有土地上,页岩气开采商可以直接与矿业权权利人签署租约,再与地表权权利人签署单独的设钻井与铺管道的协议,并取得州管理机构的许可,就可以获得开采权。

为了在短时间内实现页岩气产量的大幅提升,美国政府实行宽松的市场准入制度,不限定页岩气开采企业的规模、市场进入资格,仅仅在矿权招标时采取竞争性招标措施,将这一过程更加商业化。这样能够使得有竞争力的中小企业有机会与大型公司同等竞争,提高他们的参与率,一方面市场新垄断得以改善,另一方面页岩气市场更具有活力能够积极开展技术创提高生产率。在美国,目前有超过8 000家的页岩气石油公司,其中有7 900家以上都是中小油气公司、油田服务类公司和设备供应商。这些中小企业由于低回报、高成本的压力,有内在的动力不断进行技术创新,进而推动了页岩气的技术创新。

8.1.3 美国公有土地油气矿权区块的评标

1. 投标筛选

在区块公开释放之前,相关区块管理部门将组织力量对拟出让的区块进行评价。

根据评价结果,将出让区块划分为四类(表8-1),即风险勘探区块(WT)、评价勘探区块(CT)、开发评价区块(DET)和开发生产区块(DRT)。

表8-1 出让区块的分类及含义

区块分类术语名称	含义
风险勘探区块(Wildcat Tract)	区块不在已知油气藏的延伸区域范围内,周边也没有具有生产能力的油气井。截至区块招标出让时,区块获得油气发现的可能性未知
评价勘探区块(Confirmed Tract)	区块内曾经有过油气发现或产出,但油气规模未知
开发评价区块(Development Tract)	区块内或附近至少有一口产油井,但生产能力不清
开发生产区块(Drainage Tract)	区块内或邻近区块内有生产井,但油气藏的剩余储量不清

对于给定的拟招标区块,需要对收到的投标文件进行有效筛选,剔除其中不符合要求、达不到条件、非法或不正常的标书。

对于其中的开发评价区块和开发生产区块,对接收到的有效投标予以直接进入第二阶段的评估。而对另外两类区块则需根据情况分析予以不同处理,需根据地质和经济可行性评价结果,判断是否应该接受投标,或者确定是否需要进一步对该区块进行再次评估以确定投标最高价。对于风险勘探区块和评价勘探区块,如果根据相关管理部门的评价结果认定为不具有资源潜力,将直接接受该区块的最高合格竞标报价;如果根据相关管理部门的评价结果认定区块具有资源潜力,则进入第二阶段的评估。

通常情况下,该阶段的评标过程需要三周时间,最终在官方网站上公布相关的竞标情况。

2. 区块的资源和经济评价

在第二阶段,区块招投标进入评标阶段,为了保证公平市场价格,需再次进行资源和经济评价,相关管理部门主要使用概率现金流仿真模型(Probabilistic Cash Flow Simulation Model, PCFSM)进行资源和经济评价。该过程中(表8-2)主要涉及四个指标,即价值平均范围(Mean Range of Values, MRV)、滞后价值平均范围(Delayed-adjusted Mean Range of Values, DMRV)、调整的滞后价值(Adjusted Delayed Value, ADV)、修正的算术标准值(Revised Arithmetic Measure, RAM)。

表8-2 概率现金流仿真模型涉及的评价指标含义

价格评价指标名称	含　　义
价值平均范围 (Mean Range of Values)	为相关管理部门评估的出让区块在当次招标中实现的净现值，计算时考虑了勘探风险、租约售价、生产性开支、矿区使用费以及相应的折旧等因素
滞后价值平均范围 (Delayed-adjusted Mean Range of Values)	为管理部门估计的一个理论值，与经济、工程和地质条件等因素有关
调整的滞后价值 (Adjusted Delayed Value)	对上述两值进行比较，取其低值
修正的算术标准值 (Revised Arithmetic Measure)	区块所有有效竞标价格的平均值

对于风险勘探区块和评价勘探区块,招标出让流程取决于对区块的资源评价和概率现金流仿真模型评价结果的分析。当勘探潜力较小时,接受最高竞价。当勘探潜力较大时,进行概率现金流仿真模型评价。若最高竞标价大于等于调整的滞后价值(ADV),则接受最高竞标价;相反,若最高竞标价小于调整的滞后价值,则进行再评价。如果竞标者小于2个或者其中的低价不足最高竞价的25%,则区块流标;如果满足上述条件,则进入下一评价流程。将最高竞标报价同修正的算术标准值(RAM)进行对比(现金流评价阶段2),当区块的最高竞标报价高于RAM时评价过程结束,若小于RAM,则流标。

对于资源潜力较落实的开发评价区块和开发生产区块,若最高投标竞价大于等于调整的滞后价值,则进入现金流进价阶段1。将最高投标竞价与价值平均范围MRV的1/6进行对比,当前者大于等于后者时,进入下一评标流程(现金流评价阶段2),否则区块流标;对于投标数大于3个且最低报价不低于最高竞标价格25%的区块,进入下一评标流程(现金流评价阶段3),否则区块流标;若高于价值平均范围则评标流程结束,若小于价值平均范围,则区块流标。

通常情况下,该阶段的评标过程需要三个月时间,最终在官方网站上公布相关的竞标情况。

由此可见,尽管区块类别不同、资源潜力有别、经济评价结果差异较大,但采用该方法及上述流程,能够对竞标报价进行反垄断调查和市场公平价格研究,从而实现真正意义上的市场竞争。

8.1.4 政府主导、中小油气公司主体参与的技术创新和页岩油气商业化

美国页岩气勘探开发对所有的跨国大型综合石油公司和中小型独立石油公司均开放,无论哪个国家的公司、无论公司过去有无相关经验,只要与土地及矿区拥有者达成协议,在遵守法律法规和取得开采权后即可参与页岩气勘探开发。页岩气在开发初期,经济性和成长性不明朗,技术驱动性强。大公司由于注意力集中在容易高产的墨西哥湾和大西洋两侧深水油气区,并且大公司不愿意冒风险介入,也没有精力与诸多土地持有者进行旷日持久的矿业权获取谈判,并且低估页岩气潜力,从而没有重视对页岩气勘探开发的投入。但中小公司决策灵活,创新意识强,在发现新机会和技术革新行动上更为快捷,然而同时中小企业资金有限,因此在美国政府采取一系列资金、政策的支持下,中小企业展开了大量的基础研发,推动技术创新,为之后页岩气行业发展提供了重要的技术支持。

1976 年,美国联邦政府开启“东部页岩气项目”,美联邦能源管理委员会同时批准了天然气研究所的研究预算,多所大学等研究机构被邀请加入该项目。从 1976 年东部页岩气工程启动以来到 20 世纪 90 年代,美国在全球率先掌握并应用水平钻井、水力压裂等页岩气开采关键技术,完成了从页岩气勘探、开发、生产和评价等一系列技术的系统集成。正是在政府主导、各中小油气公司主体参与的分工合作下,使得包括泡沫压裂技术、清水压裂技术、定向水平钻井等页岩气相关技术取得一系列重大进步,并在勘探开发实践中得到广泛应用。如在 1991 年,在美国天然气研究所的资助下,得克萨斯州天然气公司 Mitchell Energy 公司在该州北部的 Barnett 气田成功完钻第一口页岩气水平井。1997 年,Mitchell Energy 公司研发了具有经济可行性的清水压裂技术,而放弃了东部气体开采项目开发中的泡沫压裂,该技术的突破同样可以看到政府的影子。直到今天,清水压裂技术仍为页岩气开发的核心技术,被广泛运用于页岩气开发中。

在美国页岩油气发展过程中，政府、中小油气公司等各方主体紧密合作、明确分工，各自发挥了重要作用，推动页岩气勘探开发相关技术和产业化的重大进步。截至2012年，美国85%的页岩气仍由中小公司生产，多数区块被中小能源公司和各类基金控制。

8.1.5　市场化运营推动下的中小油气公司与大公司合作

宽松的市场准入制度固然可以让更多的开发商参与页岩气开发，在较短时间内实现页岩气开采上的突破，但也因缺乏统一的最低行业标准，页岩气开发行业内难免出现良莠不齐的混乱现象。同时，随着墨西哥湾深水油气产量的下滑和超深水勘探难度及成本的增加，大型油气公司难以找到比较大的储量增长点来保证储量接替率，因此大型油气公司凭借其在产业长期性和强大的资金优势纷纷转向日益成熟的页岩气开发市场。一些大型油气公司开始通过并购拥有页岩气区块或并购拥有页岩气开采技术和开发经验的中小公司，或以与中小公司合资合作等方式介入页岩气开发。随后，大型油气公司凭借产业长期性、研发投入长期性和资金的稳定性给予页岩气后期勘探开发更多的支持和保证，使得美国页岩气市场得以持续规模化和商业化发展。

以2008—2009年这段时间为例，跨国能源巨头与中小石油公司就美国页岩气区块的并购十分频繁。在埃克森美孚以410亿美元收购XTO能源公司之后，BP美国分公司通过与切萨皮克能源公司合资的方式进入伍德福德和费耶特维尔页岩气区块。此后又出现了大批并购活动，包括道达尔以22.5亿美元获得切萨皮克能源公司在美国页岩气资产的股份。另外，壳牌在2010年5月以47亿美元收购了东部资源公司。跨国能源巨头的大举并购活动，使得页岩气生产商的前景发生巨大改变。不过随着美国页岩气产量实现突破，气价下跌，天然气投资步伐放缓。

低气价使得页岩气开发效益受到严重影响，中小石油公司在抵抗风险能力上与跨国能源巨头有巨大差距，大量页岩气资产向石油投资开始发力，而跨国能源巨头则顺势取代中小油气公司成为美国页岩气开发的主力。但页岩气产量并未因此而下降，仍保持快速上升势头，对于未来供给充足的预期使得气价依然维持在较低水平。低气价促使中小石油公司向与页岩气伴生的页岩油领域发展，在这一过程中，中小石油公司的页岩油产量增幅明显超过跨国能源巨头。随着页岩油业务领域的不断扩大，产量不断提升，跨国能源巨头又逐渐接过中小石油公司的接力棒，担负起美国页岩油的规模化、商业化生产任务。

与此同时，美国高度商业化的专业分工体系为页岩气高效率地勘探开发提供了很好的保障。石油行业有一批如斯伦贝谢、哈里伯顿、贝克休斯、威德福、岩心服务公司等国际领先的专业服务公司，这些服务公司在某一领域非常擅长，能保证提供低成本和高质量的专业服务。油气公司只需要专注经营页岩气的勘探和开发，具体环节可以雇佣服务公司来完成，整个页岩气开发过程就是所有优秀技术无缝对接的过程，使得页岩气开采的单个环节投入小、效率高、作业周期短、资金回收快、资本效率高，保证了美国页岩气的产量持续增长和商业化发展及再投资研发。在美国开发一口页岩气井平均只要 3 000 万人民币，而在中国则需近 8 000 万人民币。

8.1.6 持续的技术创新推动页岩气产量增长

页岩气勘探开发技术的持续创新和成功应用，促使美国页岩油气开发进入快速发展阶段。首先是推动页岩气产量获得突破。根据美国能源信息署统计，1995—2000 年页岩气产量变化不大。其中在 2000 年，美国致密气产量占非常规天然气产量的 70%，而页岩气产量当时占总天然气产量不到 1%。进入 2000 年之后，页岩气产量开始逐渐增加，2008 年日产开始迅速增长近 1.70×10^8 m^3，2008 年总产量达到 57.20×10^8 m^3（比 2007 年增长 71%），占天然气总产量的 10.5%。2009 年，美国页岩气产量增长 54%，达到 880×10^8 m^3，占天然气总产量的 15.1%，日产达 2.41×10^8 m^3以上。2010 年页岩气产量超过 $1\,000 \times 10^8$ m^3，致密气比例下降到 48.8%。2012 年页岩气产量占天然气总产量达 43.3%。2014 年页岩气产量占天然气总产量过半，达到 52.2%。2015 年快速增长到近 $4\,000 \times 10^8$ m^3（比 2010 年增长了近 20 倍），日产近 11.33×10^8 m^3，占天然气总产量的 56.1%。与过去十年内单井成本最高的 2012 年相比，2015 年上游成本下降了 25%~30%。技术的发展提高了钻完井效率，在降低单井成本的同时还能获得高产，而深度更大、完井作业更复杂、长度更长的分支井的成本则相应会更高。到了2016年，美国页岩气贡献了$4\,474\times10^{8}\ m^{3}$，占美国天然气总产量的60%，日产近$12.46\times10^{8}\ m^{3}$。

美国页岩气产量的迅速增加使得天然气价格大幅下降。过低的气价(特别是同一油当量气价与油价的差)压抑了页岩气生产者的积极性，却大大鼓励了同样地质条件和类似技术要求的页岩油开采。在2008年美国开始将页岩气勘探开发中积累的技术转移到相似页岩储层(富油区块)中页岩油(细粒储层的致密油)开采。在2004年时，美国页岩油/致密油的产量几乎为零，而2017年6月底最新数据表明，2009年页岩油产量只有7×10^{4} t/d，2015年美国页岩油产量超过56×10^{4} t/d，达59.5×10^{4} t/d页岩油(致密油)，2015年和2016年页岩油产量均占当年原油总产量的50%左右。尽管近几年低迷的油价影响了原油产量的增长，但由于地质认识和技术的进步，美国所有页岩油藏中新钻井的产量仍然比上一年高。

8.1.7 地质和工程结合的一体化勘探开发模式

页岩气的勘探和开发涉及地质与地球物理、地球化学、岩石物理、矿物学、钻完井、压裂、生产及重复压裂等不同学科一系列技术的综合。页岩气地质过程一体化综合的核心内容就是建立包含地质、地球物理、钻井、录井、岩心、地化、岩石物理、矿物、岩石力学、压裂和生产等工程参数的各种信息的动态地质和工程模型，然后通过勘探及开发实践优化模型、技术、方法、施工和生产参数。

根据美国页岩气成功开发总结，可对其页岩气勘探和开发流程进行研究，与常规油气最大的不同是页岩气勘探和开发的各个环节均涉及地质、地球物理、地球化学、岩石物理、岩石力学及石油工程多学科的结合。通过实践总结出来的页岩气勘探开发过程如下。

(1) 首先，在前期基础地质研究的基础上，总结区域地质，并收集新的露头、钻井、地震、测井、岩心测试等资料，初步识别潜在的页岩气勘探目的层。如果没有目的层钻探资料，则进行地质和地球物理综合研究，经野外踏勘后布井，进行钻探、取芯、录井和测井等。

(2) 根据之前的潜在页岩气目的层的烃源岩地化研究、新岩心和露头的地化测试,通过有机质含量、干酪根类型、成熟度、含气量、同位素等判断页岩气潜力层段。然后根据成熟度等判断是页岩气还是页岩油,并和地质结合进行油藏描述。

(3) 确定潜在页岩气目的层后,下一个步骤主要是确定页岩的岩石物理性质。通过实验室测试的岩石物理数据和测井评价结合确定页岩储层的孔隙度和渗透率以及含气饱和度。

(4) 页岩气系统分析,确定富含有机质页岩的有利储层和有利含气带的地质甜点。

(5) 在地质有利的页岩储层基础上,选择可压裂的储层和工程上的甜点,然后根据地质和力学性质,选择合适的压裂液和支撑剂。

(6) 选择地质和工程重叠的甜点并继续钻完井设计,在小型压裂测试及实验室和数值模拟基础上进行压裂的设计和施工。并用微地震监测压裂施工。生产后分析压裂效果。

(7) 通过系统分析地质、施工和生产的数据,在油藏数值模拟基础上优化方案,未来开发井选择更合理的井距、压裂级数和压裂缝间距,并分析压裂和生产情况选择重复压裂的地方。

总之,美国页岩气勘探开发地质是基础,无论是新区还是成熟勘探区,在基础地质研究的基础上,综合前期勘探的露头、地震、钻井、测井、岩心测试等资料识别出页岩气勘探和开发的目的层是首要的任务,地球化学研究可以进一步确定有利的页岩气层位和判断油气类型,岩石物理研究可以评价储层质量。这些方面的结合可以系统分析页岩气系统的各要素及预测出可能的地质甜点。然后在岩石力学研究基础上识别出工程甜点。地质甜点和工程甜点结合才是页岩气勘探和开发的核心区域。精细的地质到岩石力学的研究可以帮助确定可压裂的页岩气产层和选择最优的压裂液、支撑剂及压裂方案。施工前小型压裂测试等获得的数据、施工过程中微地震监测数据和施工后生产效果分析可以得到新认识和优化以后的勘探和开发方案,选择勘探和开发最优质的层位、采用更合理的井距、压裂 方案以及决定是否采用重复压裂等措施增产。

8.1.8 完善的基础设施及市场保障推动页岩气持续发展

美国天然气管道、道路、电网等基础设施完善及发达，使得页岩气开发所需要的设备运输和页岩气勘探开发及供给成本低，生产的页岩气能够及时接入管网，进入市场。美国本土所有的48个州均被天然气管网覆盖，州际和州内管线长度达49×10^4 km以上，而且每年都新建管网。完善的输配一体化管网几乎可以为美国的任何地区输入或输出天然气，且天然气生产和运输相分离，任何天然气生产商均可将页岩气输入附近天然气管道。

1992年4月，美国联邦能源管理委员会（Federd Energy Regulatory Commission，FERC）颁布第636号法令，规定从1993年11月起，州际天然气管道公司只能开展天然气输送业务，而不能再从事天然气生产和销售业务，从此实现了天然气运输的完全独立。政府按照不同的政策监管天然气生产和销售公司及管道运输公司，保证天然气生产商和用户对管道拥有无歧视准入权利。州内管道由州与地方法律约束，州际管道则受联邦能源管理委员会、州、地方法律同时约束。管道运营商对天然气供应商实施无歧视准入，接受联邦能源管理委员会的监管。天然气管道输送价格受到监管，州际天然气管道公司的运费计算方法由联邦能源管理委员会确定，而天然气价格则完全放开。一方面，完善的基础设施及市场能够大幅降低上游开发商的投资风险，为小公司从事页岩气开发创造条件；另一方面也能保证页岩气产业的持续繁荣和发展。

此外，美国对管道公司实行税率减免政策。1996年，为降低非常规天然气的开发成本，美国政府向管道公司征收的所得税率仅为12.3%，远低于美国其他工业21.3%的所得税率。2001年，该项税率提高到13.3%，但仍低于行业平均水平。美国政府对一些地区的天然气管道建设实行激励措施，例如，在阿拉斯加的管网建设项目中，美国政府向当地管道建设公司提供贷款，为大容量的天然气处理装置提供15%的税收优惠，将大容量天然气管道折旧年限规定为7年。这些政策都降低了管道建设风险。

8.1.9 页岩气产量增长推动美国能源消费结构转变

页岩气产量的急剧增长推动了美国天然气供需结构的变化。综合分析美国20世纪 80 年代至今的天然气消费量和产量变化过程，可以发现美国天然气的供需结构可以划分为天然气供需基本平衡、天然气供不应求以及天然气需求迅速减小三个阶段。

页岩气产量的急剧增加势必影响到石油和煤炭的消费情况，甚至影响到美国能源消费结构的转变。作为全球的碳排放大国，美国在应对全球气候变化上的问题方面一直受人诟病，而页岩气的成功开发使得美国能源消费结构发生巨大转变。在 2010 年时，石油占美国能源消费结构的比例已经从 21 世纪初的 60% 下降到 2010 年的 38%，而天然气在美国能源消费结构中的比例从 21 世纪初的 10% 上升至 2011 年的 30%，能源消费结构较为均衡。

8.2 中国页岩气产业发展模式

8.2.1 国家政府重视与推进

受美国页岩气革命启发，为保障我国能源安全、优化能源消费结构，国土资源部从 2008 年开始推动我国页岩气勘探开发工作。自从 2008 年开始推动工作以来，我国政府、各大高校科研院所以及油气企业苦战攻关，从 2008 开始投入页岩气勘探到 2014 年宣布涪陵页岩气田实现商业性开发并建成我国第一个商业化页岩气田，短短几年时间便走过北美 30 多年走过的路。在这一过程中，我国包括国土资源部、国家能源局、财政部等政府部门的重视和推进则起到了积极的引领作用，主要表现在以下方面。

1. 依靠国家体制优势，开展页岩气产业发展顶层设计

页岩气作为保障我国能源安全、发展低碳经济、转变经济发展方式的重要途径，国土资源部与国家能源局等国家部门从发展战略层面制定一系列措施和发展规划。

一方面，国土资源部在充分了解页岩气特点及其与常规天然气、煤层气区别的基础上，编制了页岩气新矿种申报报告，经专家论证后于 2011 年向国务院正式申报页岩气新矿种，并得到国务院的批准，列为中国第 172 种矿产，体现出国家政府部门为推动

页岩气发展、进行现有油气市场化改革的意志。页岩气新矿种的确立是油气市场化改革过程中的一项重大创新，对于开放我国页岩气矿业权市场具有重要意义，为不同油气投资主体平等进入页岩气勘探开发领域扫清了障碍、创造了机会，以此来鼓励国内外具有资金、技术实力的不同投资主体以全资、合资或者合作的方式参与我国页岩气产业发展过程中，极大地激发了市场在页岩气勘探开发过程中的活力。与此同时，页岩气新矿种的确立也有利于推动自身油气资源管理体制的创新。以页岩气矿业权管理制度为切入点，先行先试，不断探索，总结经验，从国家层面实现油气管理体制的创新，有利于国家未来在页岩气产业规划、政策制定、矿业权制定以及打破现有油气勘探开发制度上掌握话语权。

为进一步加强我国页岩气发展顶层设计，促进我国页岩气快速有序发展，国务院第一次将推进页岩气等非常规油气资源开发利用列入政府工作报告。随后，国家发改委、财政部、国土资源部和国家能源局于 2012 年发布《页岩气发展规划（2011—2015 年）》，明确“十二五”期间页岩气发展方向、主要目标及任务。在该规划指导下，中石油、中石化以及延长石油分别在我国长宁-威远地区、涪陵地区以及延安地区建成页岩气示范区，国土资源部也分别在 2011 年和 2012 年成功实施两次页岩气探矿权招投标工作，吸引国企、地方省属企业、民营资本等投资主体进入页岩气产业发展中来，丰富了投资主体的多元性，也激发了页岩气勘探市场活力，极大地促进了我国页岩气产业的发展进程。与此同时，页岩气勘探开发的持续发展也带动了油气产业装备的进一步发展，为推动核心技术突破、降本增效起到了十分重要的作用。进入“十三五”以后，国家能源局根据我国页岩气发展实际情况于 2016 年又发布《页岩气发展规划（2016—2020 年）》，明确我国在“十三五”期间页岩气产量 $300\times10^{8}\ m^{3}$ 的发展目标和重点任务，从国家顶层全面把控我国页岩气产业发展方向，以确保页岩气产业较好较快的发展。

2. 依靠国家体制优势，大力开展页岩气勘探开发基础研究工作

我国政府在切实推进页岩气勘探开发的初期发挥了重要的推动作用，投入大量资金开展页岩气基础地质调查工作。从 2008 年开始，国土资源部、财政部等先后投入资金设立“中国重点地区页岩气资源潜力及有利区优选”“川渝黔鄂页岩气资源战略调查先导试验区”等项目，随后于 2011 年组织中国地质大学（北京）等全国 27 家单位对

我国 5 个大区、41 个盆地和地区、87 个评价单元、57 个含气页岩层段进行勘测，完成了全国首次页岩气资源潜力评价，并于 2012 年 3 月 1 日公布评价结果《全国页岩气资源潜力调查评价》。

中国地质调查局油气资源调查中心投入财政资金，联合高校科研院所等单位在全国范围内开展页岩气地质调查工作，并在南方前寒武-下古生界海相页岩、南华北海陆过渡相页岩、柴达木盆地侏罗系陆相页岩等获得页岩气重要发现，发挥了基础先行和公益引领作用。同时，国家发展和改革委员会、财政部、商务部、科技部、环保部、国家能源局、中国自然科学基金委员会等部门，在鼓励外商投资、加大财政补贴、引导产业发展、建设示范区、推进科技攻关等方面也投入了大量资金。据统计，2009 年以来，国土资源部及其下属中国地质调查局累计投入 6.6 亿元开展全国页岩气资源潜力评价和重点地区页岩气资源调查工作，共钻井 66 口，部署二维地震 210 km。除中央政府部门投入外，地方政府也在加大资金投入以期助推地方页岩气发展，其中重庆和贵州等地方政府累计投入 4.6 亿元积极推进辖区内页岩气资源调查评价工作。此外，四川、湖南、湖北、安徽、河北、陕西、山西、辽宁等省区也不同程度投入政府资金启动页岩气基础地质调查工作。

8.2.2 页岩气探矿权改革

2010 年，国家鼓励页岩气勘查，采用申请授予方式为石油公司配置页岩气矿业权（表 8-3）。2011 年，国家为进一步加快页岩气产业发展、突破现有油气矿业权设置制度，将页岩气列为单独矿种。作为一种独立矿种，由国土资源部对页岩气按照独立矿种开发政策进行管理。其出现是油气领域市场化改革的需要，突破我国油气专营权的约束，民营企业、外资企业等社会资本也可以进入页岩气领域中来，相当于在油气行业撕开了一道口子，也促进了油气领域市场化的改革步伐。同时，页岩气的加入缓解了快速上升的天然气需求。要发展经济，必须自己掌握能源供给线。为保障我国能源和经济安全，促进我国能源结构转型，满足日益增长能源需求，页岩气的开发显得至关重要。

表8-3 页岩气区块设置

形 式	性质	申 请 人	要 求	代表性区块	目前现状
申请授予	非竞争形式方式	申请人具有国务院批准设立石油公司或者同意进行石油、天然气勘查的批准文件	上交申请登记书，勘查单位的资格证书，勘查工作计划、勘查合同或者委托勘查的证明文件，勘查实施方案及附件等资料	中石油（川南）、中石化(彭水）	2010年为石油公司配置的页岩气项目，目前为6 837.087 km^2
招投标	竞争方式	符合招标文件规定的投标主体	招标文件规定	一、二轮招标所出让的区块	23 517.702 km^2 核减为20 457.857 km^2
常规油气区块增列页岩气矿种	非竞争形式方式	常规油气区块的石油公司	《关于加强页岩气资源勘查开采和监督管理有关工作的通知》(2012.12.26)	四川、云南、贵州北部	886 697. 298 km^2 核减到59 082.48 km^2
拍卖	竞争方式	符合拍卖文件规定的投标主体	拍卖文件规定	贵州正安	695.11 km^2

随后,国土资源部分别于2011年和2012年两次公开招标出让空白区块(即传统油气探矿权区外没有被登记的区块)的页岩气探矿权。其中,第一轮招投标采用邀标形式,是油气资源管理引入竞争机制、探索管理制度创新的重要举措,共投放页岩气区块4块,包括渝黔南川页岩气勘查区块、渝黔湘秀山页岩气勘查区块以及贵州绥阳、凤岗页岩气勘查区块,其中前两个页岩气区块分别被中国石油化工股份有限公司和河南省煤层气开发利用有限公司获得,而后两块因无企业投标而流标。而第二轮页岩气招投标工作是首次不以企业所有制形式为划线限制参与油气资源上游投资作业,使得非石油企业和民间资本以页岩气勘探开发为契机,有了进入石油天然气上游领域的机会。

与第一轮页岩气招标相比,第二轮页岩气招标对民间资本和外资(中外合资企业)进一步放开,其间共有83家各类企业参与20 002 km^{2}的20个区块招标,共接收到83家企业的152套合格投标文件,20个区块中有19个区块投标人达到3家,符合法律法规和招标文件有关规定;1个区块由于投标人不足3家,未达到法定要求,不予开标,最后由16家企业获得19个区块的探矿权。两轮页岩气招投标共出让招标区块21块,总面积达到23 500 km^2。

随后允许石油公司在常规油气区块增列页岩气矿种,主要在四川、云南、贵州北部,页岩气探矿权面积达到近90 000 km^2。到了2017年,国土资源部首次放权地方对已发现油气资源的区块进行矿业权的市场竞争出让。这反映了中国政府正在循序渐进推进探矿权改革，逐步完善页岩气区块招投标市场化竞价机制，而这将有利于社会资本和以前没有石油勘探资质的公司参与页岩气勘探开发。

整体来看，页岩气矿业权改革对我国的页岩气发展起到重大的推动作用，但要促进我国页岩气更快更好的发展，在未来的工作中还应进一步放开市场化。这将更加有助促进和活跃国内油气勘探开发，增加上游投入和竞争性，提升对企业勘探投入和技术进步的激励和压力。不过由于我国对页岩气准入和退出的法律和法规没有像美国那么完善，导致有的公司获得页岩气探矿权后不投入，有的公司对页岩气勘探开发认识不足，出现大量投入和无法退出的现象。未来将通过中国各级政府对页岩气探矿权改革都比较支持和从过去几轮矿权改革中吸取经验和教训，在借鉴美国和欧洲成功矿权政策的基础上，依据我国的国情制定出有利于页岩气勘探开发的探矿权制度。

8.2.3 政策法规的支持与保障

石油天然气作为特殊矿种实行国家一级管理，但专门对油气资源管理的法律、法规比较少。目前采用的主要有 1996 年修订后的《中华人民共和国矿产资源法》，对油气作了一些特别规定。石油天然气的专门法律是 2010 年 6 月 25 日第十一届全国人民代表大会常务委员会第十五次会议通过的《中华人民共和国石油天然气管道保护法》。

2014 年 4 月 24 日，十二届全国人大常委会第八次会议审议通过环保法修订案，被专家称为“史上最严的环保法”。修订后的环保法加大惩治力度：“企业事业单位和其他生产经营者违法排放污染物，受到罚款处罚，被责令改正，拒不改正的，依法作出处罚决定的行政机关可以自责令更改之日的次日起，按照原处罚数额按日连续处罚。”新环保法还明确：国家在重点生态功能区、生态环境敏感区和脆弱区等区域划定生态保护红线，实行严格保护。在环境公益诉讼方面，新修订的环保法将提起环境公益诉讼的主体扩大到在设区的市级以上人民政府民政部门登记的相关社会组织。该法于 2015 年 1 月 1 日施行。立法机关人士表示，这部法律能为应对当前日益严峻的环境问题提供支撑。

为推动页岩气产业建设发展，中国政府在近几年连续推出了页岩气开发的相关政策，改善页岩气开发的政策环境，明确产业的未来规划发展方向。如《页岩气发展规划(2011—2015年)》明确了我国页岩气产业发展的目标、任务和政策措施；《国土资源"十二五"规划纲要》，对页岩气资源的勘探开发作出了明确部署；《页岩气产业政策》将页岩气开发纳入国家战略性新兴产业；《能源发展战略行动计划》提出加快构建清洁、高效、安全、可持续的现代能源体系，要求重点突破页岩气开发，在地质调查、技术研发和应用、探索商业模式等方面提出了要求。

在稳步推进我国页岩气产业规划发展的同时，政府部门制定了一系列税收、扶持、补贴政策：2011年，页岩气被纳入外商投资产业目录；2012年，国家出台页岩气开发利用补贴政策；2013年，《页岩气产业政策》提出减免相关费用、出台税收激励政策、鼓励进口等一系列优惠政策；2014年，国家能源局印发《油气管网设施公平开放监管办法》，提出对我国的油气管网设施一视同仁的政策，以提高我国管网的使用效率，为进一步放开管网等基础设施提供政策，避免了油气管网垂直垄断的出现，为页岩气顺利进入市场创造了条件；2015年国家能源局发布《关于页岩气开发利用财政补贴政策的通知》，该通知提出"十三五"期间继续实施页岩气政策补贴，并将补贴政策延长至2020年，规定2016—2018年的补贴标准为0.3元/米^3，2019—2020年补贴标准为0.2元/米^3，地方政府还可根据当地实际情况对本地页岩气开发给予适当补贴。

8.2.4 外来理论技术的吸收与自身理论技术的创新

美国作为世界上最早进行页岩气开发的国家，其页岩气开发历史有近200年，但其真正实现高速增长也是在20世纪70年代才开始的。经过40多年的高速增长，美国页岩气已从20世纪末占天然气比例不足1%提高到2016年的60%。目前美国已进入页岩气开发的快速发展阶段并使美国成为最大的天然气生产国，加拿大也进入了页岩气的商业开采阶段，而中国是继美加之后世界上第三个实现商业生产页岩气的国家。相较于北美页岩气的发展速度而言，我国在实现页岩气商业化开采的速度上明显要快得多,不到10年时间便成功建立了涪陵和长宁-威远两个商业化页岩气田,而这主要依赖勘探开发技术的突破以及相关理论、技术的引进、吸收再创新。

勘探开发技术相关理论的吸收再创新主要体现在页岩气地质评价理论和勘探开发技术理论两方面。首先,在2004—2008年页岩气推进的早期阶段,我国主要经过前期收集、整理、调研及总结北美页岩气在地质评价方面的成功经验,对我国页岩气资源发育情况进行初步评价。但随着"川渝黔鄂页岩气资源战略调查先导试验区""全国页岩气资源潜力调查评价"等关键科研项目的推进,我国初步掌握了页岩气地质条件基本参数,并建立了适合我国页岩发育实际情况的资源评价方法和有利选区标准,及依据中国地质总结的我国页岩气地质特征、资源潜力和页岩气富集机理,认识到我国潜在含气页岩具有海相、陆相和海陆过渡相三种沉积类型,并对这三种页岩的形成机理、属性特征、形成页岩气基础进行了研究和勘探。

海相页岩成熟度较高且构造复杂,而陆相页岩相变快、脆性矿物含量低且成熟度偏低,海陆过渡相页岩单层薄且黏土矿物含量非常高。尽管页岩气和美国页岩一样以游离态和吸附态为主分别赋存于无机基质的孔隙、连通有机质孔隙内和裂缝中以及富含有机质页岩内,但沉积和构造对中国页岩属性控制明显,只有分布在远离物源、陆源碎屑输入少、缺氧沉积环境及构造相对稳定的地方才发育优质含气页岩储层和高产页岩甜点区。

陆相富含有机质页岩具有较好的生烃成藏基础,但由于成熟度低、非均质性重和受断裂破坏强,需要新的理论和方法指导陆相页岩油气勘探开发。鄂尔多斯盆地长7页岩石油系统模拟研究表明,该页岩由于成熟度低,有页岩气地方以湿气为主,气体由于易流动,一部分运移到烃源岩外的常规油气或者致密油气或者运移到烃源岩之内的贫有机质夹层中,还有一部分气残留在富含有机质页岩内形成页岩气藏。而对于油则流动性差,大部分留在富含有机质页岩烃源岩内,只有一部分运移到富含有机质紧邻的贫有机质夹层中成藏。而且,所有的断陷、坳陷和前陆陆相盆地烃源岩层段贫有机质层与富含有机质页岩具有沉积成因上的相关性,这些盆地烃源岩层段具有相似的富含有机质页岩和贫有机质岩相组合,而且富含有机质页岩和贫有机质岩相的成藏特征相似。富含有机质页岩具有自生自储的成藏特征,而贫有机质细粒沉积具有邻生自储和油气运移距离短的特征(图8-1)。由此可见,陆相盆地中与富含有机质页岩油气相关的紧邻烃源岩的对油气流动有利的常规油气藏和致密油气藏应该和页岩油气藏作为一个混合油气藏整体来看待，未来在陆相页岩气勘探时应该同时考虑与富含有机质页岩成因上相关的这些油气藏，将这些混合油气藏纳入一个体系进行勘探开发，这必将指导下一步陆相页岩油气勘探新思路，大大降低仅仅勘探和开发富含黏土的陆相富含有机质页岩的风险。

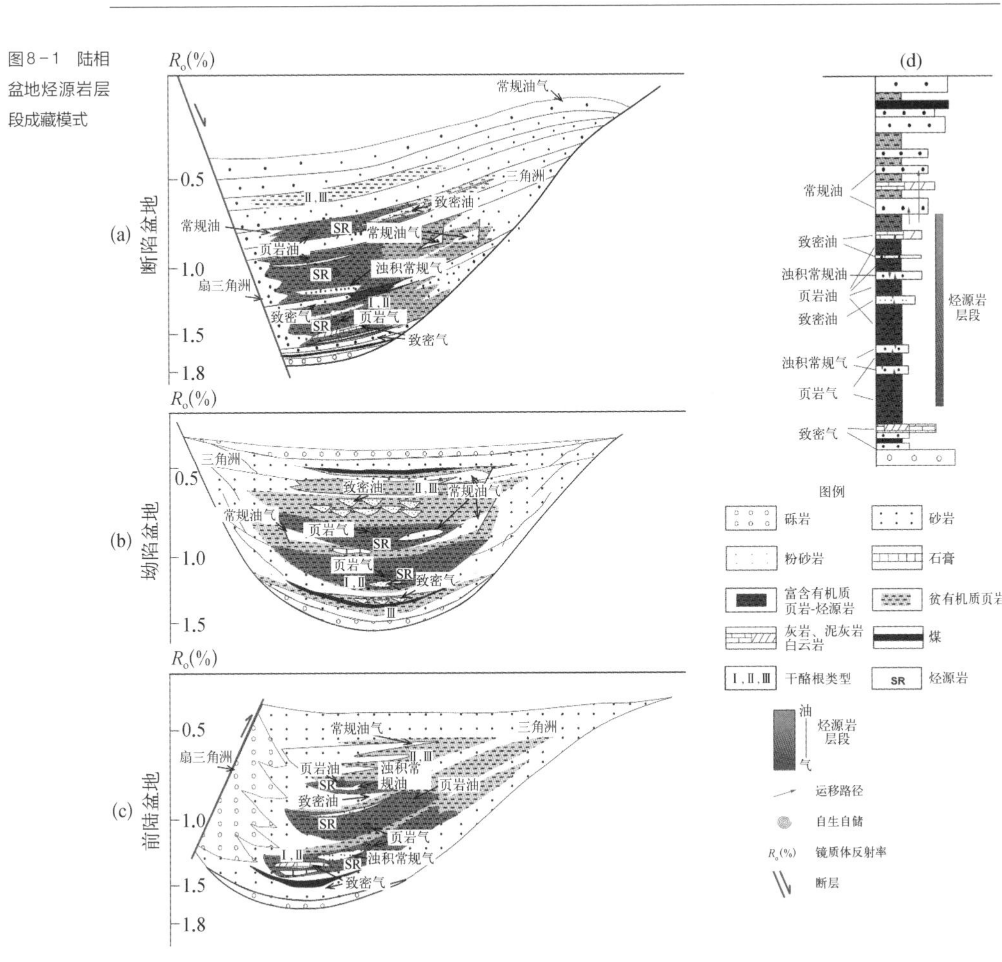

图8-1 陆相盆地烃源岩层段成藏模式

其次，经过几年的技术引进、消化吸收到自主创新，中国页岩气在地质综合评价、地球物理勘探、实验测试分析、水平井钻完井、体积压裂、微地震监测与评估等技术、可移动式钻机、3000 型大型压裂车组、可钻式桥塞、高效压裂液配制等装备与工具上，形成了适宜于复杂地质地表条件的页岩气勘探开发关键技术与配套装备系列，并基本实现了国产化和规模应用。比如，中石化通过焦石坝页岩气开发试验及技术攻关后，形成了空气钻、泡沫钻、清水钻等水平井优快钻井系列，实现了超长水平段钻井技术；形成了水平井簇射孔、可钻式桥塞分段等配套水平井分段压裂技术。水平井钻完井周期从 150 天减少至 60 天(最短为 34 天)，分段压裂由最初的最多 10 段增加到目前至少 15 段(最多为 26 段)，平均每天压裂 3 ~4 段，单井最大压裂液量 3.8×10^4 m^3，最大排量 17.2 m^3/min，井均测试日产气量 15×10^4 m^3。完全具备 3 500 m 以浅水平井一趟钻、1 500 ~2 000 m 水平井段优质储层钻遇率超过 90%、15 段左右分段体积压裂等能力，基本建立了丘陵区 4 ~8 口井 1 平台井组钻井、“工厂化”生产模式，水平井单井综合成本从 1 亿元下降到 5 500 万元~6 500 万元。

此外，在装备研发和配套工具方面，我国在过去主要使用美国进口的桥塞，单只价格高达 15 万元。中国经过多年的学习、改进和创新，成功实现桥塞国产化，国产桥塞于 2016 年在涪陵页岩气田被广泛应用，国产桥塞各项指标可以媲美进口桥塞，而成本仅为国外的十分之一。另外，压裂车是页岩压裂的核心设备，目前中石化江汉油田四机厂在 2013 年成功研制出 3000 型压裂车，拥有完全自主知识产权，设备最大输出功率 3 000 马力①，最高工作压力 140 MPa，是目前国际上最大型号的车载压裂装备，代表了世界压裂装备的先进技术。另外，在油基泥浆方面，涪陵页岩气开发不仅用国产油基泥浆，而且成功实现油基岩屑处理收集“不落地”、存储防渗透、处置无害化、排放高标准。该技术还实现了油基岩屑中废油的循环利用，可从岩屑中提取 12% 左右的柴油，再次配置到油基钻井液中。同时，处理后的岩屑含油量低于国家 0.3% 的标准，可以制成水泥、砖头等建筑材料。在井工厂方面，中石化在涪陵页岩气田“井工厂”施工平台达 80% 以上，从过去逐口井作业模式转为平台批量化流水线模块作业模式，大大提高了效率。技术创新与进步有力地降低了我国页岩气的勘探开发成本，快速地推进了我国页岩气的发展历程，也必将是我国未来页岩气持续发展的根本。

---

① 1 马力(ps) =0.74 千瓦(kW)。

8.2.5 国企、央企及社会资源的大力投入

企业是页岩气勘探开发的主体。与北美页岩气勘探开发由中小油气公司主导不同的是,我国页岩气勘探开发在该阶段主要由大型国有油气企业主导。其中,中石油、中石化、中海油和延长石油4大油气公司响应国家能源发展战略,积极跟进国外页岩气勘探开发进程和技术,对中国页岩气勘探和开发都有自己的发展规划和实施计划。截至2015年,中国石油企业和中标企业投入300多亿元进行地质研究、地震、钻井、压裂、生产和铺设管线等作业。

中石油从2009年开始在四川地区部署页岩气勘探井和评价井,2010年威201井获得突破,拉开了中国南方海相页岩气商业性开发的序幕。2012年初设立了长宁-威远和昭通两个国家级页岩气示范区,并通过地质理论研究、技术创新和开发试验,形成了实验区内3 500 m以浅的页岩气工厂化的开发技术。截至2014年年底,中石油在两个示范区采集二维地震6 076 km,三维地震751 km^2,完成区内钻井154口,生产井98口,产气863×10^4 m^3/d①。

中石油通过收购海外页岩气区块权益的方式与新田、壳牌和BP等企业合作,学习北美在页岩气勘探开发方面的成功经验。与此同时,中石化西南分公司、华东分公司、勘探开发研究院等对整个南方地区的海相、海陆过渡相做了参数井和勘探井,另外中石化也在初期积极与康菲、BP谈判,通过油藏研究来确定签署可能的产品分成合同。

2009—2010年中石化主要在盆地外构造复杂、保存条件差和热演化程度高的复杂地区探索,2010—2011年转到四川盆地勘探,然而由于技术和成本限制,没有选择四川盆地内深层。2011年开始转入四川盆地边缘埋藏较浅的海相龙马溪页岩。2012年焦页1HF井试采获日产20.3×10^4 m工业气流,实现了中石化页岩气勘探重大突破。2013年1月9日开始日产6×10^4 m投入商业试采,标志着涪陵页岩气田正式进入商业试采。2014年,中国石化宣布涪陵页岩气田提前进入商业开发。2015年,重庆涪陵国家级页岩气示范区被国家能源局专家认为是中国页岩气勘探开发理论创新、技术创新、管理创新的典范,对中国页岩气勘探开发具有很强的示范引领作用,展示了中国页

① 贾爱林,2016 GTI页岩气培训交流。

岩气勘探开发的良好前景。截至 2015 年，中石化已累计实施二维地震 4 894 km，三维地震 850 km^2，完钻井 135 口，总进尺 63×10^4 m，投入资金达到 120 亿，建成 16×10^8 m^3 页岩气产能。

此外，中海油在 2013 年通过控股中联煤开始进入页岩气等非常规天然气领域，在安徽的页岩气区块和沁水盆地开始了参数井、探井的探索。延长石油在陆相页岩气和海陆过渡相页岩气方面同样进行大力投入，探索陆相页岩气成藏地质条件，突破陆相页岩气开发关键核心技术。2011 年，延长石油钻探柳评 177 井获得 2 350 m^3/d 的页岩气，证实了陆相页岩气潜力。2014 年云页平 1 井 2×10^4 m^3/d 的页岩气证实了华北地区海陆过渡相页岩的潜力。除国内市场外，三大油气公司在国外的北美及其他国家收购及参股加速学习北美的经验，如中海油参股切萨皮克公司（Chesapeake），中石油在加拿大参股加拿大能源公司（EnCana），中石化参股美国戴文能源公司（Devon Energy）。

除以上大型油气企业外，两轮页岩气招投标区块也在如火如荼地开展各项工作。尽管在 3 年勘探期结束后尚未完成预期工作量，但两轮页岩气招标区块在我国页岩气勘探开发过程中起到了重要作用和贡献。三年来，一、二轮页岩气招标区块共完成野外地质路线 13 685 km、野外剖面测量 621. 3 km，二维地震 8 011 km，大地电磁测量 838 km，航空遥测 5 768 km^2，样品分析测试 37 896 项次，钻探页岩气探井 62 口，钻井总进尺 41 219 m，累计资金投入超过 22 亿，获得了众多地质成果和认识，对我国页岩气勘探开发及探矿权改革后续发展具有重要作用。

总之，中国油气公司页岩气勘探实践表明中国南方海相页岩总体埋藏较深、构造复杂，目前开发的多位于盆地边缘埋深相对较浅和地表复杂的区域。优质储层位于深水陆棚，是成烃成储的物质基础；页岩气保存条件是成藏控产的关键。页岩气勘探高效模式是在工程和地质相结合的甜点区采取井位部署平台化、钻井压裂工厂化、采输设备撬装化、组织管理一体化。页岩气勘探开发机制上采取国际合作、民营和非传统油气公司参与、市场化运作和项目化管理的油气公司模式。

8.2.6 理论技术的创新和掌握推动页岩气产量增加

页岩气理论技术的创新和掌握直接推动了我国页岩气产量的增加。2012 年，中石化通过对焦页1HF井分段压裂试采后获日产20.3 $\times 10^4$ m^3工业气流，实现了中石化页岩气勘探重大突破。随后在焦石坝地区继续开展勘探评价和开发试验，在2014年首期投产的43口井中，获得平均单井测试产量32 $\times 10^4$ m^3/d，平均单井无阻流量为55 $\times 10^4$ m^3/d，探明地质储量为1 067.5 $\times 10^8$ m^3，建成16 $\times 10^8$ m^3/a的产能，累计生产页岩气9.09 $\times 10^8$ m^3，实现焦石坝页岩气田规模化商业开发。到了2015年，页岩气年产量迅速增加到41 $\times 10^8$ m^3，而截至2016年12月，涪陵页岩气田年产气量50.05 $\times 10^8$ m^3，年销量48.05 $\times 10^8$ m^3。而2017年前10个月的页岩气产量就达到了44.74 $\times 10^8$ m^3，同比增长9.44%。

此外，中石油在长宁-威远区块累计钻井154口，建成20 $\times 10^8$ m^3/a的页岩气产能，2015年产量超过20 $\times 10^8$ m^3。在昭通地区，中石油完钻页岩气井28口，压裂26口，其中21口产气，单井最高产量20 $\times 10^4$ m^3/d。中石油计划在2014—2015年期间，在长宁-威远地区和昭通地区新增页岩气钻井150余口。目前，中石油在该区新增页岩含气面积207 km^2，探明页岩气地质储量1 635 $\times 10^8$ m^3，技术可采储量408 $\times 10^8$ m^3，建成页岩气产能25 $\times 10^8$ m^3/a，累计页岩气产量6.87 $\times 10^8$ m^3。到了2015年，中石油页岩气产量约为16 $\times 10^8$ m^3，而截至2017年12月，中石油已年产气55 $\times 10^8$ m^3。

8.2.7 基础设施的逐步完善为页岩气商业化提供重要保障

伴随着页岩气的勘探开发进展，中国页岩气配套管网建设和综合利用项目都已适时实施，实现了勘探开发、管网建设和综合利用的纵向一体化结合。2015年5月，中国石化在涪陵页岩气田建成中国首条高压力、大口径页岩气外输管道(涪陵-王场管道)，管道全长136.5 km，设计输量达60 $\times 10^8$ m^3/a，为川气东送管道提供了第3大气源，川气东送管道因此形成了涪陵页岩气、普光和元坝天然气多气源输送的格局。结合涪陵页岩气田的勘探开发项目规划，涪陵页岩气配套管网也在加快规划建设，2020年前将再建成4条天然气管道以连接涪陵页岩气田，实现页岩气管网与天然气管网的有机结合。

中国石油西南油气田公司为长宁-威远国家级示范区新建了3条页岩气外输管

道，全长约 110 km，设计输量达 $30 \times 10^8\ m^3/a$，结合浙江油田的“主动脉”页岩气外输管道，可以将就地消耗余下的页岩气通过纳安线、南西复线和泸威线进入川渝及国家天然气骨干管网。

而对于管网建设难度大的不利于商业开发的区域，目前多采用就地消耗页岩气的综合利用项目进行消化。以位于四川宜宾的筠连县页岩气开发为例，该区域位置偏远不利于管网建设，加上筠连县页岩气井具有分布广、数量多和产量低的开采特点，页岩气商业化开发难度较大。为有效利用当地页岩气资源，结合当地页岩气开采特点，2015 年 4 月，四川富瑞德能源开发有限公司相继建成了 3 个页岩气“固定式燃气发电站”，日均发电量达 4×10^4 kW · h，成为中国首家页岩气就地发电项目。

总而言之，周边基础设施的完善使得页岩气能够很好及时地运送到各个工业用户、发电用户的手中，促进页岩气的可持续发展。如若没有基础设施建设的支撑，单依靠技术创新实现我国页岩气的快速发展恐怕也是孤掌难鸣。

第9章

页岩气发展启示与展望

9.1 页岩气发展启示

9.1.1 政府的引领和促进作用

由于受两次世界石油危机影响,美国政府早在1973年就提出了“能源独立”这一概念。政府为此也相继出台了多部鼓励性法律和政策,从加大本土油气资源开发与供应、发展新能源与清洁能源等多个方面入手,推动“能源独立”一步步实现。尤其是清洁能源需求的增加和优惠税收激励或补贴的政策促进了科技进步,从而导致了页岩气革命和紧接着页岩油的成功开发。2011年美国已超越俄罗斯成为全球头号天然气生产大国,2014年美国成为全球最大的成品油生产国。总之,“页岩气革命”塑造了美国能源独立的版图。同样,中国国土资源部、国家能源局、财政部等政府部门从投入资金开展页岩气基础地质调查和勘探开发技术突破工作,到设置页岩气探矿权,再到发布页岩气相关政策等一系列工作过程中同样起到了十分重要的作用。因此,综合中美两国在页岩气上的发展情况来看,政府在促进页岩气产业发展的初期具有十分重要的引领和促进作用。

但与中国政府明确推动页岩气发展不同的是,美国政府在针对页岩气开发上的作用也不能刻意夸大。美国政府在页岩气发展前期确实尝试过给予直接帮助,其中包括研发投入和税收抵免政策等。在1976—1992年的16年里,美国能源部总投资也只不过9 200万美元,相对公司其投入的研发和施工费用很少,而且能源部资助的很多压裂方法对页岩并不适用。其次,美国政府为了促进页岩气的开发曾出台过税收抵免政策。当年美国政府在制定政策时,并不知道Barnett地区也有很多页岩气。政府在政策中写明的页岩气税收抵免地块为东部的泥盆系页岩,而不包括米歇尔能源(Mitchell Energy)公司成功开发的Barnett页岩气区块。因此,米歇尔能源公司几乎没怎么受益于美国政府的这两项政策。此外,在2007年前,美国所有政策法规里都没有特意提到页岩气。因此,不能过度放大美国政府的作用,中小公司灵活的决策、庞大的市场需求、完善的管道等基础设施、充足的水源以及土地和矿产为私有产权等都为页岩气革命提供了重要支撑。

9.1.2 循序渐进和厚积薄发

虽然北美页岩气产业的飞速发展是进入 21 世纪以后才出现的,但仔细了解分析北美页岩气发展历程就可发现,北美页岩气能够走到影响自身乃至世界能源消费格局这一阶段并非一蹴而就,而是基于漫长的从地质到工程、从政策到商业的探索、实践和定型的过程。整体来看,北美页岩气产业从开始认识到现今可以用两个词来形容:循序渐进、厚积薄发。

上已述及,北美页岩气产业发展整体可以划分为 3 个阶段。

第一阶段是页岩气的发现与探索阶段,最早可以追溯到 1821 年美国第一口页岩气生产井,但受限于当时的经济技术条件,大规模开发页岩气不具备经济性。这一阶段历史最长,直到 20 世纪 80 年代才结束,是页岩气产业发展的奠基时期。

第二阶段是页岩气技术成熟与商业化突破阶段。这一阶段的主要特征就是页岩气水平钻井和分段压裂技术的突破带动页岩气产量快速增长,等到进入 21 世纪初的时候,美国页岩气产量已达到 100×10^8 m^3。尽管这样的产量相比今天而言微不足道,但其发展速度确实是绝无仅有的。

第三阶段是 2003 年至今。这一时期美国页岩气产量大幅增长,页岩气生产形成规模化和产业化。页岩气产量从 21 世纪初占总天然气产量不到 1% 开始迅速增加到 2016 年占美国总天然气产量的 60%,页岩气产量达到 $4\,474 \times 10^8$ m^3。

总体来看,美国页岩气产业发展从发现、探索到技术成熟再到实现产业化整体遵循一个循序渐进、厚积薄发的过程。所以我国页岩气勘探和开发不能急功近利和大跃进,需要一步一个脚印。在扎实的页岩地质研究基础上摸清页岩气地质资源量和可采资源量,并根据中国页岩实际地质情况,采取适应中国地质和国情的勘探开发模式。此外,通过向美国学习页岩气勘探开发经验,少走了很多弯路,大大缩短了页岩气从勘探到商业发现的时间,中国从 2009 年页岩气勘探到 2014 年涪陵页岩气田的商业开发仅仅用了 5 年时间,这比美国当时的 20 多年节约了很长时间。但如果类比中美两国页岩气产业发展阶段来说,中国页岩气目前尚处于“循序渐进”的学习阶段,还远未到“厚积薄发”的产量爆发式增长阶段。

9.1.3 政产学研合作模式对技术突破和进步的巨大推动作用

页岩气的成功离不开技术进步。应该说，这种技术进步源于从20世纪80年代开始，美国政府从不同程度上刺激独立石油公司尽快开展非常规资源的开发，比如石油暴利税、鼓励非常规天然气开发等政策。美国页岩气革命与政府和中小企业合作密不可分。国家实验室（如Sandia）、研究机构（如天然气研究所及大学）、私营公司（如米歇尔能源公司）联合在地质和工程方面结合研究，共享技术。比如米歇尔能源公司和能源部及其他私营公司合作，通过UPR公司提供水力压裂技术和Sandia国家实验室提供的地下成图技术，开展了新的大规模压裂实验，并将其他学科发展起来的技术运用于页岩气勘探开发，如地热地下编图预测技术、常规油气开发的压裂技术及纳米电子显微镜识别储层技术。

这些中小型企业虽然资金实力较小，但决策灵活，敢于开拓市场，善于尝试新的专业技术，并能迅速决策用于页岩气的勘探和开发。比如能源部和米歇尔能源公司这样的中小型企业合作，在页岩地质、压裂和微地震检测等方面立项资助，不停实验，逐步积累，最终形成了如裸眼完井、硝化甘油爆炸增产、高能气体压裂等新技术，政府和公司合作最终促进了水平钻井和分段滑溜水压裂及微地震监测为核心的技术体系的形成和推广，规模性页岩气开发活动得以实现。近年来，美国将页岩气的勘探开发技术进一步拓展到页岩油的开发。正是页岩气和页岩油等非常规油气开发技术的推广应用，使2005年和2009年后美国天然气和石油产量增长分别出现了新拐点，充分证实了政府、中小公司、高校以及研究所合作对于科技进步的巨大推动作用。

9.1.4 发达的金融服务

美国投资公司多而且专业，由于页岩气开采作业周期短，单个环节投入少，效率高，资金回收快，因此吸引了大量风险投资和民间资本在页岩气各个环节的投入。发达的金融服务使得页岩气开发商可以在不同阶段实现快速融资，如在风险勘探阶段主要靠股权融资，在勘探完成、投产并有一定产气量后，企业可获得银行贷款，也可发行债券;另一个更主要的方式是项目融资(以项目营运收入承担债务偿还责任的融资形式),可让当前没有现金流的公司也可以获得长期贷款。

9.1.5 市场化运营实现高效率的分工合作体系

美国页岩气革命的成功公认是由中小能源公司推动的。过去由于页岩气低渗透、难开采、非经济的特点,石油巨头将精力集中在常规油气,尤其是深水巨大潜力的新领域。但油气需求的稳定增长为中小能源公司提供了很大的市场空间。随着政府的支持、技术进步的不断推广、油气需求和高油价造成营利空间的扩大,这些中小能源公司逐步具有开发这些难采页岩气资源的能力,使原来难以赢利和大公司不重视的页岩气资源项目变为可赢利的项目。然而,这并不意味着今后非常规资源规模性的生产和长期发展仍然依靠中小石油公司。下一阶段页岩气的发展还是需要依靠所有石油公司的努力,尤其是世界石油巨头对非常规资源的重视。这主要是由于石油巨头有着中小石油公司难以匹敌的雄厚的资金实力和丰富的研发开采经验,所以今后,无论是在现有技术的规模应用上,还是未来新技术的研发投入上,石油巨头都将起到中小石油公司难以起到的作用。今后非常规油气资源的全球性规模开发需要大型能源公司的主导。

美国的石油公司主要将精力用于油气的勘探和开发的投资与经营。有些石油公司即使资金不足,但只要有好的页岩气区块资产和好的技术都能吸引来风险投资。日常生产将业务外包给专业的油田服务公司,包括很多石油巨头在内的石油公司会通过外包业务,让更专业的油田服务类公司提供相应的高效服务。另外,美国完善的基础设施为上游勘探和中游页岩气运输提供了保障,以及庞大页岩气下游的需求市场为整个页岩气从勘探到利用构成了一个完整的良性发展的产业链。

9.1.6 资料数据的高程度共享

美国互联网、信息技术、出版业和数据公司高度发达,无论政府机构资助研究的免费页岩气勘探开发成果(比如美国联邦地质调查局、能源部和州地调局),还是私营公司商业的研究或者商业的数据库及期刊或者书籍,都通过数据库尤其是地理信息系统能将各种来源的数据融合在一起,并实现共享。

以美国能源信息署(EIA)为例,其隶属于美国国家能源部,是能源部的一个信息统计机构。其作为美国最重要的能源信息、资料共享平台,该机构的主要工作任务就是提供美国自身以及全球其他国家各种化石、非化石能源的统计资料、信息预测和分析报告,内容涵盖广泛,包括能源生产(油气、煤炭、电力等)、储备、需求、消费、进出口以及价格等不同领域。目前,其已成为美国政府制定科学的能源政策的重要参考依据,也是相关产业、公众以及媒体获得能源信息的重要途径,在保证公益性资源配置优化方面发挥了巨大的作用。

因此,对于我国而言,应把握页岩气发展有利契机,以页岩气作为切入点,由政府主导完成资料共享平台的搭建,构建公益性油气地质资料共享机制,建立国家级资料信息共享总体规划和组织管理,加强油气地质资料信息公开服务体系建设,完善共享服务机制,确保每一块资料都能够发挥重要的作用。

9.1.7 加强页岩气勘探和开发技术及理论研究

页岩气区块的开发要经过 3 个不同的阶段,从地质勘探和规划阶段,经过钻探证实储量,再到生产阶段。详细的地质研究为可靠可采储量的确定和钻完井提供最基本和可靠的参数。通过实践后可以探索最优化的开采方案,夯实和持续的基础地质研究和科学的钻井与压裂方案,对页岩区块成功勘探和开发至关重要。

地质调查和研究不能中断,因为美国页岩气地质认识不断深入告诉我们过去认为页岩气不可能的地方现在则是主要的潜力或重要产区。2016 年,美国地质调查局更新了对科罗拉多州宾塞斯盆地的曼柯斯页岩气储量的估算结果,最新的评估数据表明,该盆地可能存在至少 1.87×10^{12} m^3 的页岩气、$1\,036\times10^4$ t 的页岩油以及 630×10^4 t 的凝析气。这一评估是对未发现的、技术可采资源的评估,也是美国地质调查局勘查确认的具有第二大蕴藏潜力的页岩气资源。最早对宾塞斯盆地曼柯斯页岩气资源量的估计是在 2003

年前后完成的，当时评估的页岩气资源量只有 $453.1\times10^{8}\ m^{3}$。在过去 10 年中，曼柯斯地区持续的地质研究和最新钻探提供了该地区未被发现的石油和天然气的详细地质数据，发现曼柯斯页岩厚度超过 1 220 m，拥有可以孕育页岩气和页岩油的层段。这一发现是美国地质调查局近期开展的美国第二大潜在油气资源评估工作的重要成果。

到目前为止，美国页岩气勘探和开发经验明确了，具有一定厚度、集烃源岩、储层和盖层为一体的富有机质页岩只有在构造简单（地层倾角小且断裂不发育）、脆性矿物含量高、含气量高、超压和地应力差小的情况下才是真正的可采用水平井多级压裂开发的优质页岩气藏（图 9－1）。页岩气多以“平台”为单位，单井采用水平井多级体积压裂方式，一个平台的多个井采用高效的“工厂化”作业模式进行低成本高效规模开发。国内外页岩气开发实践证实，必须借助成本较高的水平井和大型压裂改造技术，建成足够可采储量规模的单井“人工气藏”，才可能实现页岩气经济有效开发。为快速

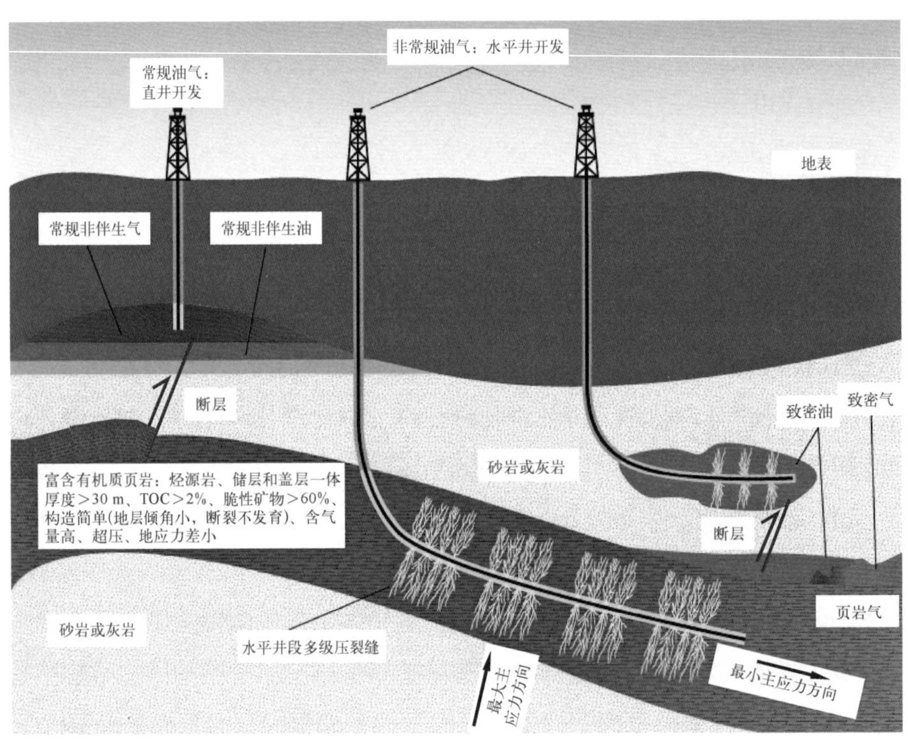

图9－1 北美优质页岩气藏及开发示意

收回投资,美国页岩气井通常采用放大生产压差方式生产,投产初期压力高、产量大,但压力和产量递减快,第一年递减率高达65%~75%,实际是不科学的开发方案,目前很多公司在开发初期都用小尺寸的油嘴限制初始产量并需要间歇关井恢复压力或增压,这样可以保证不破坏性开采、后期持续的生产以及最大的采出程度。

9.1.8 北美页岩气勘探开发经验对中国的启示

据美国能源信息署和中国国土资源部的数据,中国页岩气可开采资源量位居全球第一。然而与美国相比,中国页岩气的地质条件十分复杂,一方面构造运动造成页岩气成藏预测困难、钻完井难度大和施工费用高,另一方面陆相和海陆过渡相页岩中的高黏土矿物含量影响压裂效果,而且美国的滑溜水清水压裂技术对水资源依赖过大,中国很多页岩气潜力区位于水资源匮乏地区,造成美国的页岩气开采技术无法在中国展开大规模应用。

此外,中国需要针对自身页岩发育地质特征,在钻完井装备、水平钻井技术、旋转导向技术、随钻测井技术、压裂隔离部件、模拟软件、分析软件、监测工具等方面形成系统性成套技术,并在实践中不断总结经验改进。实际上,美国页岩气开采并没有统一标准,开发集成技术的优化建立在数量庞大的钻井勘探活动之上,国内页岩气目前为止井数有限,消化和建立适合本土的这些非标准化的集成技术还需要大量经验的积累。

目前,中国页岩气勘探需要一定的资质门槛,并且关于页岩气很多优惠政策不明朗、不具体。中国天然气定价包括出厂价、管输费、城市门站价和终端用户价,出厂价和管输费由国家发改委制定,能否进入输气管道由中石油和中石化垄断的管道公司决定,城市配送服务费由地方政府制定,过程复杂且不由市场决定。这大大限制了天然气勘探、开采、输送等天然气产业链各环节企业的积极性,极大限制了民企参与页岩气勘探开发以及在没有管网地区勘探的积极性,所以必须对页岩气产业链的各个环节进行改革。

随着对页岩气政策、资源分布和勘探开发技术的了解,越来越多的银行和公司开始提供页岩气开发的项目融资和中长期金融支持。但是,由于各地方的政府机构、研究机构和国企及民企公司各自为政和条条分割,都想在页岩气勘探开发上得利益和抢头功，导致了重复性立项和数据互相保密。我国与油气相关的地质和工程资料分布在国土资源部、地调局、各大油气公司，数据库的管理和共享程度差，耗费了大量的人力、财力和物力。这点需要向美国学习，加强统筹协调及信息、资源和数据共享，加强各机构和产业链中各环节健康合作。

美国页岩气革命的成功主要因素在于页岩气资源非常巨大、市场需求大、政府的支持、上中下游完善和分工明确及合作的产业链、成熟的勘探开发技术、开放的市场、完善的法律和监督制度、完善的基础设施等因素。中国目前从政府到国有企业和私营小公司都对清洁的页岩气非常重视，政府可以动用国家力量来统筹协调完善法律和政策、共享数据和资源，并利用国家和企业大量的投入争取早日在美国页岩气勘探开发技术基础上进行创新，放宽企业准入，借助国家和社会资金，让各企业可以平等准入和退出页岩气上游勘探、中游运输及下游利用等，在符合国情和科学规划的基础上稳步推进页岩气的勘探和开发。

9.2 页岩气资源勘探开发趋势与展望

9.2.1 美国页岩气勘探开发趋势

页岩油气地质理论研究和水平井多级压裂技术不仅推动了美国油气再创高峰，打破了哈尔伯特提出的石油产量的峰值理论，而且引领了全球非常规油气地质理论发展与勘探开发。

2000 年以前，美国的页岩气勘探开发基本都是技术尝试阶段，实验结果证实只有大规模压裂以及最大程度和页岩气藏接触才能满足页岩气商业开发。2003 年后，水平井多级压裂被证实为页岩气商业开发的主要技术，此后页岩气产量开始迅速增长。2014 年后，美国页岩气产量在价格持续低迷的情况下仍然能够逐年稳定增长，使美国 2016 年页岩气贡献了美国天然气总产量的 60%。而且在未来一段时间(2017—2040

年)仍将保持持续稳步增长的态势。

据 IEA 2017 年预测,2022 年美国的天然气生产将占全球的 40%。Marcellus 页岩气的产量将增加 45%。到 2040 年,页岩气产量将占美国天然气总产量 70% 以上(图 9-2)。这主要得益于美国得天独厚的地质条件和丰富的页岩气资源和市场条件,以及页岩气低成本高效开发技术的不断进步。比如在 Marcellus 页岩气中,2014 年 1 月钻的井产量是 5 年前的 9 倍。Appalachian 盆地的页岩气产量并未受到低油价的冲击,并且该地区还将对美国页岩气总产量增加做出长期贡献。预计到 2040 年,Appalachian 盆地的 Marcellus 页岩区和 Utica 页岩区的产量将接近 $11 \times 10^8\ m^3/d$,大约占美国页岩气总产量的 50%。

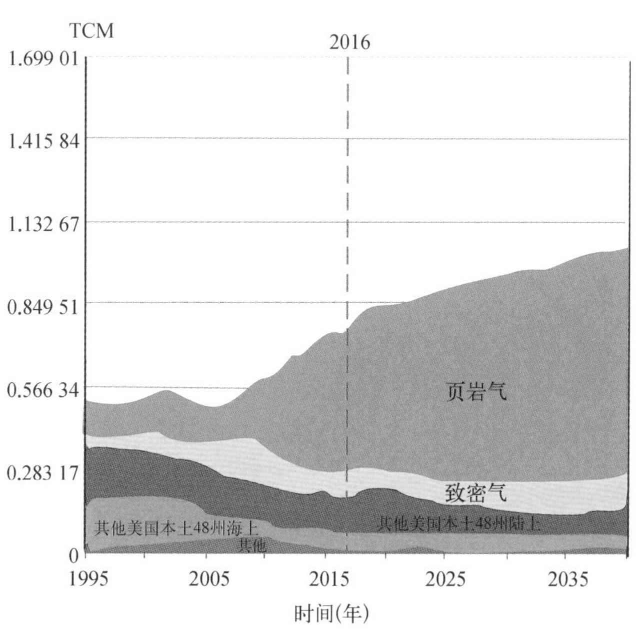

图 9-2 美国年天然气产量历史及未来预测(据 EIA)

页岩气的利用关系到国家能源安全,其不仅改变了北美能源供应和消费格局,使美国在全球战略中掌握了能源武器,实现了能源基本自给,并通过页岩气大量供应造成天然气价格的降低推动了美国的制造业回归。反过来,市场的需求也会推动未来美国页岩气产量的持续增加,而且美国向全球不断输出技术,既赚了大量的钱也获得了全球页岩气勘探开发的市场。未来,美国通过页岩气勘探开发技术可能在全球页岩气产业获得更多的市场份额，并在国际能源和地缘政治等方面拥有更多的话语权。

9.2.2 中国页岩气勘探开发趋势与展望

作为美国之外最大的能源消费大国和工业大国，我国开发页岩气势在必行。自从国务院正式将页岩气列为独立矿种以来，我国地质和石油工作者苦战攻关，从 2009 年开始投入页岩气勘探到 2014 年宣布涪陵页岩气田的发现和开始商业开发，短短几年就走过北美 30 多年走过的路。目前，已经圈定蜀南-川东-川东北地区五峰组-龙马溪组为万亿立方米级海相页岩气大气区，发现了涪陵、威远、长宁等千亿立方米级以上页岩气大气田及富顺-永川、彭水、南川-丁山等产气区带（图 9－3）。

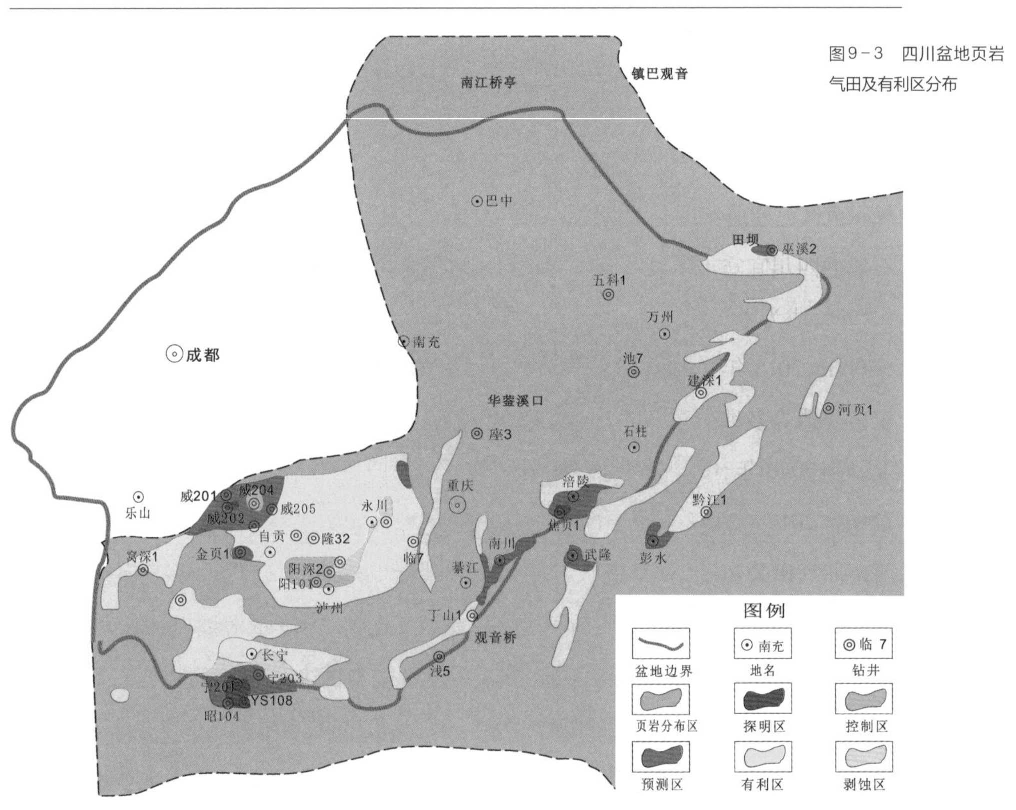

图 9－3 四川盆地页岩气田及有利区分布

根据国土资源部、中石化、中石油等公布的信息和资料，2015 年，海相页岩气产量为 $45\times10^{8}\ m^{3}$，2016 年我国页岩气产量为 $78.82\times10^{8}\ m^{3}$，2017 年我国页岩气产量达到 $100\times10^{8}\ m^{3}$，仅次于美国、加拿大，位居世界第三，并且使得中国跻身全球目前已成功实现页岩气规模化商业开发仅有的 4 个国家之列。但我国页岩气产量仅为美国产量的 1/50，尚处于起步阶段。2016 年年底，中国页岩气产量为 $78\times10^{8}\ m^{3}$，其中中石化产量是 $50.4\times10^{8}\ m^{3}$，建成 $70\times10^{8}\ m^{3}$ 的产能；中石油产量是 $28\times10^{8}\ m^{3}$，建成 $40\times10^{8}\ m^{3}$的产能。截至 2017 年 6 月，中石化涪陵气田探明储量超 $6\ 000\times10^{8}\ m^{3}$，累计产气达 $118\times10^{8}\ m^{3}$，涪陵气田累计投产 253 口井，其中 128 口井累计产量大于 $4\ 000\times10^{4}\ m^{3}$，占总井数的 50.6%；焦页 1HF 井实现稳产 1 303 天，累计产气超过 $9\ 200\times10^{4}\ m^{3}$，是国内稳产时间最长的页岩气井；焦页 6－2HF 井累计产量超过 $2.37\times10^{8}\ m^{3}$，是国内产气量最多的页岩气井。日产量已经突破 $1\ 600\times10^{4}\ m^{3}$，标志着我国页岩气已加速迈进大规模商业化发展阶段。目前，焦石坝页岩气田已成为全球除北美之外最大的页岩气田。

四川威远-长宁地区页岩气累计探明地质储量 $1\ 635\times10^{8}\ m^{3}$，中石油的威远、长宁、昭通等地区也实现了页岩气商业开采。2016 年，中石油长宁-威远、昭通两个页岩气示范区已建成年产能规模 $30\times10^{8}\ m^{3}$，当年产量超过 $28\times10^{8}\ m^{3}$。2017 年 7 月，中石油的四川宜宾市珙县上罗镇长宁页岩气示范区的 H10－3 井累计生产页岩气 $1\times10^{8}\ m^{3}$，成为中石油第一口产气量超过亿立方米的页岩气井。这口井水平段长度 1 500 m，2015 年 9 月 14 日测试获日产气量 $35\times10^{4}\ m^{3}$。投产以来，通过精细管理、工艺改造等多种措施，确保了稳定连续安全生产近 700 天，日产气量在 $8\times10^{4}\ m^{3}$以上。到 2020 年，中石油规划在四川盆地及其周边实现页岩气产量 $120\times10^{8}\ m^{3}$，这意味着 2017—2020 年的年均增长率超过 40%。远景规划方面，到 2025 年，中石油西南油气田公司规划在川南实现页岩气年产 $300\times10^{8}\ m^{3}$；到 2030 年实现页岩气年产 $500\times10^{8}\ m^{3}$。为实现页岩气规模上产计划，中石油西南油气田公司计划在 2017—2020 年动用 100 多台钻机，新打 1 150 口井，平均每年打 200 ~300 口井；2020 年以后平均每年打井数量将提升至 400 ~600 口的水平。根据《能源发展“十三五”规划》，在政策支持到位和市场开拓顺利的情况下，2020 年页岩气产量有望达到 $300\times10^{8}\ m^{3}$。

我国南方海相页岩气调查取得重大突破，长江上游贵州遵义安页 1 井获超过 $10\times10^4\ m^3/d$ 的稳定高产工业气流；长江中游湖北宜昌鄂宜页 1 井在寒武系获得无阻流量 $12.38\times10^4\ m^3/d$ 的高产页岩气流，并在震旦系获得迄今全球最古老页岩气藏的重大发现。中国不仅海相富含有机质页岩分布广，海陆过渡相页岩和陆相富含有机质页岩页岩气潜力也很大。海陆过渡相页岩是中国常规天然气的主要烃源岩，该页岩累计厚度较大但单层厚度较小（通常介于 5 ~15 m），纵、横向变化快，黏土矿物含量高，总含气量偏低且吸附气含量偏高，有机质纳米孔隙发育量较少，页岩层段常与致密砂岩或煤层伴生，气、水关系复杂。从鄂尔多斯、南华北等盆地钻探情况看，展现出一定的勘探前景，但大部分井难压裂，而且测试产量不高。

陆相富有机质页岩是中国主要含油盆地的烃源岩，主体处在生油期，生气少。而且陆相页岩具有相变快和黏土矿物含量高的特征。陆相页岩气在四川盆地三叠系须家河组、侏罗系自流井组、鄂尔多斯盆地三叠系延长组等盆地和层系进行了较多的探索，特别是陕西延长石油集团在陆相页岩气方面取得了重大突破。但总体而言，我国的陆相页岩气仍然处在积极探索阶段，虽发现了一些工业气流井，但整体上未能获得规模化商业产能，勘探开发前景并不明确。

无论根据过去国土资源部、中石油、中石化及美国 EIA 资料，还是根据国土资源部最新的中国页岩气探明地质储量高达 $5\,441.29\times10^8\ m^3$ 的报告，我国可采页岩气资源潜力都居世界首位。目前在海相、陆相和海陆过渡相勘探开发都取得了重要成就，但仅有涪陵、长宁等四川盆地内海相页岩实现了商业生产，2017 年中国页岩气的年产量有望达 $150\times10^8\ m^3$，但其他地方特别是陆相和海陆过渡相页岩距离商业化开发仍有一段距离。按目前的趋势，“十三五”规划中 2020 年的 $200\times10^8\ m^3$ 产量目标有望实现，力争达到 $300\times10^8\ m^3$。未来随着勘探开发技术的进步，到 2025 年，我国海相、陆相和海陆过渡相页岩气开发都将获得突破，新发现一大批页岩气田，并实现规模有效开发。2030 年实现 $(800\sim1\,000)\times10^8\ m^3$。尤其中国 3 500 m 以下深层页岩气潜力大，该潜力可以满足 2030 年规划 $500\times10^8\ m^3$ 的产能。中国届时也将成为仅排名美国之后的世界第二大页岩气生产国。

9.2.3 其他国家页岩气勘探开发趋势

加拿大是继美国之后世界上第二个成功开发页岩油气的国家。受美国由油气进口国变为油气出口国、本国市场需求小和基础设施有限等限制，加拿大目前页岩油气勘探开发投资放缓。未来加拿大的页岩气勘探开发取决于国际天然气市场情况和加拿大的页岩气基础设施情况。阿根廷过去是南美洲最大的天然气出口国，但由于产量下降和需求增加，阿根廷变为天然气进口国。阿根廷天然气产量从2015年开始增加，政府期待依靠其22.71×10^{12} m^3的页岩气技术可采资源量大大提高天然气的产量。

南美洲的阿根廷的Neuquen盆地的Vaca Muerta页岩预计有8.72×10^{12} m^3的页岩气可采资源量。该页岩在地质背景、矿物、埋深、厚度、压力等方面和美国的鹰滩(Eagle Ford)页岩相当。自2010年以来，Vaca Muerta页岩中直井和水平井的钻完井数量超过588口。据阿根廷能源和矿业部的数据，截至2015年年底，页岩气产量达到18.29×10^{8} m^3，阿根廷的国家石油公司Yacimientos Petroleiferos Fiscales(YPF)是Vaca Muerta页岩最活跃的作业者，已经与雪佛龙、陶氏化学和马来西亚石油等合作伙伴开展了合资试点项目，以进一步推动页岩气发展。虽然Vaca Muerta可能与美国的鹰滩页岩具有相似的地质特点，但是鹰滩页岩的生产历史可能难以在阿根廷复制。从2010年到2013年，鹰滩页岩钻了1万多口井，平均每口井生产量在此期间几乎翻了两番。然而，虽然阿根廷的钻井成本有所下降，但仍高于目标成本。截至2015年，Vaca Muerta页岩气水平井的平均钻井和完井成本约为1 120万美元，而鹰滩页岩则为650万~780万美元。阿根廷本土页岩气资源的经济竞争力将取决于国内钻井和完井的成本以及新钻井的生产能力。阿根廷近年来开发常规和非常规油气钻井为110台，而2013年仅鹰滩页岩就有230多台页岩专用钻机。此外，阿根廷的劳动力和进口设备成本相对较高，短缺的页岩专用钻机和有限的支撑剂生产能力可能会阻碍阿根廷页岩气的进一步开发。巴西于2013年10月启动首轮陆上页岩气区块招标，但由于其丰富的常规油气资源，目前主要勘探精力仍集中在常规油气资源方面，使得页岩气勘探开发进展缓慢。

印度是仅次于美国和中国的世界上第三大能源消费国，而且其能源需求还在持续增加。印度自2010年和美国签署页岩气合作"谅解备忘录"以来,印度页岩气的勘探和开发仍处于初级阶段。由于政府的矿权和土地拥有者之间的矛盾及对环保方面的考虑,印度页岩气勘探和开发进展缓慢。直到最近,印度通过改革其石油勘探和许可政策,对其上游行业进行了改革,这可能会在一定程度上吸引潜在的投资者,对印度国内的页岩气进行勘探开发。

由于对页岩气地质认识有限、成本较高、石油服务行业欠发达、管理经验不足、管道缺乏及水源不足等诸多原因,墨西哥目前还没有页岩气生产井。但随着墨西哥天然气产量的下降和需求的增长,墨西哥政府最近决定开发页岩气,尤其是优先开发墨西哥北部和美国鹰滩页岩相似的页岩,并计划近期把页岩气和常规陆地区块以及深水区块一起纳入招投标项目,计划2030年开始商业生产页岩气。

近年来,澳大利亚页岩气勘探活动迅速增多,但由于市场需求不大,勘探和开发进展有限。2017年2月15日,澳大利亚Origin Energy公司宣布,与其合作伙伴猎鹰油气公司(Falcon Oil & Gas)在澳洲北部的Beetaloo盆地发现超级页岩气田,但有待于进一步证实。

欧洲多国为了降低对俄罗斯能源的依赖,对页岩气勘探开发非常重视。美国页岩气热潮使得波兰政府最早向国内公司和国际能源企业颁发了页岩气勘探许可证,但因效果不理想导致勘探活动中断,未来波兰可能重启页岩气勘探开发活动。随着水力压裂限制的逐步解禁,英国、德国和法国等开始计划勘探和开发本国的页岩油气。俄罗斯拟定了加入全球页岩油气革命的发展计划,其目前是世界上第三个实现页岩油商业化生产的国家,目前页岩油平均产量占其国内原油产量的大约1%,并拟在2020年将这一比例提高到11%。乌克兰极欲摆脱对俄罗斯的能源依赖,近年来借助页岩气领域吸引了大量外资,但其页岩油气资源的商业开发潜力仍不明朗。除上述国家以外,欧洲的其他国家由于近年来开始松绑页岩气压裂的限制,页岩气的勘探开发工作也开始悄然展开,古生代和中生代的富有机质页岩都是潜在的勘探目标。

受全球页岩气开发热潮的鼓舞,北非一些国家正在开始着手勘查和开发页岩油气资源。据EIA评估资料,北非的阿尔及利亚、利比亚、摩洛哥和突尼斯4个国家页岩气资源丰富,技术可采资源量达$24.5\times10^{12}\ m^3$。其中,阿尔及利亚居首位,为$20.0\times$

10^{12} m^3。2014 年 5 月 22 日,阿尔及利亚政府正式批准可以在南部地区开发页岩气资源,钻取 11 口页岩气井,并准备利用 7 ~13 年的时间进行资源量评估。摩洛哥和突尼斯希望通过页岩气实现国家经济多元化和能源格局多样化;而利比亚的政局虽然不太稳定,但也十分关注如何开采其页岩油气资源以提高自身能源来源多样化。

美国能源信息署(EIA)估算了 32 个国家的页岩气技术可采资源量,页岩气总资源量为 187.6×10^{12} m^3,远超这些国家天然气总资源量 36.1×10^{12} m^3。其中,中国页岩气可采资源量居世界第一,达到 36×10^{12} m^3,远远超过探明的 3.0×10^{12} m^3 天然气资源量。国土资源部油气中心采用成因法、统计法、类比法及特尔菲法进行估算,估算的中国页岩气可采资源量大约为 25×10^{12} m^3,与美国能源信息署估计大体一致。随着页岩气勘探开发技术的逐渐成熟和其他国家对清洁天然气资源的需求、对水力压裂等给环境带来问题的技术的了解、对页岩气勘探开发的政策支持,全球相关国家的页岩气产量将持续大增。

到 2040 年,全球主要的页岩气资源国的页岩气产量将大增,其中美国页岩气产量将为 2015 年的 2 倍以上,仍将为世界第一位,并且页岩气在天然气中比重将达 70% 以上(图 9 -4)。同时,美国、中国、加拿大、阿根廷、阿尔及利亚和墨西哥的页岩气产量将占到全球页岩气产量的 70% 。中国的页岩气也将由 2015 年的刚刚商业化生产达到

图9-4 全球页岩气和其他天然气生产趋势(据 EIA)

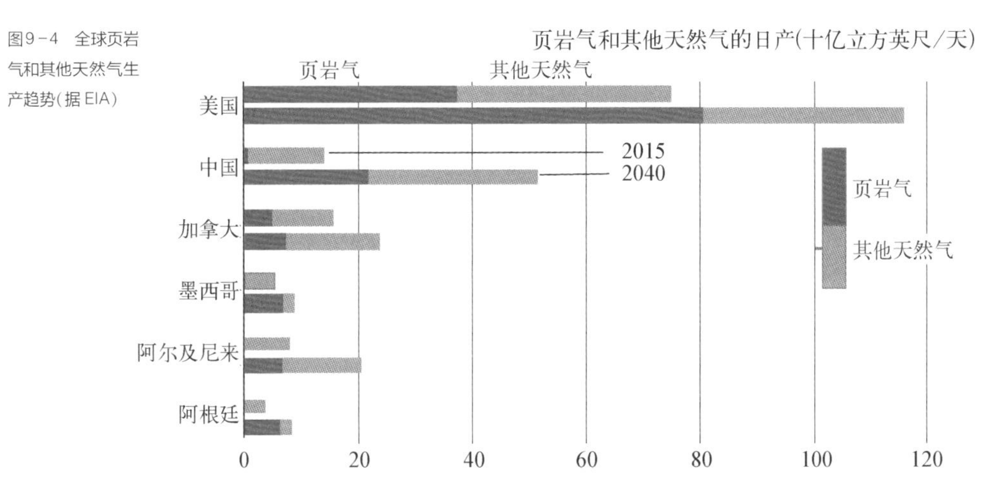

2040 年的日产超过 5.66×10^8 m^3，页岩气产量将占中国天然气总量的 40%，成为世界第二大页岩气产国。而加拿大也将由现在的第二大页岩气生产国变为第三大页岩气生产国。墨西哥、阿尔及利亚、阿根廷也将由现在没有页岩气生产成为主要的页岩气生产国。由此可见，未来天然气产量的增长主要依靠页岩气，世界页岩气产量的增长主要看美、中两家，而中国页岩气的重点建产区和评价突破区则集中在南方海相页岩地层分布区。

9.3 页岩气勘探开发理论和方法

随着北美页岩油气勘探开发技术不断地进步，各国都开始仿效美国的经验模式来勘探自己国家的页岩油气资源。由于早期对概念的误解和对美国地质的不熟悉，人们在实际页岩油气勘探开发中经常会犯教条主义错误，甚至有时在没有弄清楚本质的情况下，把所谓总结的美国模式直接应用到和美国地质条件完全不同的地区进行页岩气的勘探开发。

在页岩油气勘探开发初期，一些人认为看起来黑色细粒的页岩比较简单，所以就认为地质不重要，甚至认为富有机质的页岩都可成为页岩油气藏，就能用美国的水平井清水压裂技术去开发。但近年来随着勘探开发程度的提高，发现页岩非均质性极强，页岩气富集不均匀，无论对于不同页岩油气藏还是同一页岩油气藏的不同地方，产量也是有的高产、有的低产。纵观全球一些典型页岩油气藏的属性特征（表 9－1），不同地区的页岩具有不同的沉积和构造背景，导致地化、岩相、岩矿、岩石物理特征和压力均不同。比如前陆盆地的 Barnett 页岩的特征为有机质含量为 2%~7%、压力系数为 1.15~1.3（超压）、石英含量为 40%~60%（脆性）、孔隙度为 4%~9%；被动大陆边缘盆地的 Haynesville 页岩的特征为有机质含量为 1%~5%、压力系数为 1.6~2.1、黏土含量为 20%~35%、孔隙度平均为 8%~15%；而前陆盆地的 Marcellus 页岩的特征为有机质含量为 3%~11%、压力系数为 0.7~1.3、石英含量为 25%~40%、孔隙度为 3%~11%。

表9-1 美国、阿根廷和中国主要页岩基本特征统计表

国家	页 岩	沉积环境	构造背景	主要岩性	吸附气含量（%）	井底温度（℃）	TOC（%）	成熟度（%）	黏土含量（%）	脆性	孔隙度（%）	压力系数
美国	Barnett	海相	前陆盆地	硅质页岩	35	82~98	2~7	2%	10~30	高	4~9	1.15~1.39
	Marcellus	海相	前陆盆地	富含硅质到富含黏土页岩	40	65~93	3~14	1.6	20~35	低	3~11	0.7~1.3
	Haynesville	海相	被动大陆边缘	硅质和钙质页岩	17	132~177	1~5	2.15	20~35	中	8~15	1.6~2.1
	Antrim	海相	克拉通盆地	硅质页岩	>70	26	0.3~24	—	—	—	2~10	0.8
	Niobrara	海相	前陆盆地	—	油为主，25	93~115	1.5~10	0.98	<10	高	7~12	0.96~1.4
	Eagle Ford	海相	前陆盆地	钙质页岩	油为主，20	168	2~6	—	15~25	中	4~15	1.2~1.6
	Bakken	海相	克拉通盆地	硅质页岩、白云岩及粉砂岩	油为主，气很少	65~115	10~11	0.75	25%	高	5~8	1.3~1.8
阿根廷	Vaca Muerta	海相	前陆盆地	硅质页岩	油气均有，40~55	90	1~6.5	0.6~2	15~20	高	4~14	1.1~1.4
中国	龙马溪组	海相	前陆盆地	硅质页岩	30~45	150	2~10	1.3~3.6	15~45	高	1~8	0.7~1.9
	沙河街组	陆相	断陷盆地	碳酸盐岩	55	80~138	2~8	0.5~1.7	>40	低	1~4	—

中国龙马溪组页岩同样位于前陆盆地，石英含量和脆性高，但孔隙度相对比较低，有些地方超压（如盆地内），有些地方低压（如盆地外）。可见优质的页岩气藏都是高孔和超压，如 Barnett 和 Haynesville 都是超压，其中 Haynesville 超高压。而且 Haynesville 页岩的孔隙度高达 15%。典型样品测试及矿物三角图分布表明，不同页岩不同矿物含量及脆性矿物含量均不同。比如 Bakken 页岩富含硅质，Eagle Ford 及 Niobrara 页岩富含碳酸盐岩，而 Haynesville 页岩相对 Barnett 富含黏土，Marcellus 相对富含黏土和碳酸盐岩；四川盆地志留系龙马溪页岩和 Barnett 页岩矿物相似，都富含硅质和呈脆性。

9.3.1 构造与沉积环境对页岩油气富集的控制

北美页岩气勘探开发表明，页岩气主要分布于前陆盆地和克拉通盆地等两类盆地

中。其中,前陆盆地的页岩气藏埋藏较深,压力和成熟度较高,而位于克拉通盆地的页岩气藏则埋藏较浅,压力和成熟度较低。北美典型页岩油气藏均位于东部 Appalachia 造山带古生代前陆盆地和西部洛基山造山带的中生代前陆盆地。前陆盆地中富含有机质的高脆性优质页岩主要位于远离盆地物源区(造山带)的浅水区,而非深水区,主要原因是前渊深水区的陆源碎屑沉积会稀释有机质含量。中国寒武系牛蹄塘或筇竹寺页岩主要发育于被动大陆边缘构造沉积背景,较厚的富有机质页岩主要发育于深水陆棚(大陆架洼地)和斜坡环境(图 9-5)。而下志留系龙马溪页岩主要发育于前陆盆地,构造沉积背景较厚的富有机质页岩主要分布在远离物源的深水陆棚区(图9-6)。

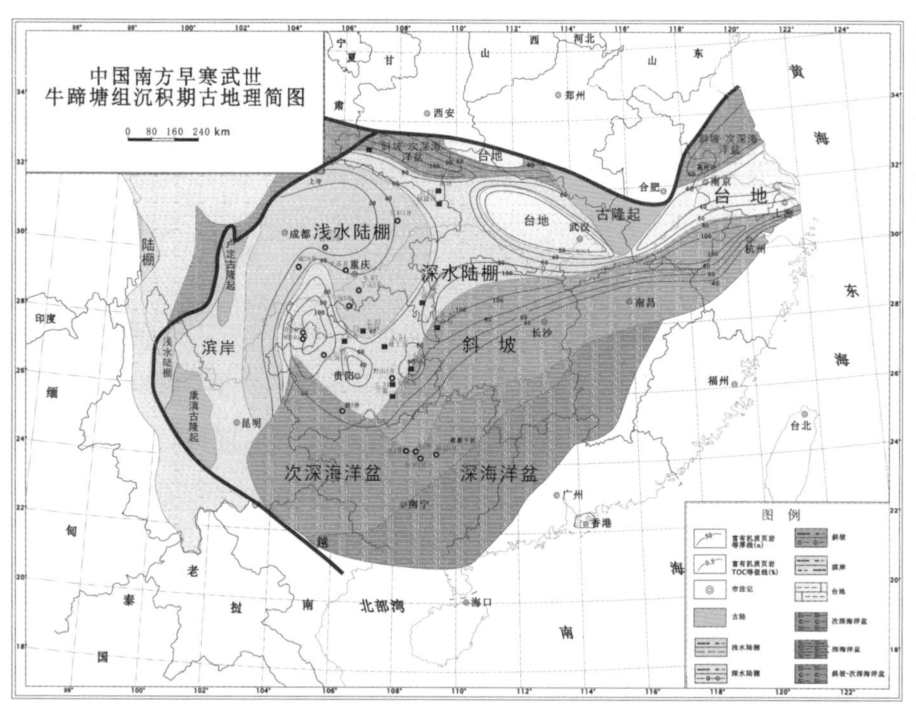

图9-5 中国南方寒武世牛蹄塘(筇竹寺)沉积环境及页岩厚度和有机质含量分布

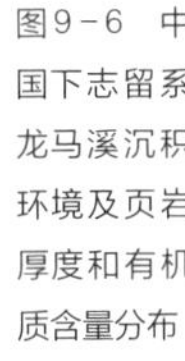

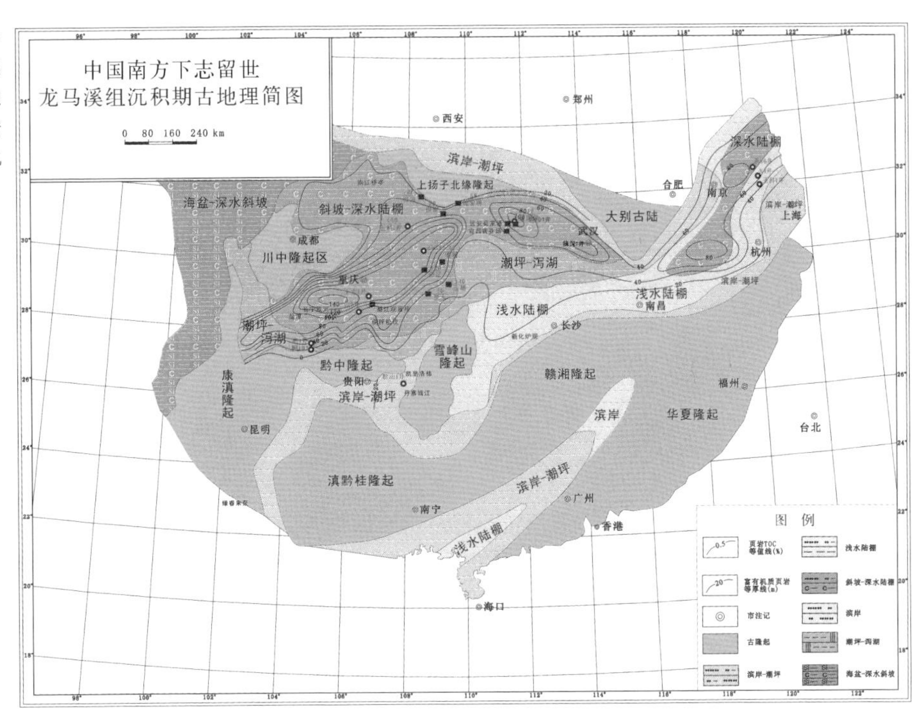

图9-6 中国下志留系龙马溪沉积环境及页岩厚度和有机质含量分布

9.3.2 优质页岩发育的地层层序

对美国白垩系 Mowry、中泥盆统 Marcellus、石炭系/密西西比系 Barnett 和中国志留系龙马溪组等地层研究表明，优质页岩储层垂向上位于富含有机质和石英的海进体系域到早期高位体系域中。在最大海泛面处，有机质和放射性伽马曲线值最高[图 9-7(a),(b),(c)]。但对富含碳酸盐岩矿物的页岩(如白垩系 Santonian 时期 Niobrara 及其同时代页岩)进行研究后表明，最大海泛面位于放射性伽马曲线最低值地区，并对应于白垩等清水灰岩细粒沉积段，而非富含有机质和高伽马值的泥灰岩/页岩段[图 9-7(d)]。因为对富含碳酸盐岩页岩而言，低水位和高水位时期，陆源黏土会随着海平面相对降低大量输入泥灰岩沉积中。而最大海泛面时期，沉积区远离物源

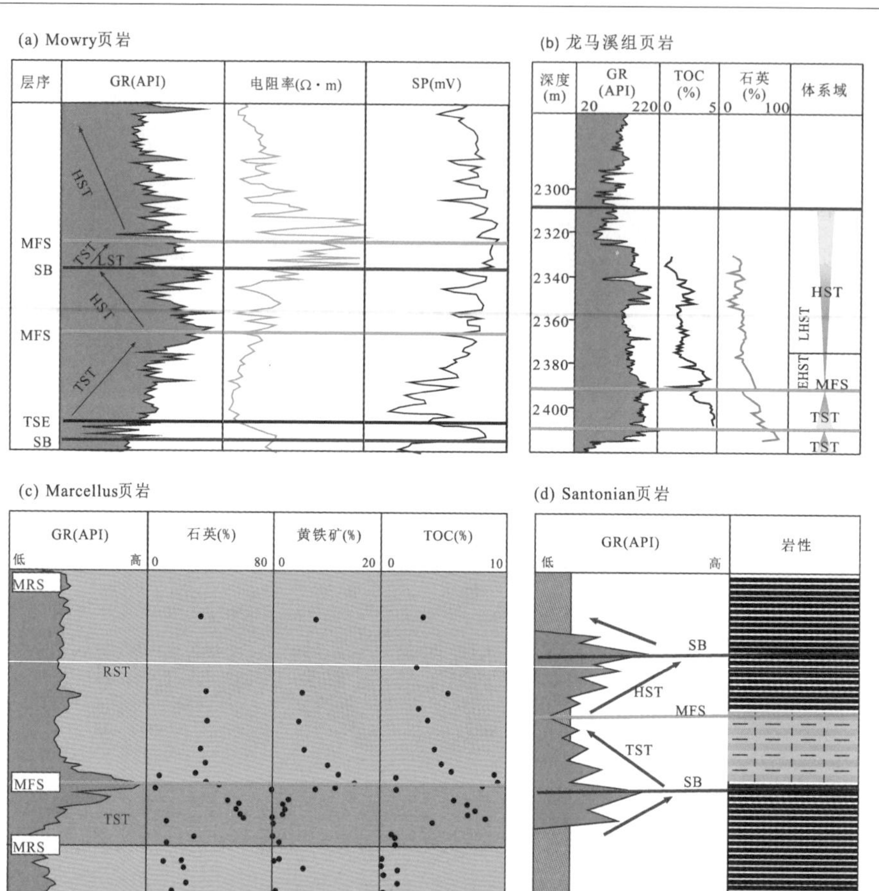

图9-7 不同页岩层序地层与垂向上富有机质页岩发育的关系[图(d)岩性栏中浅蓝色为白垩，其余为页岩]

区域、受陆源输入影响小、水体清等影响，会沉积形成细粒的白垩质灰岩。因此，层序地层划分时，不宜套用现有的碎屑岩页岩的模式，需根据实际的沉积环境及其他影响沉积的因素进行判定。尽管垂向上优质储层均位于最大海泛面附近，但地层层序和岩相类型不同，导致页岩油气储层成因不同。

9.3.3 岩相对页岩油气富集的控制

除页岩气以外，页岩油也已开始进行大规模开发，代表性的有美国 Eagle Ford、

Woodford、Niobrara、Bakken、Cardium、Viking、Duvernay 等“页岩”油气藏。实际上，很多所谓的“页岩”油气藏并非真正的含黏土或者富含硅质的细粒页岩。由于储层主要由细粒的碳酸盐或粉砂岩等构成，加上储层可能含有黑色的有机质，因此通常被称为“页岩”。

关于页岩的定义存在很多误区。以往通常认为页岩就是黏土岩，实际上页岩是根据颗粒的大小来定义的，与矿物类型及岩相类型无关，小于 0.062 5 mm 的细粒沉积都称为页岩。北美页岩中，典型页岩为 Barnett 硅质页岩。Eagle Ford 为富含碳酸盐的页岩(有时含碳酸盐岩夹层)。Green River 富含有机质页岩中夹细粒的介形虫颗粒灰岩为目前主要的储层。Niobrara 页岩包括贫有机质的白垩和富有机质的泥灰岩，均为细粒沉积，加上均含有黑色有机质，肉眼难以分辨，富含有机质和黏土的泥灰岩为主要烃源岩，而主要储层和油气产层为相对贫有机质的高孔高渗的白垩(图 9－8、图 9－9)。Bakken 页岩主要包括上下 Bakken 富含有机质页岩和中 Bakken 细粒的白云岩或粉砂岩，细粒的白云岩和粉砂岩为主要储层。中国龙马溪组底部主要为富有机质硅质页岩，中上部主要为粉砂质泥岩。因此，很多所谓的“页岩”从岩相角度而言实际不是页岩，在页岩油气勘探开发中不能将页岩探勘层位限定得过于狭义，只要是细粒的富含有机质或与富有机质页岩邻近的均可广义上称为页岩。

(a) Barnett硅质页岩

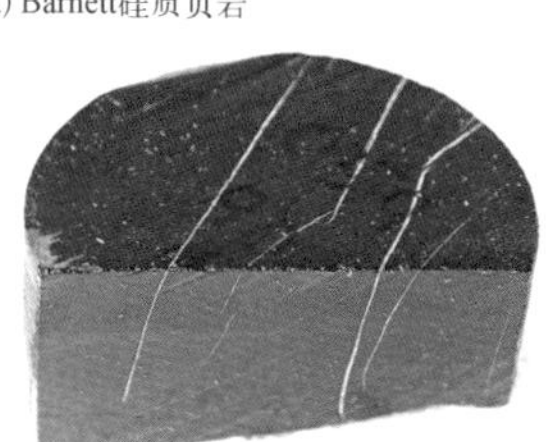

(b) Eagle Ford富含碳酸盐岩页岩

(c) Green River页岩夹细粒介形虫灰岩

(d) Niobreara页岩(白垩，储层)

(e) Niobrara页岩(泥灰岩，烃源岩)

(f) Bakken富有机质页岩夹白云岩储层

图9－8 北美“页岩”油气储层的岩相(Barnett页岩照片据文献修改)

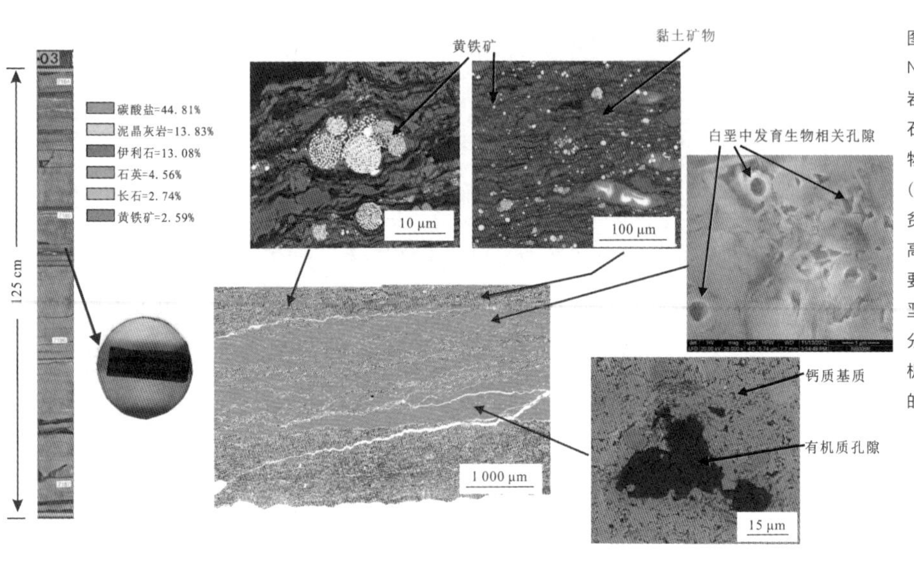

图 9－9 Niobrara 页岩岩相、岩石学及岩石物理特征（浅蓝色为贫有机质但高孔渗和主要产油的白垩，绿色部分为富含有机质和低孔的泥灰岩）

9.3.4 矿物组成对优质储层和油气富集的控制

一般而言，富含有机质和富含脆性矿物的页岩为有利的页岩储层，而陆相和海陆过渡相页岩由于黏土含量高而被认为是较差的储层，因此一般将矿物组成作为评价页岩气储层好坏的一个标准。这对北美 Barnett、Marcellus 和中国龙马溪组等页岩确实是较好的储层衡量标志。但通过对南美洲阿根廷 Neuquen 盆地的 Vaca Muerta 和 Los Molles 等页岩研究表明，如果根据矿物标准判断，富含石英和长石的 Los Molles 页岩比富含碳酸盐岩的 Vaca Muerta 页岩好（图 9－10）。但通过分析有机质含量和黏土关系及孔隙发育特征，发现 Vaca Muerta 页岩有机质含量高而且黏土矿物含量低，同时有机孔隙和无机孔隙（特别是与碳酸盐生物相关的孔隙）非常发育，是更加有利的页岩储层（图 9－11）。因此，不同地区不同层位的页岩储层矿物组成与有机质含量和孔隙并非具有相同的关系，富有机质页岩发育在各个沉积盆地中的成因也更加多样化。

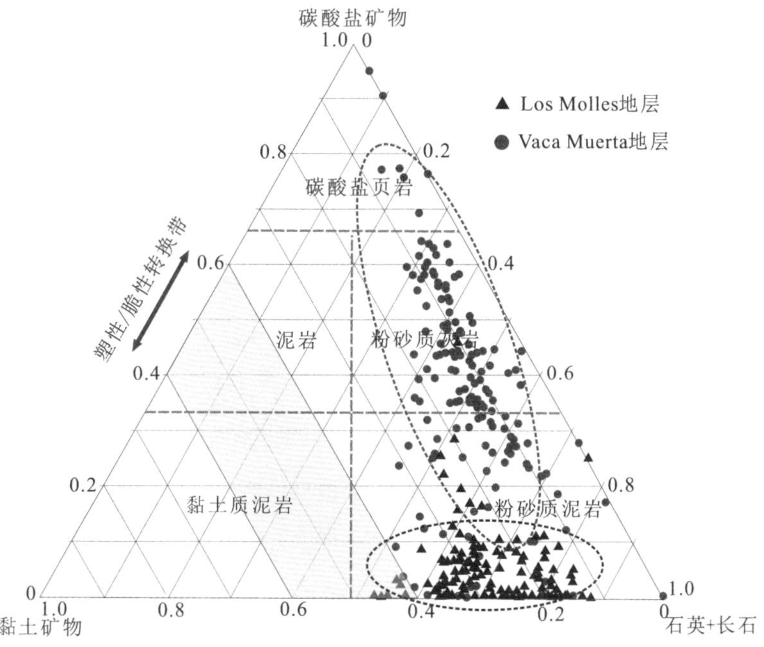

图9－10　南美洲阿根廷 Neuquen 盆地的 Vaca Muerta 和 Los Molles 页岩的矿物组成

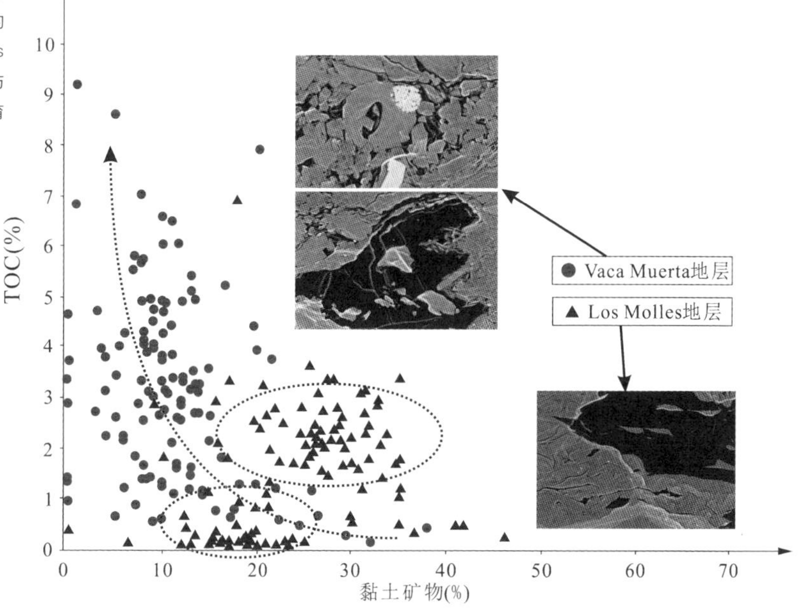

图9－11　南美洲阿根廷 Neuquen 盆地的 Vaca Muerta 和 Los Molles 页岩的 TOC 与黏土矿物及孔隙发育特征的关系

9.3.5 构造及天然裂缝对页岩油气富集的控制

北美大部分产页岩气区均有相对稳定的地质背景，构造变形相对较弱，页岩地层产状平缓，整体缺乏断裂等破坏性因素。除山前部分变形较强的构造复杂区以外，大部分盆地地区均有较好的保存条件。因此，在北美的页岩气目标评价过程中，页岩气保存条件并没有被作为重要因素予以考虑。

中国四川盆地地质条件具有多构造旋回的特殊性，经历了加里东、海西、印支、燕山和喜山等多期构造运动作用的强改造，页岩气保存条件不同于美国，页岩层演化程度高，具有强隆升、强剥蚀、强变形等特点。断裂作用相对发育，地质条件相对较复杂，在盆地周缘页岩地层抬升出露、断裂切割严重，这就导致页岩气藏遭受一定的影响，甚至完全被破坏掉。保存条件的重要性已越来越受到重视，普遍认为是决定页岩气能否富集高产的关键因素。构造活动会引起抬升剥蚀、断裂和裂缝的发育程度、区域盖层的分布、顶底板条件及水文地质条件等的改变。然而，构造和埋藏特征对页岩气藏的影响并不清楚，复杂构造区的页岩气藏的分布规律有待深入研究。因此，研究四川盆地页岩的构造特征、埋藏特征及其与页岩气藏的关系，是解决中国南方页岩气勘探突破一个可能的有利方向。

通过对已有区块页岩气井的产量和含气量的统计发现，页岩气井的产量和含气量与开放性断层和露头的关系十分明显，随着与开放性断层和露头的距离的增加，产量和含气量明显增加（图 9－12）。距离断层或露头最近的酉阳和保靖区块，其井无产量，含气量均小于 1 m^3/t，而位于断裂或露头较远的威远和长宁地区，其日产量可达 18×10^4 m^3，含气量也高于 2 m^3/t。主要原因是断层或露头破坏了页岩气藏的封闭性，极大地增加页岩气藏的散失速率。对于酉阳区块和保靖区块，向斜的两翼均离露头较近，并且，他们的抬升时间较早，页岩气的扩散时间更长，导致现今基本不含气了。对于威远和长宁区块，气藏远离断层或露头，并且气藏另一侧与盆地中心相连，保证了有持续不断的气体供给，因此含气量高。Fort worth basin 的 Barnett shale reservoir 也具有相似的特点，在裂缝非常发育的地区，天然气的产能最低，高产井基本都分布在大裂缝不发育的地方①。因此，页岩气藏的构造封闭性决定了页岩气藏能否保留至今。而远离

① 与 Dan Steward 交流，2016。

开放性断层和露头的区域，页岩的排烃受阻，排烃较少，页岩中残留烃较多，有利于页岩气聚集，是页岩气藏可能存在的有利区域。

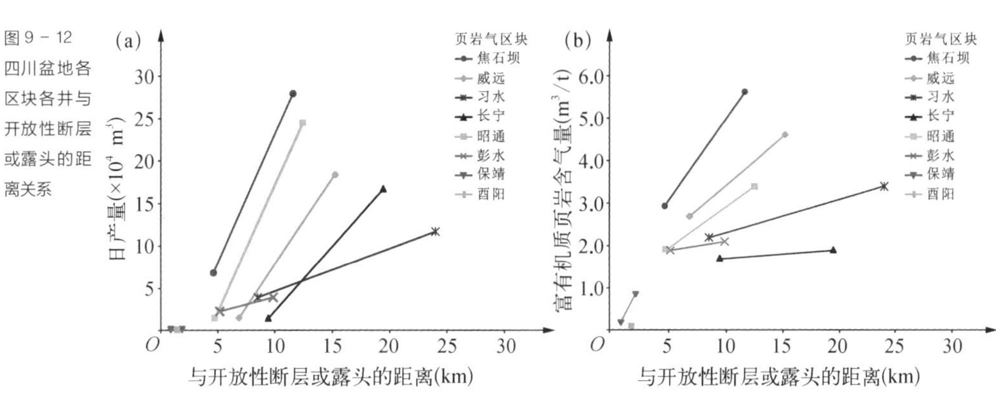

图 9-12 四川盆地各区块各井与开放性断层或露头的距离关系

中国南方志留系龙马溪页岩勘探表明，在盆地内部构造稳定区域页岩气超压（压力系数大于1）并且产量高，而在盆地外构造活动强的紧闭背斜、向斜或者离断层近的区域页岩气低压并且产量低（压力系数小于1，日产量远低于盆地内）。比如川东南焦石坝页岩气田位于盆地内构造稳定区，压力系数高达1.55，焦页8-2HF水平井产量高达54.7×10^4 m^3/d，而位于川东南盆地边缘从构造稳定到构造复杂区域的彭页1HF水平井的压力系数只有0.95，产量只有2.5×10^4 m^3/d；同样，对川南地区，长宁和昭通页岩气示范区位于盆地内构造稳定区，压力系数均为1以上，最高可达2以上，示范区内的宁201-1HF水平井产量高达18×10^4 m^3/d，而位于川南盆地边缘从构造稳定到构造复杂区域的昭通101井的压力系数只有0.8，产量非常低（微气）（图9-13）。这主要反映出地质历史时期构造活动破坏了页岩气的聚集，造成了页岩气的泄漏和含气量的降低，导致压力降低和较低的产量。四川盆地寒武系筇竹寺和志留系龙马溪页岩和美国典型页岩相比含气量总体偏低，但和美国东部阿巴拉契亚盆地 Marcellus 页岩含气量相当（图9-14），而 Marcellus 页岩是当前世界上产量最高的页岩气藏，并且和四川盆地龙马溪页岩具有相似的前陆盆地背景，构造也比较复杂，因此四川盆地龙马溪页岩气勘探潜力巨大。

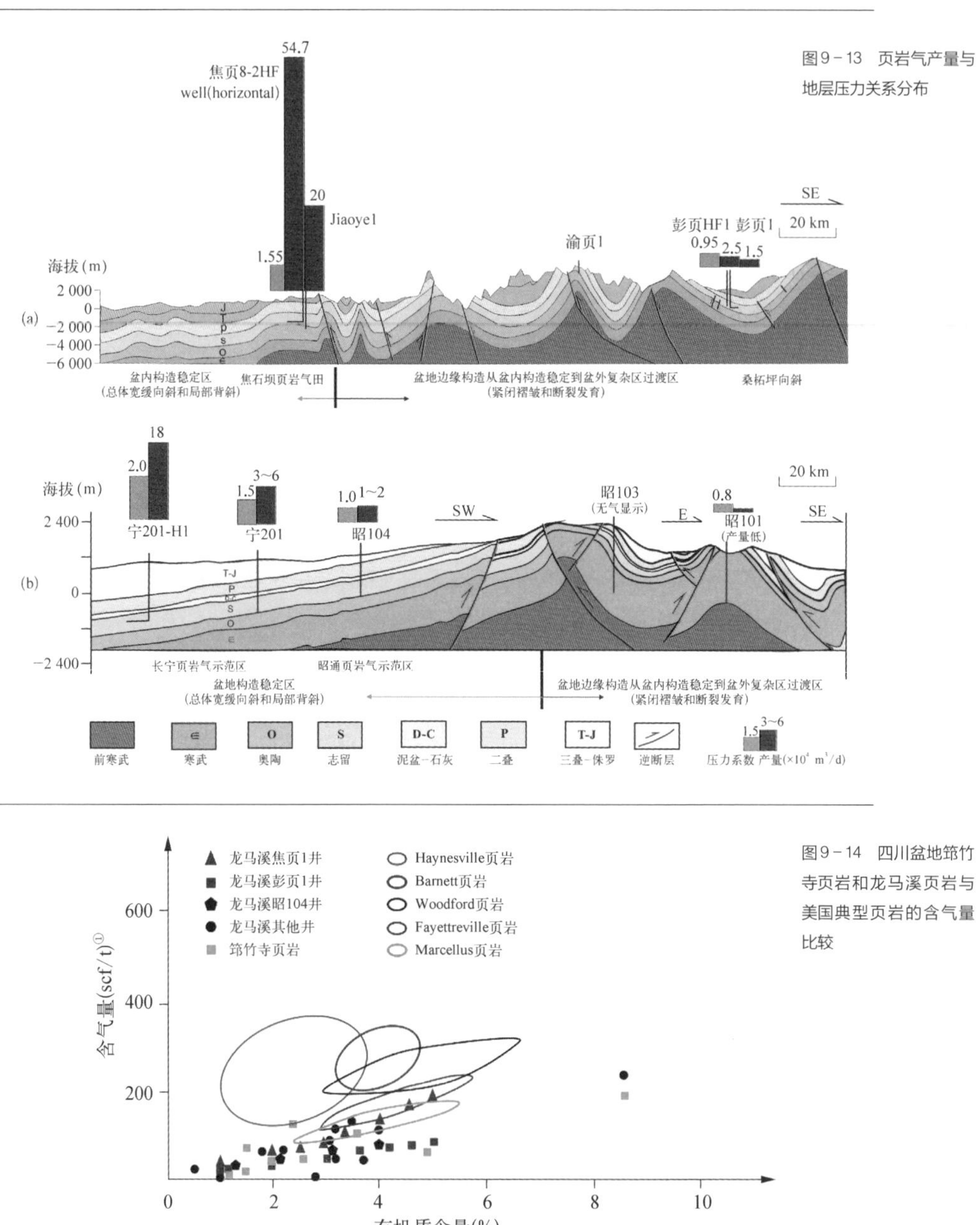

图9-13 页岩气产量与地层压力关系分布

图9-14 四川盆地筇竹寺页岩和龙马溪页岩与美国典型页岩的含气量比较

① 1 scf(标准立方英尺)=0.028 3 m^3(立方米)。

20 世纪 70 年代美国东部页岩气实验项目针对 Marcellus 页岩开启的天然裂缝进行研究，认为天然裂缝对页岩油气聚集和开发总是有利的。但在 Barnett 页岩勘探中，发现在开启的天然裂缝发育区内页岩气勘探效果并不好，页岩储层含气量低、产量低，而在其他被方解石充填天然裂缝发育区或者天然裂缝不发育区勘探效果反而好。通过分析表明，开启的天然裂缝会导致 Barnett 页岩中页岩气运移散失，而天然裂缝不发育区或者方解石充填天然裂缝发育页岩区，尽管天然裂缝对储层和储量没有贡献，但由于含气量不损失而且压力高，加上 Barnett 页岩各方面地应力差别不大，因此这些地方是十分有利的页岩气储层和产区。总之，开启的天然裂缝对 Barnett 页岩气的富集和生产是不利因素。但 Williston Basin（威利斯顿）盆地 Bakken 页岩油勘探证明，高产井位于受基底断裂控制的开启的天然裂缝发育区，这些天然裂缝可以储集大量页岩油，对生产贡献较大（图 9－15）。

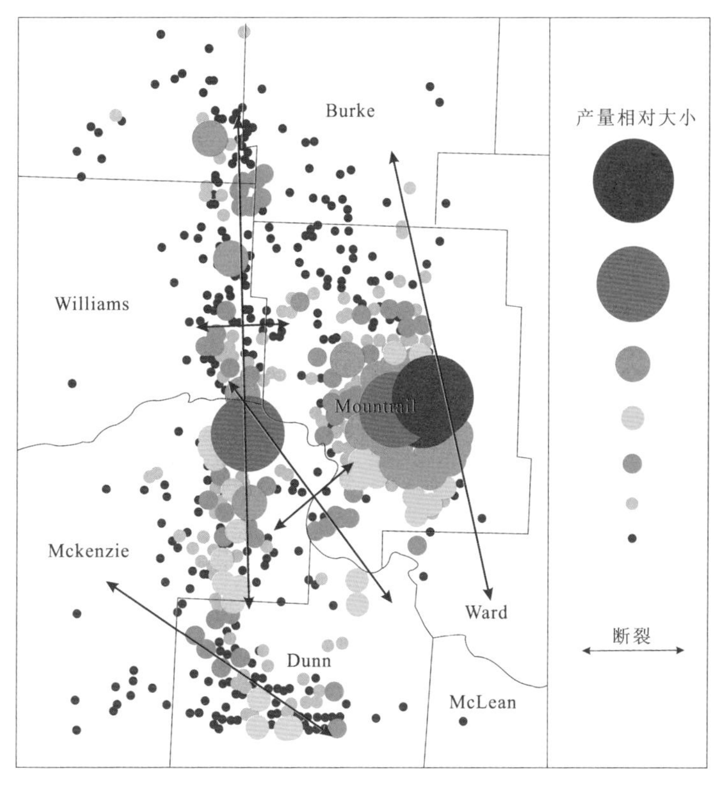

图 9－15　北美 Willinston 盆地 Bakken 页岩油产量与受基底断裂控制的天然裂缝的关系

中、美两国页岩气形成地质条件最大的差别是构造复杂。美国不论是地表还是地下，整套地层比较完整，没有大的变形，而中国在地质历史时期的多期强烈构造活动不仅造成页岩在地下被强烈变形和错断，地表也形成起伏的地形，地层比较高陡（图 9－16）。对于页岩气藏而言，美国富含有机质的页岩一般均为海相，成熟度适中、地层倾角小、后期构造破坏弱，而且很多富含有机质页岩中夹贫有机质、孔渗稍好的细粒沉积，导致美国页岩气大部分为超压的页岩气藏，而且游离气比例高。而以中国南方扬子地台为代表的古生界海相页岩成熟度高，地层倾角大，被后期构造破坏大，宽缓向斜埋深大。秀水、威远和长宁南缘海相页岩气藏被后期强烈的构造活动（断层或强烈抬升形成露头）所破坏，造成页岩气的泄漏和页岩气藏压力的释放。只有在盆地内埋深适中的构造稳定区宽缓向斜、单斜以及宽缓背斜处页岩气成藏条件较好（图 9－17）。而中国陆相页岩成熟度低，断层多，页岩气资源量总体有限，而且富含黏土，清水压裂会产生水敏，因此少水或者无水压裂（比如超临界二氧化碳压裂）是未来陆相页岩气开发的主要方向。总体上，中国海相页岩和陆相页岩构造破坏都比较强，不利于页岩气

美国Piceance Basin露头和附近的生产井

四川盆地露头

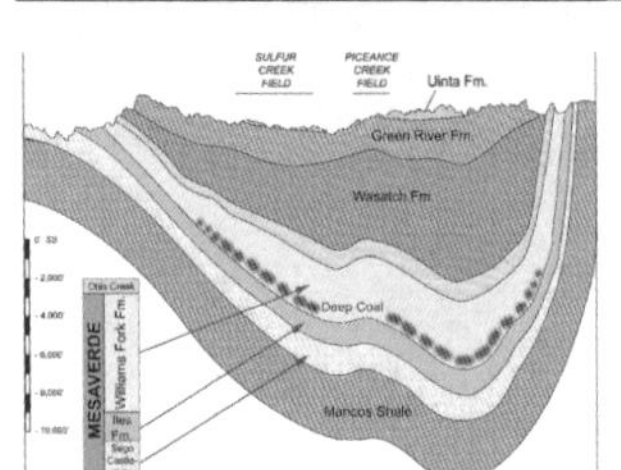

美国Piceance Basin地下

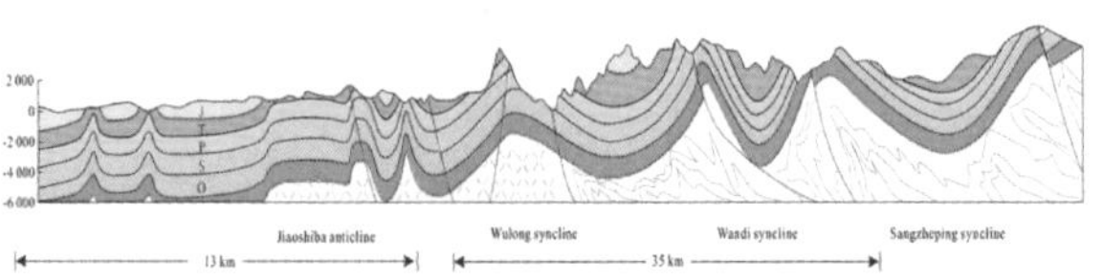

四川盆地地下

图 9－16 中美页岩地下和地面复杂程度对比

图 9－17
中美页岩气成藏模式

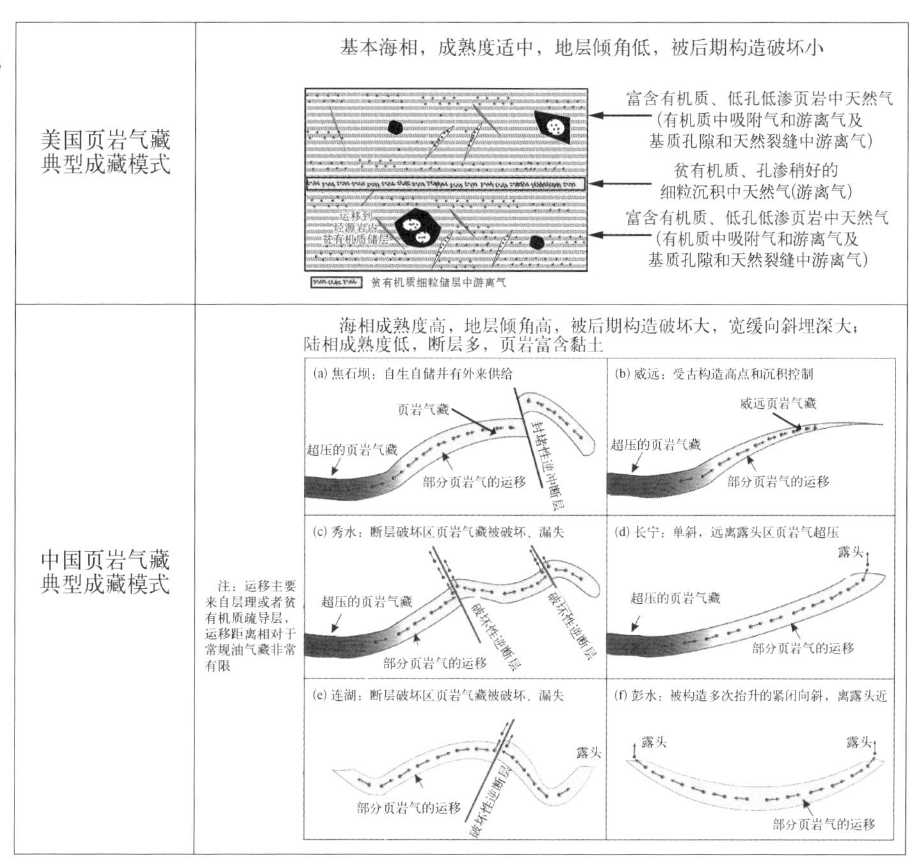

藏的保存，而且会带来一系列的勘探和开发技术上的挑战。

9.3.6 矿物组成对压裂液选择的影响

不同页岩具有不同的矿物特点，比如海相 Barnett 页岩和龙马溪页岩为富含石英的页岩，Niobrara 页岩为富含碳酸盐岩特点，他们共同特点是脆性矿物含量高。海相的 Marcellus 页岩脆性矿物含量稍高于塑性矿物，而陆相绿河页岩和延长组页岩黏土矿物含量较高。此外，海陆过渡相山西-太原页岩的黏土矿物含量也非常高。对于脆性矿物含量高和脆性指数高的页岩，可以选择采用清水压裂（支撑剂用量少），如果地应力差小，就会形成复杂的缝网。对于脆性矿物稍高于黏土矿物含量的页岩，需要用混合压裂液，如果地应力差小，用中等的支撑剂含量，能形成缝网，但缝网相对简单些。但对于黏土矿物含量高的陆相和海陆过渡相页岩，需要用交联压裂液和大量支撑剂，压裂后大多形成相对简单的直缝（表 9－2）。页岩的矿物特征和岩石力学背景是固定不变的，可以通过改变压裂液和支撑剂性质和施工参数，最大可能地达到期望的压裂效果。对于地应力差大的页岩，很难形成复杂的缝网，只能通过制造更长和较宽的裂缝来弥补不能形成复杂缝网这一缺憾。

<table>
<tr><th>代表性页岩</th><th>矿物特点</th><th>脆性指数</th><th>地应力</th><th>压裂液</th><th>压裂液体积</th><th>支撑剂用量</th><th>压裂缝几何形状</th></tr>
<tr><td>海相 Barnett、龙马溪、Niobrara</td><td>石英或碳酸盐岩含量高</td><td>0.6～0.7</td><td>Barnett 和 Niobrara 最大主应力垂直，应力差小。龙马溪页岩川东南差别小</td><td>滑溜水</td><td>大体积</td><td>少</td><td>复杂缝网</td></tr>
<tr><td>海相 Marcellus</td><td>脆性矿物稍高于塑性矿物</td><td>0.5</td><td>最大应力大部分为垂直方向，应力差适中</td><td>混合</td><td rowspan="2">中等</td><td>中等</td><td>简单缝网</td></tr>
<tr><td rowspan="3">陆相绿河页岩、长7页岩</td><td>黏土矿物较多</td><td>0.4</td><td rowspan="3">绿河最大主应力垂直，长7页岩有些地方应力差大</td><td>线性</td><td rowspan="4">多</td><td></td></tr>
<tr><td rowspan="3">大量黏土矿物</td><td>0.3</td><td>交联</td><td rowspan="3">小体积</td><td rowspan="3">简单直缝</td></tr>
<tr><td>0.2</td><td>交联</td></tr>
<tr><td>海陆过渡相山西-太原页岩</td><td>0.1</td><td>有些地方最大主应力水平，应力差大</td><td>交联</td></tr>
</table>

表 9－2 不同页岩矿物和岩石力学特点及压裂液选择和压裂结果

整体来说，“页岩油气藏”实际是富含有机质的细粒沉积物自生自储，或与富含有机质的细粒沉积物相邻的细粒沉积储层。因此，页岩油气富集受到沉积和构造环境、岩相及矿物组成、天然裂缝耦合等不同因素的影响，且在不同沉积盆地、不同属性页岩之间具有明显差异。脆性矿物含量高、富含有机质、地应力差较小、构造相对简单和适当裂缝的发育对页岩气储层、成藏和开采均有利。美国的页岩气多为泥盆纪到白垩纪海相沉积，页岩储层发育连续、厚度大、成熟度适中、脆性矿物含量高、埋深浅、地应力简单、地表平缓和水源充足。而中国是全球地质最复杂地区之一，复杂的沉积环境和构造历史造成页岩油气成藏的复杂性。因此，在页岩气勘探开发过程中，中国不能简单照搬美国的勘探开发技术。

9.4 页岩气勘探开发理论和技术趋势与展望

9.4.1 理论趋势

富含有机质页岩由烃源岩成为储层的理论认识是页岩气勘探开发的前提。目前通过美国、加拿大、中国和阿根廷等国家对页岩的地质、沉积、构造、岩矿、地化、岩石物理等一系列页岩基础地学的研究表明,富含有机质或紧邻富有机质页岩的细粒脆性页岩是有利的页岩储层。很多富含有机质页岩(比如下志留统含高放射性伽马和富含有机质的热页岩)在全球分布都有广泛性,甚至地化等参数可全球对比,但对它们的页岩气潜力和控制优质页岩形成的机理还不清楚,而富含有机质不同沉积环境的页岩从前寒武系到第四系在地球上广泛分布,这些页岩的地质属性和它们对油气贡献的潜力均不同,需要探索它们形成的古地理、古气候、古水体环境等基础理论,研究优质页岩储层的控制因素,形成能够预测不同地质背景的优质页岩储层的理论体系。

我国页岩气地质条件比北美复杂得多,我国的页岩层比美国的要老得多,而且经历了多次地质构造运动的强烈改造。经过中国广大学者研究和勘探实践,认识到海相页岩气成藏富集高产受“沉积环境、热演化程度、岩相组合、构造保存”四大因素控制。高 TOC 含量、高生物成因硅质、构造相对稳定区、超压是优质储层和高产的关键。无论对海相还是陆相页岩,富含有机质和富含石英等脆性矿物的页岩均发育在海进到高位体系域早期(图 9 - 18)。构造相对稳定的大型复背(向)斜宽缓区的正向构造,断层不发育,地层保存较好,五峰组-龙马溪组产层压力系数与埋深成正比,产层埋深越大地层压力系数越高,初始测试产量也越高。

9.4.2 技术趋势

页岩气开采的关键技术包括水平钻井、压裂、岩石脆性评价、天然裂缝识别、地应力测量和岩石力学分析、随钻测井、地质导向钻井、微地震检测、工厂化开发等,其中大

A1

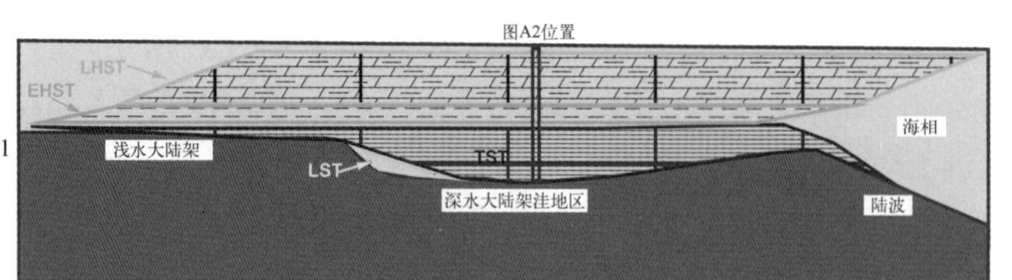

A2

地层	岩性	化石	层序地层			沉积体系	氧化环境	GR	脆性矿物含量	TOC(%)	含气量	气藏类型
海相页岩	富含碳酸盐及富含粉砂页岩	搬运来的化石向上含量增加		HST	LHST	浅海大陆架	氧化 含氧向上增加 贫氧	向上降低	向上降低主要由于陆源富含黏土碎屑的输入	向上降低	向上降低	致密气(砂岩/碳酸盐岩)
	富含有机质页岩夹粉砂层				EHST							页岩气
	富含有机质页岩	大量原位化石	-FMS	TST	TST	大陆架洼地深水陆棚	缺氧	向上增加	富含生物石英脆性矿物	含量高并向上增加	含气量高	

B1

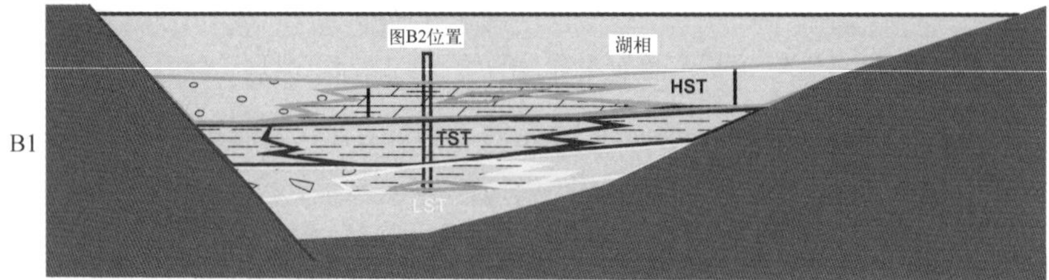

B2

地层	岩性	层序地层			沉积体系	氧化环境	脆性矿物含量	TOC(%)	含气量	气藏类型
陆相页岩	页岩夹碳酸盐及粉砂层		HST	LHST	半深湖-浅湖	氧化 含氧向上增加	向上降低主要由于陆源富含黏土碎屑的输入	向上降低	向上降低	常规或者致密气
	富含有机质页岩有时夹泥灰岩层	-FMS	TST	EHST	半深湖-浅湖	缺氧 含氧向上降低	脆性矿物含量增加	有机质含量高	含气量高	页岩气
	砂岩夹页岩		LST		浅湖	富氧	富黏土和搬运的石英	贫有机质	—	常规或者致密气

富含碳酸盐及富含粉砂页岩　页岩夹粉砂岩　富含有机质页岩　砂岩夹砾岩　砂岩含砂岩　砂岩　砂岩浊积体

图9－18　中国海陆相优质页岩及页岩气发育模式

部分技术的突破与率先应用都来自美国。美国经过 30 多年页岩气开发,形成了成熟可靠的开采技术。目前美国是世界上唯一实现页岩气大规模开采的国家,代表了世界上最先进的页岩气开采技术,而且还在持续研究和输出新技术。

目前美国已掌握了从气藏分析、数据收集和地层评价、钻井、压裂到完井和生产的系统集成技术,在旋转导向的工具和工艺、新型随钻测量和随钻测井成像工具装置、地质导向、高性能水基钻井液、高效页岩 PDC 钻头、自动化钻机、优化井工厂钻井和压裂模式、地质和工程一体化预测甜点技术、页岩属性测试等技术方面仍然处于垄断地位。先进的技术也使美国产生了一批国际领先的专业服务公司,如哈里伯顿、斯伦贝谢、贝克休斯等。围绕页岩气开采,美国形成了一个技术创新特征明显的新兴产业,带动了就业和税收,并已开始向全球进行技术和装备输出。

中国页岩气开采目前还处于引进、消化吸收和初步创新阶段。中国已掌握页岩气地质评价、地球物理、钻井、压裂改造等技术,具备 3 500 m 以浅(部分地区已达 4 000 m)水平井钻井及分段压裂能力,初步形成适合我国地质条件的页岩气勘探开发技术体系。但和美国页岩气相比,我国页岩气资源地质年代更老、热演化程度偏高、地质历史和现今地质背景复杂、埋藏更深、地表和地下的条件复杂、地应力复杂、保存条件不够理想和资源分布尚未完全清楚。主体分布区地质复杂、地应力复杂和较高的成本和地表条件不利于实施水平井平台式“工厂化”作业。未来如何采用新技术降低成本是我国开发页岩气面临的最大挑战。

自 2000 年美国页岩气大规模开发以来,水力压裂技术逐渐被用于天然气尤其是页岩气的生产,2015 年美国 67% 的天然气产自水力压裂的井,只有 33% 天然气产自非压裂的井(图 9 - 19),而页岩气则 100% 需要水力压裂。同时,2015 年 51% 的油产自水力压裂的井。由此可见未来压裂技术仍然是页岩气开发的主要技术。页岩测试技术、水平井指向式旋转自动导向钻进技术、水平井平行延伸旋转磁测距技术、水平井钻井智能设计与实时优化、钻井液技术、压裂核心技术及关键装备(如底盘车、变速箱、发动机、高质量桥塞等)和工厂化开发的优化都是未来攻关的主要方向。但由于水力压裂可能会带来污染、水资源大量消耗以及诱发地震等人们担心的问题,适合不同地质属性页岩的安全、环保、低成本和高效的新的压裂技术将是未来页岩气开发的主要技术发展的重要方向。

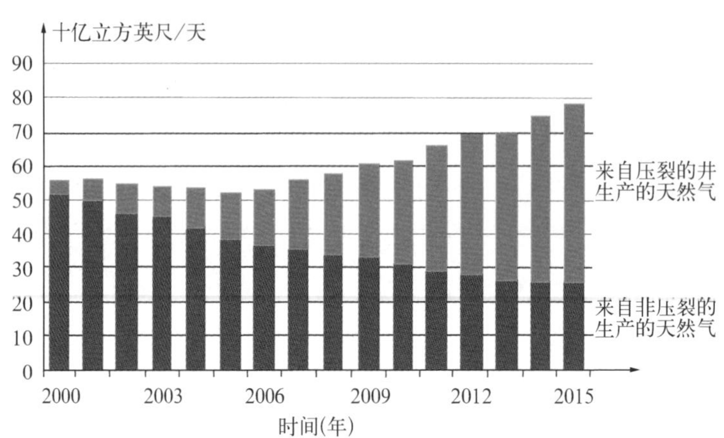

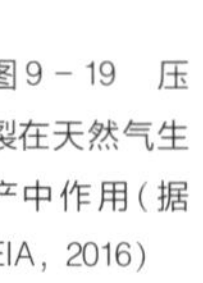
图9－19 压裂在天然气生产中作用(据EIA, 2016)

研究结果表明,水平井开发过程中,大部分产能仅来自30%左右的有效层段,特别是非均质性较强的水平井,因为大部分压裂层段并没有出现在“甜点”处。实现压裂段数的少、精、准成为提高页岩气压裂施工效率的重要途径。为了避免无效压裂作业,国内外正在探索可有效识别断层、出水层段以及油气富集区的随压“甜点”监测技术,以便显著提高页岩气压裂施工效率。然而,真正能够做到准确无误地高效压裂设计和施工必须综合考虑页岩的地质、岩石组构、岩石物理、岩石力学的非均质性和施工参数等因素。

目前页岩压裂设计很多情况下把页岩假设得过于均质,而且工程上对页岩地质、岩石物理等很多参数不重视,导致压裂设计和地下实际情况不匹配。实际上,地下页岩在三维是非均质性的,不同方向有不同的岩相、孔隙度、渗透率、岩石力学特征等,以鹰滩(Eagle Ford)页岩为例,模拟的页岩油气藏水平107 m、垂向61 m,该页岩油气藏可分为自下到上1～5层岩石物理和岩石力学等性质不同的层位,其中第4层杨氏模量和非限制性围压最大,如果把水平井筒放在5层非均质页岩的第2层,尽管由于不同层非均质性,在较大的纵向 Z 方向和水平 X 方向压差下,压裂缝仍然会穿过不同层向上扩展,有时由于不同层位界面处非均质性和不同裂缝扩展造成应力阴影的干扰会有所偏离 Z 方向。大部分裂缝很难穿过第4层高强度的页岩。另外,1～3层由于渗透率大造成较强的压裂液滤失,而第5层由于渗透率非常低,压裂液滤失小(图9－20)。页

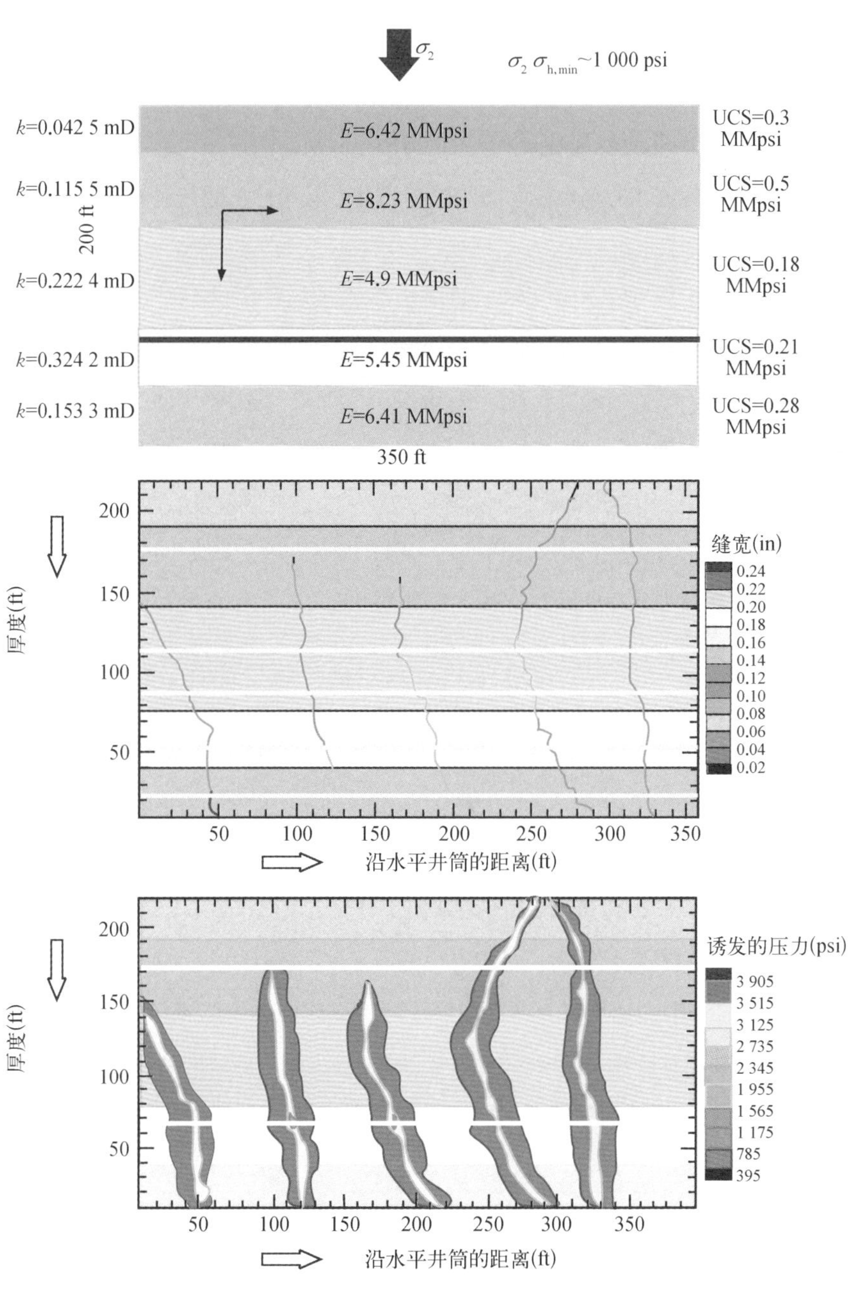

图9-20 考虑页岩地质、岩石组构、岩石物理、岩石力学属性等情况下的压裂模拟和设计

岩在地下其实具有更复杂的地质、岩石物理、力学非均质性，比如目前压裂设计的模拟很难考虑地下成千上万大大小小及不同方向有开有闭的天然裂缝，也无法考虑由于沉积变化造成页岩孔隙度和渗透率等岩石物理属性在空间上极强的非均质性和岩石力学三维的非均质性等，这些都是未来研究的方向。

页岩油气勘探开采的压裂技术备受争议，其中包括公众关注的是否对浅层地下饮用水造成污染、压裂回流液的处置、诱发地震风险、温室气体逃逸、淡水资源消耗、地表生态影响等问题。天然气之地(Gasland)纪录片电影介绍了美国宾夕法尼亚州、科罗拉多州、怀俄明州、犹他州和得克萨斯州等天然气开发过程中会带来饮用水污染、空气污染等环境问题。据美国地质调查局统计，2001 年以来，美国中西部亚拉巴马州到北方落基山脉地区地震频发。俄克拉何马州在 2008 年之前每 10 年只发生一两次中小规模地震，但近几年中小规模地震急剧增多，2009 年，该地区就发生了 50 次 3 级及以上地震；2010 年，3 级及以上地震达到 87 次；2011 年则达到惊人的 134 次，为 20 世纪同期的 6 倍。因为页岩气开发使用的水力压裂法涉及注入高压含多种化学成分的压裂液和需要高压回注返排的压裂液等，所以很多人担心页岩气开采会带来灾难性环境问题。

20 世纪 70 年代以来，中国研究者已观测到华北任丘油田、山东胜利油田、重庆荣昌地区采气注水及四川长宁盐矿井注水等工业活动诱发地震的现象。近 20 年来，荣昌地区共观测到 3 万多次地震，其中 5 级以上 2 次，4 级以上近 20 次。据四川省地震局张致伟等 2012 年 5 月发表在《地球物理学报》上的论文，2009 年 1 月，位于四川省自贡市大安区牛佛镇与隆昌县黄江昌镇交界的天然气采空废井“家 33 井”在人为加压注入废水后，注水井周边地区立即出现显著的小震增强的异常现象，随着注水压力的增加，注水井周边先后发生 4.4 级和 4.2 级地震，每月可观测到的小型地震也达到 160 余次。在地方政府的介入下，“家 33 井”的注水量开始下降，随后两月，地震频次与震级大小均出现回落。分析显示，在注水压力持续升高的背景下，注水井周边地区地震活动强度、频次与注水量呈现出较好的对应关系，加压注水是诱发上述地震的主要原因。并且中国西南地区地形复杂、地势高差大、人口密集，大规模压裂不仅会对人口密集地区产生干扰，还会增加当地对基础设施的需求，更容易诱发山体滑坡等地质灾害。

但近年来研究表明,美国和加拿大诱发地震主要是由大规模废水回注引起的,2.5级以上的诱发地震的频率和大小与废水高压回注的注入量成正相关关系(图9－21),而页岩水力压裂返排水用于回注的只占不到5%,水力压裂与地震活动没有相关性。诱发地震的最大因素是所在地原本的地质和应力状况。因此,在地质构造活跃地带进行水力压裂和高压注水活动时,应更加谨慎,水力压裂井与废水处理井均应尽量避免断层。俄克拉何马州最近几年来减少了靠近断层的高压废水回注并且加强了地震监测,与2015年和2016年对比,2017年以来,俄克拉何马州的地震活动明显减少。

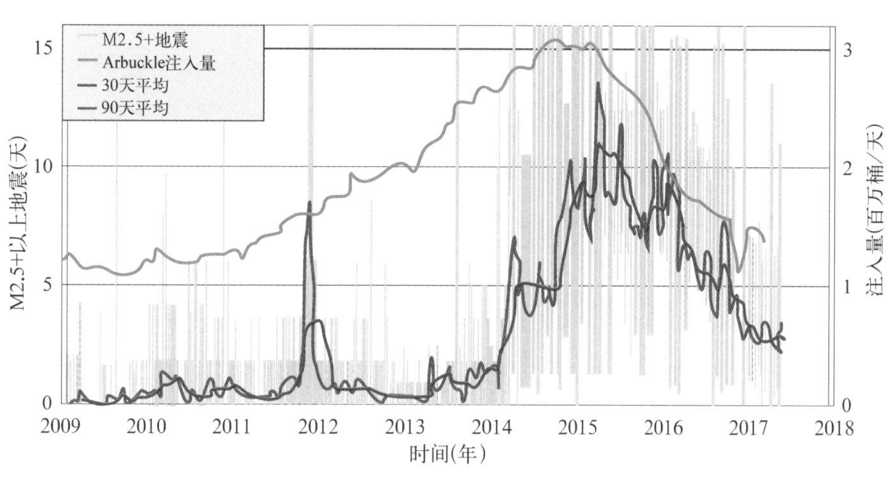

图9－21 美国俄克拉何马州Arbuckle地区废水回注量和2.5级以上地震的关系

尽管目前页岩气开发的水力压裂与诱发地震没有直接关系,但水资源的大量消耗、环境污染和可能的地质灾害的担心,加上清水压裂技术不适合黏土矿物含量高的陆相和海陆过渡相页岩,学术和工业界开展了大量的页岩压裂新技术的探索。比如针对水力压裂耗费水资源过大,在压裂过程中有高达80%的压裂液不能返排,而且因其含有杀菌剂、阻垢剂、润滑剂以及表面活性剂等多种化学添加剂,有可能导致饮用水污染。因此,降低页岩气压裂造成的环境影响逐渐成为页岩气压裂技术的重要指标。同时水力压裂对黏土含量高的页岩不适用的情况,工业界和学术界探索了少水以及无水压裂等新技术,比如超临界二氧化碳压裂技术、高能气体压裂技术、液化石油气压裂技术、深层页岩压裂技术等。另外,改善页岩气的渗流条件的压裂技术如高速通道压裂技术、多分支水平井复杂结构井压裂新技术和高效的重复压裂技术等将逐渐成为页岩气压裂的发展趋势。

超临界二氧化碳(CO_2)具有密度接近于水、接近于气体的低黏度、易扩散、表面张力接近于零等特点。压裂不仅有利于产生复杂的缝网,而且对储层既没有伤害又没有任何污染。压裂液体系采用二氧化碳,还可以在地层中形成二氧化碳泡沫,形成酸性液溶解地层颗粒,流动阻力小,改善驱替效果,提高采收率,在低渗透致密储层改造中具有无可比拟的优势。但超临界 CO_2 压裂以及液氮压裂技术主要还停留在理论研究及室内和现场试验阶段,需要突破很多理论和现场的技术。高能气体压裂技术利用火药或火箭推进剂快速燃烧产生的高温高压气体,形成脉冲加载并控制压力上升速度,在井筒附近压开多方位的裂缝,沟通天然裂缝,从而达到增产增注。用液化石油气(LPG)作为压裂液(主要成分为丙烷),该技术可显著增大有效裂缝长度,提高产能,以与页岩气一起返排至地面,甚至无须分离可直接进入生产管线,避免水敏伤害地层和返排液回收困难等问题。然而 LPG 易燃,具有爆炸风险,需要进一步改进技术并完善安全标准。

在当前和未来的经济技术条件下,我国如何实现对富含黏土低热演化程度、构造复杂、低地层压力的陆相页岩压裂、提高单井产量,是实现商业开发的首要问题。对此,延长石油不断探索并初步形成了陆相页岩气勘探开发技术体系,包括黄土塬地区储层地震高精度预测技术、陆相页岩气精细测井评价方法、陆相页岩气水平井钻完井系列技术、水平井压裂改造技术等,针对陆相页岩储层致密、易伤害等难题,自主设计并成功压裂 6 口陆相页岩气水平井,平均单井产量 1.3×10^{12} m^3 以上;针对陆相页岩易水化失稳、油基钻井液成本高、环保压力大等问题,相继实现了由全油基钻井液到水基钻井液的技术升级,成本仅为油基钻井液的 40%,而且具有强抑制、强封堵和环保性,目前已全面替代油基钻井液。此外,延长石油还针对陆相页岩黏土矿物含量高、压裂用水量大等问题,在国内率先开展纯液态超临界二氧化碳无水加砂压裂技术研究和现场试验,取得良好技术成果。据此可以预期,深层页岩气前景非常广阔。

美国是开发深层页岩气最早的国家,勘探发现了 Haynesville、Eagle Ford、

Woodford、Hilliard-Baxter-Mancos 和 Mancos 5 个深层页岩气区块。Haynesville 是国外深层页岩气获得成功开发的典型区块，其储层特征表现为孔隙度高、地层压力系数高、塑性特征明显、最小水平主应力高等特点。但 Haynesville 页岩于 2007 年开始用水平井分段压裂，2013 年全年累计产气量达 $775 \times 10^8\ m^3$。

中国埋深超过 3 500 m 的页岩气资源量丰富，据测算，深层页岩气资源量巨大，以焦石坝、丁山、南川等区域为例，其深层页岩气资源量高达 $4\ 612 \times 10^8\ m^3$，勘探开发前景十分广阔。近年来也在丁山、南川、永川和焦石坝外围等区块积极探索深层页岩气的有效开发技术，在水平井分段压裂技术上取得了重要进展，少数探井产气量也取得了突破。2017 年，涪陵页岩气田焦页 90－2HF 深层压裂井 12 mm 油嘴放喷见较高产量气流，井口压力 18.96 MPa，产气量 $19.15 \times 10^4\ m^3$，关井压力 32.80 MPa。这是涪陵江东区块第一口沿构造走向部署的开发水平井，也是第二口水平段埋深在 3 700 m 以深的深层气井。该井目的层是上奥陶统五峰组-下志留统龙马溪组，完钻井深 5 658 m，水平段长 1 574 m。该井的成功钻探，不仅扩大了江东区块开发领域，突破了 3 700 m 以下的深层压裂技术瓶颈，而且还更为涪陵深层页岩气有效开发增强了信心。

中国深层页岩气勘探开发目前还处于起步阶段，储层特征更为复杂，面临压裂施工作业中存在施工压力高、加砂规模小、砂液比难以提高等问题，且压后总体上呈现出初期产气量低且递减快的特征。经济开发面临巨大的难题，使得深层页岩气商业开发格局尚未形成。因此，有必要学习国外深层页岩气开发技术和经验，并针对国内深层页岩气储层特点，通过石油地质与工程技术人员联合进行技术攻关，逐步形成具有自身特色的深层页岩气开发技术，尽快实现我国深层页岩气的商业化开发。

9.5 页岩气勘探开发软环境趋势与展望

美国政府由于有远见性地提出了能源独立的国家安全策略和实施清洁天然气能源生产的鼓励政策，很早就在资金上支持政府和企业的页岩气技术研发合作，用了 30

多年开展基础地质研究、资源普查和技术攻关，即使很多技术失败，也没有放弃。当政府看到页岩气等非常规资源开发困难和产量低时就制定了优惠的税收政策和清晰的产权制度和监督措施，通过自由开放的勘探开发市场的市场充分鼓励中小企业参加页岩气勘探开发，在页岩气开发上形成了高度专业化分工与协作有机结合、产业链各环节资本高效流动和高效的开发体制。加上美国天时地利人和的环境，使美国引领了全球页岩气开采技术研发。

美国主要页岩气开采技术都源自中小能源和技术公司，一项技术从研发到商业化甚至会经历数个公司间的更替。中小公司实现技术突破和商业化后，大公司在长期性和投资能力上更有优势，大型油气公司主要通过并购拥有页岩区块或开采技术的中小公司，或通过与中小公司合资合作等方式介入页岩气开发。大公司后期介入能够将页岩气市场迅速规模化。未来美国政府将继续通过宽松支持的政策持续支持美国油气公司新技术的研发和开拓全球页岩气市场。

目前我国还处于页岩气勘探开发的前期探索阶段，除了面临资源家底不清和缺乏核心技术，还缺乏支持性的软环境政策，包括具体税收政策支持、投资主体单一、矿权不市场化、管网等基础设施不足等问题。随着当前对页岩气补贴逐年的减少，企业在复杂地质区块开采页岩气很难盈利，中国政府会制定新一轮的页岩气勘探开发补贴政策。从国家油气体制改革的趋势来看，吸纳社会资本是一个重要的方向。

中国国务院日前印发的有关石油天然气行业改革意见，允许非三桶油资本及其他私人投资进入国有企业垄断的能源业。近期中石油在页岩气开发中已经开始吸纳社会资本，共同促进资源开发。中石油在川渝地区有 3 家企地合资的页岩气开发公司，分别是四川长宁天然气开发有限责任公司（简称“长宁公司”）、重庆页岩气勘探开发有限公司（简称“重庆公司”）和四川页岩气勘探开发有限责任公司（简称“四川公司”）。通过企地合资，极大调动了地方参与页岩气开发的热情。地方政府对页岩气开发的用地和环保监督方面也十分支持。此外北京燃气集团、中国华电集团、国投重庆页岩气公司等企业也纷纷投资入股，表现出对页岩气开发的极大兴趣。外资合作方面，中石油积极探索与国际石油公司共同开发页岩气，同时也从技术上、管理上吸收国外先进经验。2007 年，中石油与美国新田石油公司以四川省威远地区开始页岩气合作。2016 年,中石油集团与英国 BP 公司签订页岩气合同,主要开发内江-大足及荣昌北区块的深层页岩气,力争通过国际合作实现 3 500 m 以深页岩气勘探开发技术的突破。

中国目前页岩气矿权和勘探开发市场未完全开放,我国 70% 的页岩气资源潜力区分布于已有油气探矿权区块内,地方和其他企业暂时无法进入这些区块,需要在矿业权管理上作进一步的探索。未来将探索页岩气矿业权分类设置、招标出让和委托相结合的多元管理形式。借鉴美国小公司"闯天下"的成功经验,积极鼓励和支持地方中小企业参与页岩气招标竞争。可行的办法是将常规油气区块中页岩气作为区别于常规天然气的新矿种来进行管理和向三桶油以外公司和社会资本开放其矿权。强化油气资源合同管理,严格退出机制,为页岩气及其他油气资源提供更多的区块,吸引更多企业参与页岩气资源勘查到开发。近期,为加快推进贵州省页岩气勘查开发,国土资源部委托贵州省人民政府组织实施对贵州省正安页岩气勘查区块探矿权进行拍卖,贵州省产业投资(集团)有限责任公司通过 竞拍获得贵州省正安页岩气勘查区块探矿权,标志着我国油气探矿权出让制度改革又向前推进了一步。未来将有更多的非石油公司进入页岩气勘探开发市场,同时在中下游加强集输管道等配套的基础设施建设和实行管网市场化和平等进入机制。相信未来通过提高页岩气气价补贴、实行探矿权使用费、采矿权使用费和矿产资源补偿费减免、支持示范区建设、鼓励自主化技术、天然气价格改革等页岩气产业优惠政策切实落地,提高企业积极性。

中国目前政府、几大国有油气公司、大学和私营企业等都在进行页岩油气勘查和勘探开发研究工作。但由于各个单位需求目的不同,导致很多重复性科技立项和攻关。政府开始整体布局开展从勘查到开发的理论和核心科技攻关,和各企事业单位合作在不同领域攻关,为页岩气深入开发提供科技保障。针对页岩气资源家底不清,中国地质调查局油气资源调查中心投入大量资金开展公益性全国页岩气资源调查评价,尽快摸清传统油气区外页岩气资源家底,为页岩气资 源规划提供依据。重点开展不同类型页岩气生成机理和富集规律研究,建立中国特色的页岩气理论和调查评价技术标准;开展勘查开发核心技术攻关,攻克页岩气"甜点"识别、水平井钻完井、页岩储层改造、页岩试验测试分析等核心技术和关键仪器设备,建设勘查开发示范工程,形成中国特色的页岩气勘查开发技术体系与标准。未来可以通过和美国技术合作或并购的方式快速获取技术,同时通过自主创新生产高性能的页岩气钻机、大马力压裂车组、井下设备等装备和成套技术,向美国和全球输出页岩气勘探开发的设备和技术服务。

参考文献

[1] Curtis J B. Fractured shale-gas systems[J]. AAPG bulletin, 2002, 86(11): 1921－1938.

[2] Peebles M W. Evolution of the gas industry, 1980.

[3] Lash G, Lash E. Kicking Down the Well: Early History of the Natural Gas Industry[J]. AAPG (American Association of Petroleum Geologists) Explorer, 2011.

[4] Hughes J D. Drill, baby, drill: can unconventional fuels usher in a new era of energy abundance? [J], 2013.

[5] Eia. Technically recoverable shale oil and shale gas resources: an assessment of 137 shale formations in 41 countries outside the United States[M]. City: US Energy Information Administration, US Department of Energy, 2013.

[6] Iea. World Energy Outlook 2015[M]. City: International Energy Agency (IEA), 2015.

[7] Curtis J B, Hill D G, Lillis P G. US Shale gas resources: classic and emerging plays, the resource pyramid and a perspective on future E&P[C] // US Shale gas resources: classic and emerging plays, the resource pyramid and a perspective on

future E&P. Prepared for presentation at AAPG Annual Convention San Antonio, Texas.

[8] Scott A R. Developing Exploration Strategies for Coal-Bed Methane and Shale Gas Reservoirs[M]. // CARR T. Unconventional Energy Resources: Making the Unconventional Conventional. City: Gulf Coast Section of the Society of Economic Paleontologists and Mineralogists Foundation, 2009: 303 – 305. https://books. google. com/books? id =402LAQAACAAJ.

[9] Faraj B, Williams H, Addison G, et al. Gas shale potential of selected Upper Cretaceous, Jurassic, Triassic and Devonian shale formations in the WCSB of western Canada: implications for shale gas production[R]. City: GRI – 02/0233, compact disc, 2002.

[10] 张金川,徐波,聂海宽,等. 中国页岩气资源勘探潜力[J]. 天然气工业,2008, 28(6): 136 – 140.

[11] 张金川,姜生玲,唐玄,等. 我国页岩气富集类型及资源特点[J]. 天然气工业, 2009,29(12): 109 – 114.

[12] 张大伟. 中国页岩气勘探开发与对外合作现状[J]. 国际石油经济,2013,21(7): 47 – 52.

[13] Administration U S E I, Kuuskraa V. World shale gas resources: an initial assessment of 14 regions outside the United States[M]. City: US Department of Energy, 2011.

[14] Vello A, Scott H. Worldwide gas shales and unconventional gas: A status report [C] // Worldwide gas shales and unconventional gas: A status report. Copenhagen: United Nations Climate Change Conference.

[15] Hermantoro A E. Opportunities, challenges and strategies in monetizing Indonesia's shale gas [R]. Jakarta: Energy and Mineral Resources of Indonesia, 2011.

[16] Algeo T J, Maynard J B. Trace-metal covariation as a guide to water-mass conditions in ancient anoxic marine environments[J]. Geosphere, 2008, 4(5):

872 - 887.

[17] 聂海宽,张金川,张培先,等. 福特沃斯盆地 Barnett 页岩气藏特征及启示[J]. 地质科技情报,2009,28(2):87 - 93.

[18] 李新景,吕宗刚,董大忠,等. 北美页岩气资源形成的地质条件[J]. 天然气工业,2009,29(5):27 - 32.

[19] Jiang S, Zhang J, Jiang Z, et al. Geology, resource potentials, and properties of emerging and potential China shale gas and shale oil plays[J]. Interpretation, 2015, 3(2): SJ1 - SJ13.

[20] Jiang S, Xu Z, Feng Y, et al. Geologic characteristics of hydrocarbon-bearing marine, transitional and lacustrine shales in China[J]. Journal of Asian Earth Sciences, 2016(115): 404 - 418.

[21] Jiang S, Tang X, Cai D, et al. Comparison of marine, transitional, and lacustrine shales: A case study from the Sichuan Basin in China[J]. Journal of Petroleum Science and Engineering, 2017(150): 334 - 347.

[22] 蒋恕,唐相路,Osborne S,等. 页岩油气富集的主控因素及误辩: 以美国、阿根廷和中国典型页岩为例[J]. 地球科学,2017,42(7):1083 - 1091.

[23] Hill D G, Nelson C. Gas productive fractured shales: an overview and update [J]. Gas Tips, 2000, 6(3): 4 - 13.

[24] Webber, Michael E. Lessons from the shale revolution [J]. Mechanical Engineering, 2013, 135(10): 20.

[25] Hamblin A P, Rust B R. Tectono - sedimentary analysis of alternate - polarity half - graben basin - fill successions: Late Devonian - Early Carboniferous Horton Group, Cape Breton Island, Nova Scotia[J]. Basin Research, 1989, 2(4): 239 - 255.

[26] Eia. World Shale Resource Assessments[R]. City: U. S. Energy Information Administration, 2015.

[27] 孟浩. 加拿大页岩气开发现状及启示[J]. 世界科技研究与发展,2014,36(4):465 - 469.

[28] 赵文光,夏明军,张雁辉,等. 加拿大页岩气勘探开发现状及进展[J]. 国际石油经济,2013,21(7): 41－46.

[29] Fulbright N R. Shale gas handbook — A quick reference guide for companies involved in the exploitation of unconventional gas resources [M]. London, 2013.

[30] Chen Z, Osadetz K G, Chen X. Economic appraisal of shale gas resources, an example from the Horn River shale gas play, Canada[J]. Petroleum Science, 2015, 12(4): 712－725.

[31] 江怀友,鞠斌山,李治平,等. 世界页岩气资源现状研究[J]. 中外能源,2014, 19(3): 14－22.

[32] Rokosh C, Lyster S, Anderson S, et al. Summary of Alberta's shale-and siltstone-hosted hydrocarbon resource potential[R]. City, 2012.

[33] 刘树根,马文辛,Jansa L,等. 四川盆地东部地区下志留统龙马溪组页岩储层特征[J]. 岩石学报,2011,27(8): 2239－2252.

[34] 康玉柱. 中国非常规泥页岩油气藏特征及勘探前景展望[J]. 天然气工业,2012, 32(4): 1－5.

[35] 刘树根,邓宾,钟勇,等. 四川盆地及周缘下古生界页岩气深埋藏-强改造独特地质作用[J]. 地学前缘,2016,23(1): 11－28.

[36] 董大忠,王玉满,李新景,等. 中国页岩气勘探开发新突破及发展前景思考[J]. 天然气工业,2016,36(1): 19－32.

[37] 张金川,金之钧,袁明生. 页岩气成藏机理和分布[J]. 天然气工业,2004,24(7): 15－18.

[38] 张金川,林腊梅,李玉喜,等. 页岩气资源评价方法与技术: 概率体积法[J]. 地学前缘,2012,19(2): 184－191.

[39] 李玉喜,张大伟,张金川. 页岩气新矿种的确立依据及其意义[J]. 天然气工业, 2012,32(7): 93－98.

[40] 财政部. 关于页岩气开发利用财政补贴政策的通知[R] //财政部,2015.

[41] 王飞宇,关晶,冯伟平,等. 过成熟海相页岩孔隙度演化特征和游离气量[J]. 石油勘探与开发,2013,40(6): 764－768.

[42] 刘树根,曾祥亮,黄文明,等. 四川盆地页岩气藏和连续型-非连续型气藏基本特征[J]. 成都理工大学学报(自然科学版),2009,36(6):578-592.

[43] 何希鹏,高玉巧,唐显春,等. 渝东南地区常压页岩气富集主控因素分析[J]. 天然气地球科学,2017,28(4):654-664.

[44] 翟刚毅,包书景,庞飞,等. 贵州遵义地区安场向斜"四层楼"页岩油气成藏模式研究[J]. 中国地质,2017,44(1):1-12.

[45] 翟刚毅,包书景,庞飞,等. 武陵山复杂构造区古生界海相油气实现重大突破[J]. 地球学报,2016,37(6):657-662.

[46] 邹才能,董大忠,王社教,等. 中国页岩气形成机理、地质特征及资源潜力[J]. 石油勘探与开发,2010,37(6):641-653.

[47] 王香增,高胜利,高潮. 鄂尔多斯盆地南部中生界陆相页岩气地质特征[J]. 石油勘探与开发,2014,41(3):294-304.

[48] Jiang S, Feng Y-L, Chen L, et al. Multiple-stacked hybrid plays of lacustrine source rock intervals: case studies from lacustrine basins in China[J]. Petroleum Science, 2017: 1-25.

[49] 李媛. 无水压裂技术评价[J]. 石化技术,2017,24(6):113.

[50] 侯晓伟,朱炎铭,付常青,等. 沁水盆地压裂裂缝展布及对煤系"三气"共采的指示意义[J]. 中国矿业大学学报,2016,45(4):729-738.

[51] 秦勇,梁建设,申建,等. 沁水盆地南部致密砂岩和页岩的气测显示与气藏类型[J]. 煤炭学报,2014,39(8):1559-1565.

[52] 梁冰,石迎爽,孙维吉,等. 中国煤系"三气"成藏特征及共采可能性[J]. 煤炭学报,2016,41(1):167-173.

[53] 邹才能,董大忠,王玉满,等. 中国页岩气特征,挑战及前景(二)[J]. 石油勘探与开发,2016,43(2):166-178.

[54] 任收麦. 世界页岩气勘查开发进展[N]. 中国矿业报,2016.

[55] 王玉芳,包书景,张宏达,等. 国外页岩气勘查开发进展[J]. 中国地质学会2013年学术年会论文摘要汇编——S13石油天然气,非常规能源勘探开发理论与技术分会场,2013.

[56] 王淑玲,吴西顺,张炜,等.全球页岩油气勘探开发进展及发展趋势[J].中国矿业,2016,25(2):7-11.

[57] 吕鹏,张炜.南非页岩气及其勘探开发现状[J].国土资源情报,2014(8):22-27.

[58] 康玉柱,周磊.中国非常规油气的战略思考[J].地学前缘,2016,23(2):1-7.

[59] 党伟,张金川,黄潇,等.陆相页岩含气性主控地质因素——以辽河西部凹陷沙河街组三段为例[J].石油学报,2015,36(12):1516-1530.

[60] 李玉喜,乔德武,姜文利,等.页岩气含气量和页岩气地质评价综述[J].地质通报,2011,30(2~3):308-317.

[61] 张林晔,李政,朱日房.页岩气的形成与开发[J].天然气工业,2009,29(1):124-128.

[62] Boyer C, Kieschnick J, Suarez-Rivera R, et al. Producing gas from its source [J]. Oilfield review, 2006, 18(3): 36-49.

[63] Jarvie D, Pollastro R, Hill R, et al. Evaluation of hydrocarbon generation and storage in the Barnett Shale, Ft. Worth Basin, Texas[C] // Evaluation of hydrocarbon generation and storage in the Barnett Shale, Ft. Worth Basin, Texas. Ellison Miles Memorial Symposium, Farmers Branch, Texas, USA. 22-23.

[64] Ross D J, Bustin R M. Shale gas potential of the lower jurassic gordondale member, northeastern British Columbia, Canada [J]. Bulletin of Canadian Petroleum Geology, 2007, 55(1): 51-75.

[65] Chalmers G R, Bustin R M. The organic matter distribution and methane capacity of the Lower Cretaceous strata of Northeastern British Columbia, Canada[J]. International Journal of Coal Geology, 2007, 70(1): 223-239.

[66] Tissot B P, Welte D H. Diagenesis, catagenesis and metagenesis of organic matter[M]. //Petroleum Formation and Occurrence. City: Springer, 1984: 69-73.

[67] Davies D K, Bryant W R, Vessell R K, et al. Porosities, permeabilities, and

microfabrics of Devonian shales[J]. Microstructure of Fine-Grained Sediments Bennett, RH; Bryant, WR, 1991: 109 - 119.

[68] Reed R M, John A, Katherine G. Nanopores in the Mississippian Barnett Shale: Distribution, morphology, and possible genesis [C] // Nanopores in the Mississippian Barnett Shale: Distribution, morphology, and possible genesis. GAS Annual Meeting & Exposition Denver.

[69] Bowker K A. Barnett shale gas production, Fort Worth Basin: Issues and discussion[J]. AAPG bulletin, 2007, 91(4): 523 - 533.

[70] Frantz J, Jochen V. Shale gas[J]. Schlumberger White Paper, 2005.

[71] Schenk C J. Geologic definition of conventional and continuous accumulations in select US basins — the 2001 approach[C] // Geologic definition of conventional and continuous accumulations in select US basins — the 2001 approach. Abstract for AAPG Hedberg Research Conference on Understanding, Exploring and Developing Tight Gas Sands, Vail, Colorado, USA.

[72] 黄玉珍,黄金亮,葛春梅,等.技术进步是推动美国页岩气快速发展的关键[J].天然气工业,2009,29(5): 7 - 10.

[73] Yuan J, Luo D, Feng L. A review of the technical and economic evaluation techniques for shale gas development[J]. Applied Energy, 2015(148): 49 - 65.

[74] Warpinski N R, Mayerhofer M J, Vincent M C, et al. Stimulating unconventional reservoirs: maximizing network growth while optimizing fracture conductivity[J]. Journal of Canadian Petroleum Technology, 2009, 48(10): 39 - 51.

[75] Waters G A, Dean B K, Downie R C, et al. Simultaneous hydraulic fracturing of adjacent horizontal wells in the Woodford Shale[C] // Simultaneous hydraulic fracturing of adjacent horizontal wells in the Woodford Shale. SPE hydraulic fracturing technology conference. Society of Petroleum Engineers.

[76] Xiong H. Optimizing Cluster or Fracture Spacing: An Overview [M]. The Way Ahead, 2017.

[77] Husain T M, Yeong L, Saxena A, et al. Economic comparison of multi-lateral drilling over horizontal drilling for Marcellus shale field development[J]. Final Project Report, EME, 2011, 580.

[78] 王南,刘兴元,杜东,等. 美国和加拿大页岩气产业政策借鉴[J]. 国际石油经济,2012(9):69-73.

[79] 李小地,梁坤,李欣. 美国政府促进非常规天然气勘探开发的政策与经验[J]. 国际石油经济,2011(9):15-20.

[80] Mian M A. Project economics and decision analysis: deterministic models[M]. City: Pennwell Books, 2011.

[81] 董勤. 美国2005年《能源政策法》"气候变化"篇评析——兼论对我国制定《能源法》的启示[J]. 前沿,2011(6):76-79.

[82] 杨嵘. 美国能源政府规制的经验及借鉴[J]. 中国石油大学学报(社会科学版)社会科学版,2011,27(1):1-6.

[83] 许鸣.《美国清洁能源安全法案》简介及其对我国的启示[J]. 新西部: 理论版,2010(3):244-245.

[84] Gold R, Furrey L, Nadel S. Energy Efficiency in the American Clean Energy and Security Act of 2009: Impacts of Current Provisions and Opportunities to Enhance the Legislation [M]. American Council for an Energy Efficient Economy, September, 2009.

[85] 郭宏,李凌,杨震,等. 有效开发中国页岩气[J]. 天然气工业,2010,30(12):110-113.

[86] 潘仁芳,黄晓松. 页岩气及国内勘探前景展望[J]. 中国石油勘探,2009,14(3):1-6.

[87] 国家能源局. 页岩气产业政策[R]//国家能源局,2013.

[88] 国家能源局. 油气管网设施公平开放监管办法(试行)[R]//国家能源局,2014.

[89] 国家发展和改革委员会. 国家发展改革委关于理顺非居民用天然气价格的通知[R]//国家发展和改革委员会,2015.

[90] 罗佐县. 关于完善我国页岩气产业政策的思考[J]. 中国石油和化工经济分析, 2013(9): 46-52.

[91] 袁立明. 政策解读: 中国首个页岩气行业标准的重要意义[J]. 地球,2014(9): 37-39.

[92] 廖永远,罗东坤,袁杰辉. 促进中国页岩气开发的政策探讨[D]. 天然气工业, 2012,32(10): 1-5.

[93] 赵迎春. 中国煤层气与页岩气开发与优惠政策对比浅析[J]. 中国煤层气,2015, 12(3): 43-47.

[94] 吴力波. 页岩气开发引发能源产业革命[J]. 中国石油企业,2012(6): 66.

[95] 张大伟. 加快中国页岩气勘探开发和利用的主要路径[J]. 天然气工业,2011, 31(5): 1-5.

[96] 王南,刘兴元,杜东,等. 美国和加拿大页岩气产业政策借鉴[J]. 国际石油经济, 2012,20(9): 69-73.

[97] 张大伟. 页岩气: 打开中国能源勘探开发新局面[J]. 资源导刊,2012(5): 8-9.

[98] 邹才能,董大忠,王社教,等. 中国页岩气形成机理、地质特征及资源潜力[J]. 石油勘探与开发,2010,37(6): 641-653.

[99] 翟刚毅,王玉芳,包书景,等. 我国南方海相页岩气富集高产主控因素及前景预测[J]. 地球科学,2017,42(7): 1057-1068.

[100] 郭彤楼. 中国式页岩气关键地质问题与成藏富集主控因素[J]. 石油勘探与开发,2016,43(3): 317-326.

[101] 郭旭升. 南方海相页岩气"二元富集"规律——四川盆地及周缘龙马溪组页岩气勘探实践认识[J]. 地质学报,2014,88(7): 1209-1218.

[102] 金之钧,胡宗全,高波,等. 川东南地区五峰组-龙马溪组页岩气富集与高产控制因素[J]. 地学前缘,2016,23(1): 1-10.

[103] 贾爱林,位云生,金亦秋. 中国海相页岩气开发评价关键技术进展[J]. 石油勘探与开发,2016,43(6): 949-955.

[104] 陆争光. 中国页岩气产业发展现状及对策建议[J]. 国际石油经济,2016,24(4): 48-54.

[105] 张大伟. 加强中国页岩气资源管理的思路框架[J]. 天然气工业,2011,31(12):115-118.

[106] 张大伟. 加速我国页岩气资源调查和勘探开发战略构想[J]. 石油与天然气地质,2010,31(2):135-139.

[107] Kargbo D M, Wilhelm R G, Campbell D J. Natural gas plays in the Marcellus Shale: Challenges and potential opportunities [M]. ACS Publications. 2010.

[108] 王世谦. 页岩气资源开采现状、问题与前景[J]. 天然气工业,2017,37(6).

[109] 郭彤楼,张汉荣. 四川盆地焦石坝页岩气田形成与富集高产模式[J]. 石油勘探与开发,2014,41(1):28-36.

[110] 陈更生,董大忠,王世谦,等. 页岩气藏形成机理与富集规律初探[J]. 天然气工业,2009,29(5):17-21.

[111] 聂海宽,张金川,张培先,等. 福特沃斯盆地 Barnett 页岩气藏特征及启示[J]. 地质科技情报,2009,28(2):87-93.

[112] Bohacs K M. R. E. Sheriff Lecture: Order From Chaos — Mudstones as Hydrocarbon Sources, Reservoirs, and Seals: Their Common Characteristics and Genetics, Essential Differences, and Recognition Criteria[J]. Houston Geological Society Bulletin, 2015(58): 17-21.

[113] Zhang X-S, Wang H-J, Ma F, et al. Classification and characteristics of tight oil plays[J]. Petroleum Science, 2016, 13(1): 18-33.

[114] Tang X, Jiang Z, Huang H, et al. Lithofacies characteristics and its effect on gas storage of the Silurian Longmaxi marine shale in the southeast Sichuan Basin, China[J]. Journal of Natural Gas Science and Engineering, 2016(28): 338-346.

[115] Chalmers G R, Bustin R M, Power I M. Characterization of gas shale pore systems by porosimetry, pycnometry, surface area, and field emission scanning electron microscopy/transmission electron microscopy image analyses: Examples from the Barnett, Woodford, Haynesville, Marcellus, and Doig units[J]. AAPG bulletin, 2012, 96(6): 1099-1119.

[116] Soeder D J. The Marcellus shale: Resources and reservations [J]. Eos, Transactions American Geophysical Union, 2010, 91(32): 277 - 278.

[117] Ding W, Zhu D, Cai J, et al. Analysis of the developmental characteristics and major regulating factors of fractures in marine - continental transitional shale-gas reservoirs: A case study of the Carboniferous - Permian strata in the southeastern Ordos Basin, central China [J]. Marine and Petroleum Geology, 2013(45): 121 - 133.

[118] Gale J F, Reed R M, Holder J. Natural fractures in the Barnett Shale and their importance for hydraulic fracture treatments[J]. AAPG bulletin, 2007, 91(4): 603 - 622.

[119] 郭旭升,胡东风,魏志红,等. 涪陵页岩气田的发现与勘探认识[J]. 中国石油勘探,2016,21(3): 24 - 37.

[120] Zoback M D. Managing the Seismic Risk Posed by Wastewater Disposal [J]. Earth, 2012.

[121] Boak J. Patterns of induced seismicity in central and northwest Oklahoma [M]. //SEG Technical Program Expanded Abstracts 2016. City: Society of Exploration Geophysicists, 2016: 5039 - 5042.

[122] Van Der Baan M, Calixto F J. Human - induced seismicity and large - scale hydrocarbon production in the USA and Canada[J]. Geochemistry, Geophysics, Geosystems, 2017.

[123] 陈作,曾义金. 深层页岩气分段压裂技术现状及发展建议[J]. 石油钻探技术,2016,44(1): 6 - 11.

[124] Abou-Sayed I S, Sorrell M A, Foster R A, et al. Haynesville shale development program - from vertical to horizontal[R]. SPE 144425, 2011.

[125] Fonseca E R, Farinas M J. Hydraulic fracturing simulation case study and post frac analysis in the Haynesville Shale[R] //SPE 163847, 2013.

[126] 蒋廷学,卞晓冰,王海涛,等. 深层页岩气水平井体积压裂技术[J]. 天然气工业,2017,37(1): 90 - 96.

[127] 张金川,李玉喜,聂海宽,等. 渝页1井地质背景及钻探效果. 天然气工业,2010,30(12):114-118,134.

[128] 刘树根,孙玮,王国芝,等. 四川叠合盆地油气富集原因剖析[J]. 成都理工大学学报(自然科学版),2013,40(5):481-497.

索引